トンネルに作用する土の力

橋に作用する自動車の重さ

土や地下水がトンネルに作用する

橋脚に作用する橋の重さ

見返し2

First Stage シリーズ

土木構造力学概論

岡二三生・白土博通・細田　尚　[監修]

垣谷敦美・神谷政人・川窪秀樹・竹内一生・田中良典・中野　毅

西田秀行・橋本基宏・福山和夫・桝見　謙・森本浩行・山本竜哉　[編修]

実教出版

目次

構造力学の基礎

第1章　構造物と力

第2章　梁の外力

・本書は高等学校用教科書を底本として制作したものです。

構造力学の基礎

「構造力学の基礎」を学ぶにあたって

　私たち人類は大昔から，土・木・石などを使い，移動や物流のために道をつくり，川や谷を越えるために橋を架け，生活や農耕のために水路をつくるなど，さまざまな土木構造物をつくり利用してきた。それらは，文明が高度になり土木技術が進歩するにつれ，より大きく，より強く，安全で機能的に進化を続けてきた。この技術の結晶が，こんにちの道路・鉄道・ダム・上下水道・港湾・空港など，わたしたちの生活や産業・経済活動に欠かせない施設，つまり**社会基盤**(infrastructure)である。

　考えてみよう。水道の蛇口を回すと水が出るのも，電気のスイッチを押すと明りが点灯するのも，遠く離れた場所へスムーズに移動できるのも，さらに地震・津波・台風・大雨などの自然災害による被害を減らせるのも社会基盤の整備によるものである。ところがその重要性は，生活が便利になり普段は気づかない場合が多い。そして災害などにより，図1のように，電気・水道・ガスなどのライフラインや道路・鉄道が寸断され，不便な生活をしいられると，わたしたちは，その重要性に改めて気づかされる。このように，社会基盤は，わたしたちの生活と安全に深く密接にかかわっている。

（a）被災後の水道管復旧作業

（b）電柱の被災

（c）道路の被災

（d）線路の被災

図1　被災したいろいろな社会基盤

これからの社会基盤を築くのは，最先端の土木技術である。そして，その技術を理論的に支えるのが社会基盤工学ともいわれる**土木工学**(civil engineering)という学問である。これには，水理学や土質力学をはじめ，測量学，アスファルト・コンクリート・鉄鋼などの土木材料に関する学問，道路・鉄道・港湾・河川などの土木施設に関するものなど多くの分野がある。そのなかでも必ず学ばなければならない基本的分野に，これから本書で学ぶ**土木構造力学**(応用力学)がある。

　たとえば，道路を考えてみよう。道路は，目的の場所まで，カーブや坂道を少なくし，最短距離で結ぶことが理想である。そのためには，図2のように川や谷を越えるための橋，山を貫くためのトンネル，道路脇などが崩れないように土を留める擁壁，道路に降った雨を排水する側溝など，さまざまな構造物をつくらなければならない。また，これらの構造物には，通過する人や車から受ける力はもちろん，日常的に作用する土・水・風の力，さらには突発的に作用する地震・津波・台風・暴風雨・大雨・豪雪などの自然の力によっても，倒れたり，移動したり，変形して破壊したりすることは許されない。なぜなら，人々の尊い命や生活に大きな被害を与えることになるからである。

　構造物が安全に安心して利用され，人々の生活をより豊かにするために，わたしたちは土木構造力学を学び，構造物に働くいろいろな力と，それに対する構造物や材料の強さなどを知ったうえで，安全な構造物をつくる必要がある。

　このように，土木構造力学を学ぶことは，人々の命と生活を守り，安全で快適な社会基盤をつくるための第一歩なのである。

橋　　　　　法面保護　　　　　U形側溝
トンネル　　　擁壁　　　　　L形側溝

図2　道路に関係する構造物の例

次に，さまざまな社会基盤のうち，いくつかの構造物の例をみてみよう。

■ 吊橋

図3は，吊橋では世界最長の明石海峡大橋である。この橋は，瀬戸内海の島々を渡り，本州(兵庫県)と四国(徳島県)とを結ぶ道筋上にある。

この橋は，ケーブルで桁を吊り下げる構造になっているため，固い地盤に基礎をつくり，その上に高くて太い主塔を設置し，ケーブルを結んでいる。地盤や基礎は，桁からケーブルや主塔へと伝わる巨大な圧力に耐えている。写真手前のケーブル先端部の構造物はアンカーレッジ(anchorage)で，巨大な引張力がかかるケーブルを固定する重りの役目をするコンクリートのかたまりである。この橋の両側にあるアンカーレッジをケーブルで結び，そこから桁を吊り下げることで，桁自身の重さや，桁が受ける力などを受け止めている。

■ 斜張橋

斜張橋は，主塔から桁へ直接ケーブルを張り渡して，桁を支える構造である。

また，景観をさまたげない単純な形をしている(図4)。

■ トラス橋

トラス橋は，細長い部材を三角形に組み合わせた構造であり，材料の節約と，橋の軽量化を考えた橋である(図5)。

鉛直方向に力が作用する場合，一般に図5のように，部材は場所によって押し合う力や引き合う力が作用する。

主塔
ケーブル
主塔にかかる力を地盤に伝える。
桁やケーブル自身の重さをアンカーレッジで引張る。
桁
アンカーレッジ

図3　明石海峡大橋

桁の重さを主塔で引張る。
主塔
ケーブル
主塔にかかる力を地盤に伝える。

図4　斜張橋

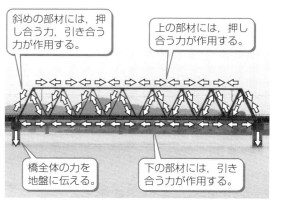

斜めの部材には，押し合う力，引き合う力が作用する。
上の部材には，押し合う力が作用する。
橋全体の力を地盤に伝える。
下の部材には，引き合う力が作用する。

図5　トラス橋

■ ラーメン橋

　ラーメン橋は，上部構造である梁と，下部構造である柱が一体となった構造をしているため，力を構造物全体で受け止めることができる（図6）。

　この構造は，ビルなどの建築物でも多く使われている。

図6　ラーメン橋

■ 重力ダム

　重力ダムは，貯水池からの水の巨大な圧力を，コンクリートの自重で支える構造である。ただし，ダムの基礎となる地盤には，巨大なダムと水の重さを支える強さが必要である。

　ダムは，水力発電に利用されたり，治水・治山の役割などを担っている（図7）。

図7　重力ダム

■ 山岳トンネル

　山岳トンネルは，山岳地帯を貫くトンネルで，トンネル周囲からの土の重さによる圧力などをアーチ構造で支える（図8）。

図8　山岳トンネル

■ 市街地トンネル

　市街地でよく見かけられるトンネルで，より効率的な空間利用ができるように箱型断面とすることが多い（図9）。

図9　市街地トンネル

■ 土留め擁壁

土留め擁壁は，土砂がくずれないようにするための構造物で，裏側より作用する土の重さによる巨大な圧力などを受け止める。

擁壁背後の地表面は，平らにすることができ，宅地などとしての空間利用が可能となるため，市街地でも多く利用されている（図10）。

巨大な土の圧力を受け止めている

図10　土留め擁壁

■ 水門（スルースゲート）

水門は，河川の流量調整のための構造物で，閉鎖したときには，水の重さによる大きな圧力を受け止める。また，高潮や津波などの場合も，閉鎖することで河川や市街地への海水の流入を防ぐ役目を果たす（図11）。

海からの水の圧力

河川からの水の圧力

図11　水門

以上のような土木構造物を設計するには，まず，受ける力に対してじゅうぶん安全でなくてはならない。そのうえで環境にも適合し，機能的かつ経済的にする必要がある。

実際の設計では，さまざまな規定や制限を示す設計基準や設計方法があり，複雑な構造計算を必要とするため，コンピュータを用いることが多い。しかし，このようなコンピュータを理解して駆使するためにも基本的な考え方を学ぶことがたいせつである。

これから学ぶ土木構造力学とは，土木構造物を設計するために必要な最も基本的な学問である。そのため，構造を単純化し，簡単な構造形式に置き換えて構造物にかかる力や，それに対する構造物の強さを計算することが多い。また，いろいろな構造物のなかでも，とくに橋の構造形式を基本として学ぶ。

橋には，人や車，それが通過する振動や加減速による複雑な力，土・水・風による力，橋自身の重さ，地震・津波・台風などの突発的な力など多くの力が作用する。さらに，その力の影響は，橋の長さによっても変化する。そのため，橋には，あらゆる構造物を設計するのに必要な基本的な構造形式が用いられている。

以上のことから，本書では，橋を構造物の代表として学ぶことで，ほかの構造物に応用するために必要になる基礎的な学力を身につけることをめざしている。

構造物と力

多々羅大橋

　土木工事でつくられる構造物は，大きく，地上で静止している物がほとんどである。また，構造物は長い年月の間壊れないように，外部からの力に耐えなければならない。安全で，経済的な構造物をつくるためには，構造物に作用する力について理解し，力の計算ができるようになることがたいせつである。

　ここでは，代表的な構造物の種類と，構造物に作用する力について学ぶ。

●土木構造物には，どのような種類があるのだろうか。

●土木構造物に作用する力には，どのような種類があるのだろうか。

●力を表す3要素とは何だろうか。

●釣合いの3条件とは何だろうか。

　力を支えるための工作物を**構造物**①といい，土木工事でつくる構造物を**土木構造物**②という。土木構造物には，歩行者・自動車・列車などが通る道路・鉄道・橋・トンネルや，川の水を貯めたり，あふれるのを防ぐダム・堤防③，また，土がくずれるのを防ぐ擁壁④などがある。

　これらの構造物を構成する要素を**部材**⑤といい，構造物は，単一またはいくつかの部材で構成されている。よく使われる部材は，棒状の部材であり，その使い方によって構造の名称が異なる。図1-1のように，棒を立てて使う構造を**柱**⑥といい，橋を支える柱として橋脚などの例がある。図1-2のように，棒を横に使う構造を**梁**⑦といい，橋を渡る人や車などの力を支える梁として橋桁などの例がある。

　また，棒状の部材の中心を連ねた線を**軸**⑧といい，部材が大地やほかの構造物と接する点を**支点**⑨，梁の支点間距離を**スパン**⑩という。

①structure

②civil engineering structure

③levee

④retaining wall；
　p. 6参照。

⑤member

⑥column；
　第8章で詳しく学ぶ。

⑦beam

⑧axis；
　材軸ともいう。

⑨support

⑩span；
　支間ともいう。

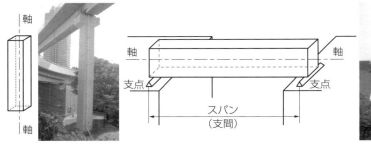

図1-1　柱　　　　　　　　　　**図1-2　梁**

　さらに，平面的な構造には，鉛直方向に平面的な**壁**⑪や，水平方向に平面的な**床版**⑫がある。

⑪wall

⑫slab

　壁や床版に作用する力を計算する場合，壁や床版を面として扱うと高度な解析が必要となる。そこで，計算を単純化するために，図1-3(a)の壁を横からみて，図(b)の柱と同じ構造と考えたり，図(c)の床版を横からみて，図(d)の梁と同じ構造と考える。

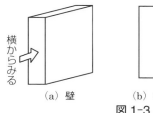

(a) 壁　　　　　(b) 柱　　　　(c) 床版　　　　　(d) 梁
図1-3　単純な構造への置換え

このように，力学計算では，複雑な構造をある方向からみた，より単純な構造に置き換えて計算することが多い。

柱や梁などの部材をいくつか組み合わせる場合，部材相互の接合点を**節点**といい，部材どうしを一体に接合した節点を**剛節**という。図1-4のように，柱と梁を剛節で接合した構造を**ラーメン**といい，橋脚などに用いられている。

ラーメン構造は強固であるが，部材に曲げの力が多く発生するため，支点の種類によっては，計算が複雑になる場合がある。

❶node
❷rigid joint
❸rigid frame：
　ラーメンは，ドイツ語で「枠」を意味するRahmen が日本語化したものである。
❹第3章で詳しく学ぶ。

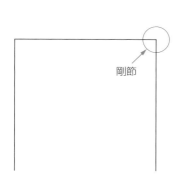 

剛節

図1-4　ラーメン構造の橋脚

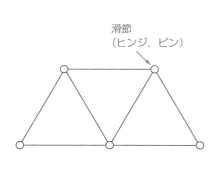 

滑節
（ヒンジ，ピン）

図1-5　トラス

また，部材どうしを自由に回転できるように接合した節点を**滑節**といい，**ヒンジ**または**ピン**ともよばれる。図1-5のように，棒状の部材を三角形の組合せとなるように滑節で接合した構造を**トラス**といい，橋の構造などに用いられている。

トラス構造は部材に曲げの力がほとんどかからず，押し合う力と引き合う力だけがかかる。そのため，計算が単純となる。

❺pinned joint
❻hinge：
第2章で詳しく学ぶ。
❼pin
❽truss：
第2章，第9章で詳しく学ぶ。

これらのほかに，曲線的な構造もある。図1-6のように，上に凸の曲線状の構造を**アーチ**といい，曲線状の部材を使った橋や，曲面状の構造をしたトンネルなどに用いられている。

❶arch

アーチは，紀元前数千年から用いられてきた長い歴史のある構造である。部材には押し合う力のみが働き，力を効率よく支点に伝えることができる。

5

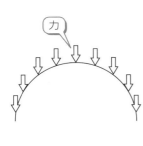

図1-6　アーチ

さらに，主塔間に設けられたアーチ構造を逆にした下に凸の曲線状となるケーブルから，垂直におろされたロープで桁を吊る吊橋（図1-7(a)）や，主塔から伸びるケーブルで直接桁を吊る斜張橋（図(b)）などの吊^{つり}構造がある。これらの部材には引き合う力のみが働き力学的に単純な構造となるため，軽くて強いケーブルなどが使用でき構造物が軽量化される。長大な橋の多くにこの構造が用いられている。

❷suspension

10

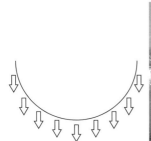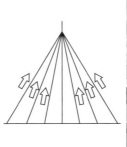

（a）吊橋　　　　　　　　　　（b）斜張橋

図1-7　吊構造

問1　新聞や雑誌から，土木構造物に関する記事や写真を集めよ。

問2　身近にある構造物の柱や梁の形をスケッチせよ。

2 構造物に作用する力

　机の上に置いてある本を横から指で押すと，本は動く。このように，**物体を動かそうとする働きを力**という。力が働くことを，力が作用するともいう。力は指から本のように，ある物体からほかの物体に働く。

❶force：
　国際単位系（SI）では，力の単位は，N（ニュートン）であり，
$1\,\mathrm{N} = 1\,\mathrm{kg \cdot m/s^2}$ である。

1 力の3要素

　力の働きを表すには，力の働く点（**作用点**），**力の向き**，**力の大きさ**を示さなければならない。これを**力の3要素**という。

❷point of application

　力を図示するときは，図1-8のように，矢印で表し，力の3要素を次のように対応させる。

　　力の**作用点**‥‥‥‥矢印の**根元**

　　力の**向き**‥‥‥‥‥矢印の**向き**

　　力の**大きさ**‥‥‥‥矢印の**長さ**

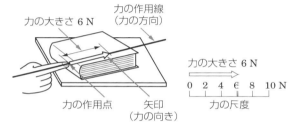

図1-8　力の3要素

　また，力の矢印に沿った直線を**作用線**といい，力の方向を表す。物体の変形を考えない場合は，図1-9のように，力を点Aから作用線上の任意の点Bに移動しても，力の効果は変わらない。さらに，物体の図と矢印が重なるときは，図1-10のように，力の作用点を矢印の先で表すことがある。

❸方向に向きの意味もこめて，たんに方向とする場合があるが，本書では，水平方向には右向きと左向きがあるように，方向と向きを区別して用いる。
❹line of action

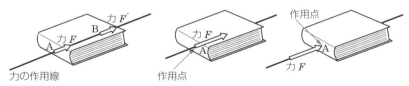

図1-9　作用線上の力の移動　　　図1-10　作用点の表し方

2 作用と反作用

　図1-11のように，車輪つきのいすに座り，手で壁を押すと，手が壁に押し返されて，体は後ろに動く。また，柱に結んだロープを手で引くと，手はロープに引かれて，体はまえに動く。

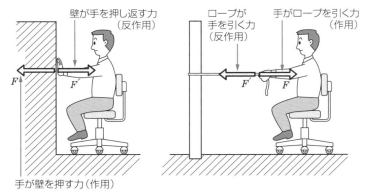

図 1-11　作用と反作用

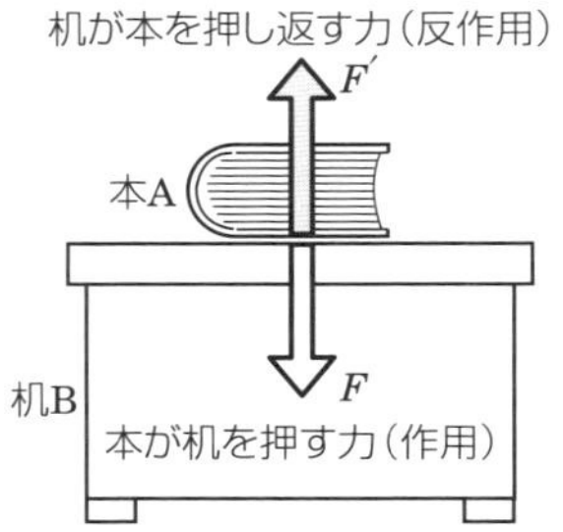

図 1-12　重さによる力の作用と反作用

このように，ある物体 A が別の物体 B に加える力 F（**作用**）と，物体 A が物体 B から受ける力 F'（**反作用**）は，大きさが等しく向きは逆向きで，同じ作用線上にある。これを**作用反作用の法則**❶という。

❶ low of action and reaction

図 1-12 のように，机の上に本が置かれているとき，本から机には本の**重さ**による力 F が下向きに作用し，机から本には同じ大きさで上向きの力 F' が反作用として働いている。このように，作用と反作用の 2 力は，たがいに相手の物体に働き合っている。

3　力の大きさと重力の大きさ

物体が受ける力の大きさ F [N] は，物体の**質量**❷を m [kg]，その物体に生じる**加速度**❸を a [m/s²] とすると，次の式で表される。

❷ mass
❸ acceleration；
時間に対して速さが変化する割合のこと。

力の大きさ　　$\boldsymbol{F = ma}$　[N]　　(1-1)

また，地球上の物体はつねに地球から**重力**❹を受けている。ある物体の質量を m [kg]，地球上の重力の加速度を $g = 9.8\,\mathrm{m/s^2}$ とすると，式(1-1)から，地球上の物体に働く重力の大きさ P [N] は，次の式で表される。

❹ gravity；
重力のように，物体のあらゆる部分に働く力は，作用点がどこか決められないので，力をまとめて，その物体の中心から 1 本の矢印で表す。

重力の大きさ（一般式）　　$\boldsymbol{P = mg}$　[N]　　(1-2)

重力の大きさ（地球上）　　$\boldsymbol{P = 9.8m}$　[N]　　(1-3)

土木・建築などの分野では，ある物体に働く重力の大きさ P が構造物に作用するとき，この P を**荷重**（かじゅう）❺とよぶ。

❺ load

問 3　質量 $m = 60$ kg の人に働く重力の大きさ P [N] を求めよ。

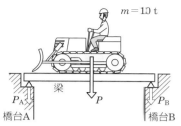

問4 図 1-13 のように，梁の中央に質量 10 t（= 10 000 kg）のブルドーザーが載っているとき，梁に作用する荷重 P [N] を求めよ。また，橋台 A，B に作用する荷重 P_A [N]，P_B [N] を求めよ。ただし，梁と人に働く重力の大きさは考えない。また，$P_A = P_B$ とする。

図 1-13　ブルドーザーの荷重

質量と重力の違い

　地球を回る軌道にある宇宙船は，エンジンを止めても落ちてくることなく，地球を回り続ける。これは，宇宙船に働く重力と，地球を回ることによって生じる遠心力が，ちょうど釣り合っているからである。このとき，宇宙船に乗っている宇宙飛行士も，重力と遠心力が釣り合っていて，見かけ上，重力が働いていないかのような無重力状態になる。

　ここで，宇宙船で月まで行こうとしている宇宙飛行士の質量と宇宙飛行士に働く重力の大きさについて考えてみよう。

　質量は，その物体が本質的にもっている量であり，どんな場所でも一定である。宇宙飛行士の質量が 51 kg ならば，図 1-14 のように，地球上でも，無重力状態でも，月面上でも 51 kg の質量は同じである。

　しかし，重力の大きさについては，宇宙飛行士が存在する場所によって重力の加速度が異なるため，式(1-2)より，次のように異なった値になる。

　図(a)の地球上では，$P_\text{地} = 51 \times 9.8 = 500$ N

　図(b)の無重力状態では，$P_\text{無} = 51 \times 0 = 0$ N

　図(c)の月面上では，$P_\text{月} = 51 \times 1.67 = 85.2$ N

　このように，無重力状態では遠心力によって，見かけ上の重力の大きさは 0 N になり，月面上のように，重力の加速度が地球上の約 $\frac{1}{6}$ の場合，重力の大きさは地球上の約 $\frac{1}{6}$ となる。

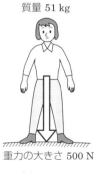

質量 51 kg

重力の大きさ 500 N

（a）地球上

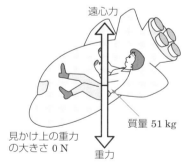

遠心力

質量 51 kg

見かけ上の重力の大きさ 0 N

重力

（b）無重力状態

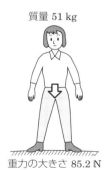

質量 51 kg

重力の大きさ 85.2 N

（c）月面上

図 1-14　質量と重力の違い

構造物に外から作用する力を**外力**❶という。外力には，荷重と**反力**❷がある。反力は構造物を支える力であり，ほかの構造物や大地から構造物の支点に作用する。

荷重には，自動車や列車の車輪などのように，構造物のある点に集中して作用する**集中荷重**❸や，水圧❹・土圧❺・風圧❻などのように，一定の範囲に分布して作用する**分布荷重**❼，および部材の剛節に作用する**モーメントの荷重**がある。

❶external force
❷reaction force
❸concentrated load；
　P［N］で表す。
❹hydraulic pressure
❺earth pressure
❻wind pressure
❼distributed load；
　w［N/m］で表す。
　本書では，分布荷重を
　　↓ ↓ ↓ ↓ ↓ で図示する。

後輪の荷重　前輪の荷重
　　　P_2　　P_1

(a) 集中荷重

梁の自重　w

(b) 等分布荷重

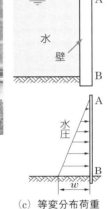

水
壁

水
圧
w

(c) 等変分布荷重

図 1-15　集中荷重と分布荷重

❽dead load；
　死荷重ともいう。
　自重は地球から構造物に作用する力なので外力（荷重）と考える。
❾uniform load または uniformly distributed load

図 1-15(a)は集中荷重の例であり，自動車に働く重力が車輪の位置で梁に集中して作用している。

図(b)は，梁自身に働く重力の大きさ，すなわち**自重**❽が梁全体に分布して作用している。このように，梁のある範囲に同じ大きさで作用する分布荷重を**等分布荷重**❾という。

また，図(c)は，水圧が壁に作用している。水圧は深さに比例して大きくなる。このように，増加する割合が等しい分布荷重を**等変分布荷重**という。

図 1-16(a)のラーメン構造は，図(b)のように，部材 AB（柱）と部材 BC（梁）が点 B で剛節接合

高架橋

B
C
A

(a)

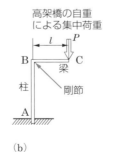

高架橋の自重による集中荷重
l
　P
B　　梁　C
柱
剛節
A

(b)

集中荷重
P
　　モーメントの荷重
B
　　$M = Pl$
A

(c)

図 1-16　モーメントの荷重

されていて，高架橋の自重が点Cに下向きの集中荷重 P として作用している。このとき，図 1-16(c)のように，部材 BC から部材 AB の剛節 B に作用する荷重は，下向きの集中荷重 P [N]だけではなく，回転させようとする荷重，すなわち**モーメントの荷重** $M = Pl$ [N·m]も作用している。このように，部材の剛節には，モーメントの荷重が作用する。

次に，分布荷重の大きさを求めてみよう。

図 1-17 は，ある均一な断面をもつ梁である。断面積を A [m²]，単位容積質量を❶ ρ [kg/m³]，重力の加速度を $g = 9.8$ m/s² とすると，この梁の自重による等分布荷重の大きさ w [N/m]は，梁の単位長さ 1 m あたりの自重であり，次の式で表される。

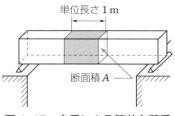
図 1-17　自重による等分布荷重

❶材料 1 m³ あたりの質量のことで，密度ともいう。

自重による等分布荷重　　$$w = \rho A g \quad [\mathbf{N/m}] \qquad (1\text{-}4)$$

例題 1　図 1-18 に示すように，幅 1 m，厚さ 0.3 m，支間 3 m の鉄筋コンクリート板による等分布荷重 w [N/m]を求めよ。ただし，鉄筋コンクリートの単位容積質量 ρ は 2500 kg/m³ とする。

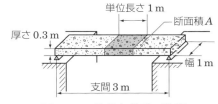
図 1-18　等分布荷重の計算

解答　鉄筋コンクリート板の断面積 A は，
$$A = 0.3 \times 1 = 0.3 \, \text{m}^2$$
である。したがって，鉄筋コンクリート板による等分布荷重 w は，式(1-4)より，次のように求まる。
$$w = \rho A g = 2500 \times 0.3 \times 9.8 = \mathbf{7350} \, \text{N/m}$$

問 5　図 1-19 は，幅 0.4 m，高さ 0.5 m，支間 5.5 m の木材の梁である。この梁の自重による等分布荷重 w [N/m]を求めよ。ただし，木材の単位容積質量を 800 kg/m³ とする。

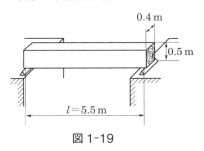
図 1-19

5　1点に作用する力の合成と分解

二つ以上の力と同じ働きをする一つの力を**合力**[1]といい，合力を求めることを**力の合成**[2]という。図 1-20 のように，点 O に働く二つの力 P_1 と P_2 の合力 P は，P_1，P_2 を辺とする平行四辺形の，点 O から点 C への対角線で表される。

これとは逆に，一つの力を，これと同じ働きをする二つ以上の力に分けることを**力の分解**[3]といい，分けられた力を**分力**[4]という。図 1-21 のように，P_1，P_2 は P の分力である。

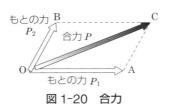

図 1-20　合力

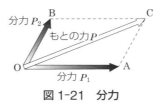

図 1-21　分力

[1] resultant force；
　合力や分力を図示するとき，本書では，もとの力を⇨で表し，合力または分力を➡で表す。
[2] composition of forces

[3] resolution of force

[4] component of force

6　力の水平分力と鉛直分力

図 1-22 のような，直交する x 軸，y 軸に対して，x 軸から角度 θ の方向にある大きさ P の力を，水平方向の分力 P_x と鉛直方向の分力 P_y に分解したとき，P_x を**水平分力**，P_y を**鉛直分力**という。その大きさは次の式で求められる。

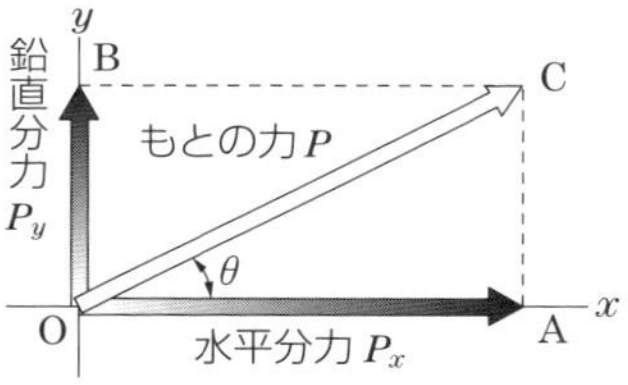

水平分力	$P_x = P\cos\theta$	(1-5)[5]
鉛直分力	$P_y = P\sin\theta$	(1-6)

力の向きは正負で表し，**水平方向は右向きを正，左向きを負**とし，**鉛直方向は上向きを正，下向きを負**とする。

図 1-22　水平分力と鉛直分力

[5] 図 1-23 の直角三角形において，各辺の比と角 θ の関係を三角関数という。
　すなわち，
$$\sin\theta = \frac{b}{c},\ \cos\theta = \frac{a}{c}$$
$$\tan\theta = \frac{b}{a}$$

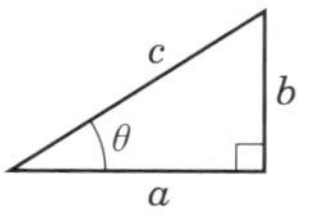

図 1-23　三角関数

問 6　図 1-24 の力の水平分力と鉛直分力を求めよ。

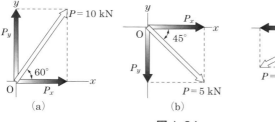

(a)

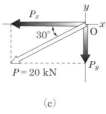

(b)

(c)

図 1-24

7 力のモーメント

図 1-25 は，ナットをスパナで回すところである。このように，ある点に対して回転させようとする作用を**力のモーメント**^❶という。

❶moment of force

力の大きさを P [N]，回転の中心 O から力 P の作用線までおろした垂線の距離を l [m] とすると，点 O に対する力のモーメントの大きさ $M_{(O)}$ [N·m] は，次の式で表される。

力のモーメントの大きさ　　$\boldsymbol{M}_{(O)} = \boldsymbol{Pl}$　[N·m]　　　(1-7)

図 1-26 のように力のモーメントの符号は，**時計まわりを正，反時計まわりを負**とする。

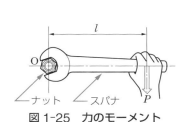

図 1-25　力のモーメント

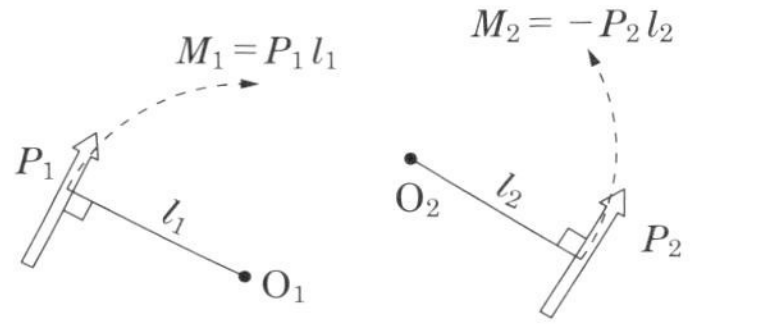

図 1-26　力のモーメントの正負

(a) 時計まわり（正）の力のモーメント
(b) 反時計まわり（負）の力のモーメント

$M_1 = P_1 l_1$
$M_2 = -P_2 l_2$

例題 2

図 1-27 のように，網（点 A）に質量 2 kg の魚がはいっている。網の柄をもつ手の点 B までの水平距離が 4 m のとき，点 B に対する力のモーメント $M_{(B)}$ [N·m] を求めよ。

解答

$M_{(B)}$ は反時計まわりであることに注意し，式(1-3)，(1-7)より求める。

$$M_{(B)} = -Pl = -9.8\,ml = -9.8 \times 2 \times 4$$
$$= -78.4\,\text{N·m}\quad（反時計まわり）^{❷}$$

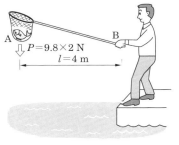

$P = 9.8 \times 2$ N
$l = 4$ m

図 1-27　力のモーメントの計算

❷このように，（　）内に表される向きは，計算した結果の向きを表すものとする。

問 7　図 1-28 において，点 O に対する力のモーメントを求めよ。

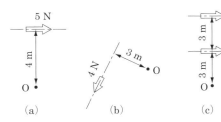

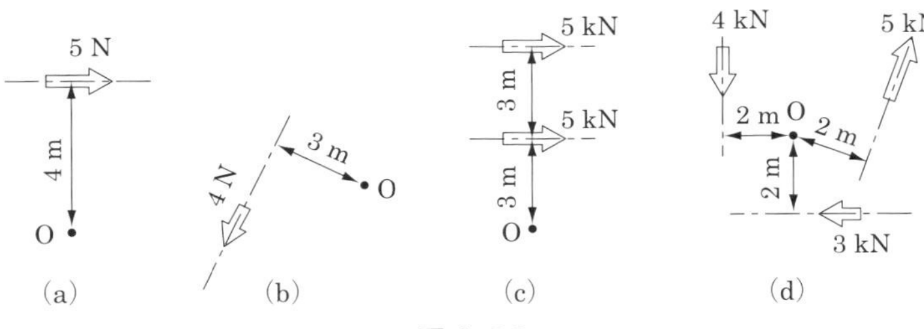

(a)　(b)　(c)　(d)

図 1-28

8 偶力のモーメント

図 1-29(a)のように，大きさが等しく作用線が平行で，たがいに
逆向きの 2 力を**偶力**[くうりょく]❶ という。偶力が一つの物体に作用すると，物
体を移動させようとする働きはないが，**物体をその位置で回転させ
ようとする働き**がある。これを**偶力のモーメント**という。

❶couple of forces

二つの力の大きさが，いずれも P [N]であり，2 力の作用線間の
垂直距離を l [m]とすると，偶力のモーメントの大きさは，次の式
で表される。

偶力のモーメントの大きさ	$M = Pl$ [N·m]	(1-8)

偶力のモーメントを図示するときは，図(a)または図(b)のよう
に表す。

偶力のモーメントの符号は，力のモーメントの
符号と同じく，**時計まわりを正，反時計まわりを
負**とする。

偶力のモーメントは，回転の中心をどこにとっ
て計算しても，その値が変わらないという特徴が
ある。

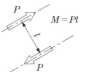

（a）偶力 （b）偶力のモーメント
図 1-29 偶力と偶力のモーメント

問 8 図 1-30(a)の偶力のモーメント M は，図(b)〜(d)のように，
回転の中心を点 B，C，D と変えた場合の力のモーメント
$M_{(B)}$，$M_{(C)}$，$M_{(D)}$ と等しいことを確かめよ。

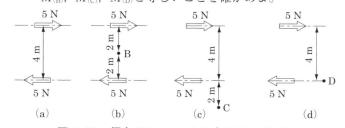

(a) (b) (c) (d)
図 1-30 偶力のモーメントと力のモーメント

問 9 図 1-31 に示す複数の偶力のモーメントを求めよ。

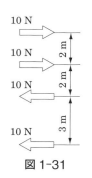

図 1-31

9 バリニオンの定理

　ここまでは，1点に作用する力の合成や分解を中心に学んだが，ここで1点に作用しない力の合成について学ぶ。

　図1-32(a)のように，多数の力の点O(任意点)に対する力のモーメントを求めるには，これらの力の合力Rの点Oに対する力のモーメントを求めても，その値が等しくなる。これをバリニオンの定理といい次の式で表される。

バリニオンの定理　$M_O = P_1 l_1 + P_2 l_2 + P_3 l_3 = Rl$ 　　(1-9)❶

❶合力のモーメント＝分力のモーメントの総和となり，土質や水理の土圧や水圧の計算にも利用できる。

　この定理は，どの点を中心にしてもなりたち，応用すれば多数の平行な力の合力の位置を簡単に求めることができる。図(b)で

$$M_O' = P_1 l_1' + P_2 l_2' + P_3 l_3' = Rl'$$

$$(ただし，R = P_1 + P_2 + P_3)$$

ゆえに，$l' = \dfrac{P_1 l_1' + P_2 l_2' + P_3 l_3'}{R}$

となる。点O′を図のように，P_1上に点Oとしておくと，P_1の点Oに対する力のモーメントが0となり，計算は簡単になる。すなわち，

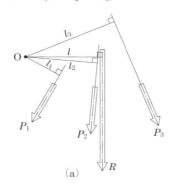

(a)

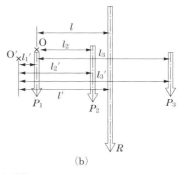

(b)

図 1-32

$$l = \frac{P_2 l_2 + P_3 l_3}{R} \qquad (1\text{-}10)$$

$$(ただし，R = P_1 + P_2 + P_3)$$

このように計算でも平行な力の合力が求められる。

　なお，合力Rの大きさ，Rの作用する向き，Rの作用位置をバリニオンの定理を用いて求める場合，ここでは次のように計算する。

①　点Oの作用位置を各力のうち左端に仮定した場合，合力Rの計算は上向きを負，下向きを正として計算する。

②　点Oの作用位置を各力のうち右端に仮定した場合，合力Rの計算は上向きを正，下向きを負として計算する。

例題3

図1-33(a), (b)について, これらの合力の大きさ・向き・位置を, バリニオンの定理を用いて求めよ。

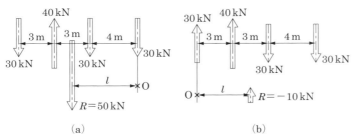

図 1-33

解答

図(a)について, 力は上向きを正, 下向きを負として合力を計算すると,

合力 $R = -30 + 40 - 30 - 30 = -50 \text{ kN}$ (下向き)

となり, 合力は計算の結果が負となり, 下向きに作用する。

いま, 合力 R の位置を右端の力 30 kN から左へ l と仮定し, 右端の 30 kN の力の作用線上に点 O をとると,

$M_\text{O} = Rl = -30 \times 10 + 40 \times 7 - 30 \times 4 = -140 \text{ kN·m}$

ゆえに, $-50 \times l = -140 \text{ kN·m}$

$$l = \frac{140}{50} = 2.8 \text{ m}$$

点 O の左側 2.8 m に合力 $R = 50$ kN が下向きに作用する。

図(b)についても同様に, 力は上向きを負, 下向きを正として合力を計算すると,

合力 $R = -30 - 40 + 30 + 30 = -10 \text{ kN}$ (上向き)

左端の 30 kN の力の作用線上に点 O をとり, 合力と点 O の距離を右へ l とすると,

$Rl = 30 \times 10 + 30 \times 6 - 40 \times 3 = 360 \text{ kN·m}$

$-10 \times l = 360 \text{ kN·m}$

よって, $l = -36 \text{ m}$

l は負となる。これは, R の位置の仮定が間違っていたことを示すので, 実際の R の位置は, 点 O の左側 36 m の位置にあることになる。

したがって, 合力 R は, **点 O の左側 36 m の位置に大きさ 10 kN で上向きに作用する。**

問10 図1-34において, 合力 R を図のように仮定し, その大きさと, 点 O からの距離 l を求めよ。

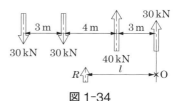

図 1-34

3 力の釣合い

　図 1-35 は，二人が同じ大きさの力 F_A と F_B で棒を押し合って静止した状態を示している。

　このように，一つの物体に大きさが等しく向きが反対の２力が同じ作用線上で作用しているとき，この２力は**釣り合っている**という。また，一つの物体に二つ以上の力が作用して静止しているとき，この物体に作用しているすべての力は釣り合っていて，この物体は**釣合い**の状態にあるという。

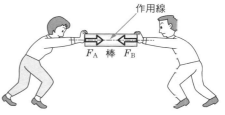

図 1-35　２力の釣合い

1　力の釣合いの３条件

　複数の力が釣り合っているとき，次の３条件を満たしている。

① **水平分力の和が 0** である。　　　　$\Sigma H = 0$　　（1-11）

　（右向きを＋，左向きを－とし，水平分力を合計すると 0 になる）

② **鉛直分力の和が 0** である。　　　　$\Sigma V = 0$　　（1-12）

　（上向きを＋，下向きを－とし，鉛直分力を合計すると 0 になる）

③ **力のモーメントの和が 0** である。　$\Sigma M_{(i)} = 0$　　（1-13）

　（時計まわりを＋，反時計まわりを－とし，任意の点 i に対する力のモーメントを合計すると 0 になる）

　この釣合いの３条件は，釣合い方程式ともよばれ，これらの式を使って，反力などの未知の力を求めることができる。荷重がわかっているとき，釣合いの３条件を使って未知の反力を求めることができる構造を**静定構造**といい，釣合いの３条件だけでは求めることができない構造を**不静定構造**という。

　構造物の場合は，作用するさまざまな力に対して，力の釣合い３条件を用い，必ず釣り合うように設計しなければならない。図 1-36 のような連続した２本の橋の場合，２本の橋自身と車の重さは，両側の橋台 A，B と中央の橋脚 C の３点にそれぞれ P_1，P_2，P_3 としてかかる。この橋が安定し安全であるためには，これらの重さを支え，釣り合う地盤の強さ R_A, R_B, R_C がなければならない。

❶equilibrium：
　等速度運動をしている物体も釣合いの状態にあるが，ほとんどの構造物は静止している。
　このように，静止状態での力学を静力学といい，本書では静力学を扱う。
　これに対して，運動の状態が変化する物体を扱う力学を動力学という。

❷ギリシャ文字 $\overset{\text{シグマ}}{\Sigma}$ は，合計を表す記号として用いられる。
　H は水平を表す horizontal の頭文字である。

❸V は鉛直を表す vertical の頭文字である。

❹statically determinate structure
❺statically undeterminate structure

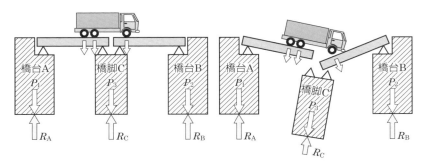

（a）釣り合っている状態　　（b）釣り合わない状態

図 1-36　橋の釣合い

　つまり，図 1-36(a)のように，$P_1 = R_A$，$P_2 = R_B$，$P_3 = R_C$ となる地盤の力が必要となる。たとえば，橋脚 C を支えている地盤の力が，地震による液状化現象[❶]などで得られなくなれば，図(b)のように，$P_3 > R_C$ となり力は釣り合わず，橋脚 C は沈下し，橋は落ちてしまう。

　図 1-37 は，1964 年に発生した新潟地震による液状化現象で，橋脚が傾き落橋した橋や大きく変形した橋である。

（a）昭和大橋　　　　　　（b）八千代大橋

図 1-37　液状化現象による落橋

2　力の釣合いの3条件の応用

　図 1-38(a)は，体重が異なる大人と子供がシーソーに乗って，水平に静止しているところである。図(b)は，シーソーに作用している力を図示したもので，大人の体重 P_1，子供の体重 P_2，反力 R[❸]が作用していて，これらの力は釣り合っている。このとき，シーソーに作用する反力 R を求めてみよう。

　図(b)において，鉛直方向の力の釣合い$(\Sigma V = 0)$から，

$$-P_1 + R - P_2 = 0 \qquad ゆえに，\qquad R = P_1 + P_2$$

となり，反力 R は，2 人の体重の合計となる。

❶地下水位が高く，ゆるい砂地盤に，地震などの振動が加わると，土粒子どうしのかみ合わせがはずれ，土粒子間にある水に，土粒子が浮いた状態になり，地盤が液体状になる現象。

❷人に働く重力の大きさのことをいう。単位は力の単位［N］，［kN］などを用いる。
❸反力を図示するとき，本書では⇧で表す。

次に，シーソーに乗った2人の
体重 P_1，P_2 と，支点 O からの距
離 l_1，l_2 の関係を求めてみよう。

点 O に対する力のモーメント
の釣合い $(\Sigma M_{(O)} = 0)$ から，

$$-P_1 l_1 + R \times 0 + P_2 l_2 = 0$$

したがって，次の式が求まる。

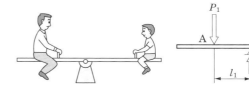

（a）シーソー　　　　　　（b）シーソーに作用する力

図 1-38　シーソーとてこの原理

てこの原理　　　　$\boldsymbol{P_1 l_1 = P_2 l_2}$　　　　(1-14)

式(1-14)より，P_1 は l_1 に，P_2 は l_2 に反比例する。❶

これを**てこの原理**❷といい，図 1-39 において，力を加
える点 B を**力点**，力を利用する点 A を**作用点**，支え
る点 C を**支点**という。

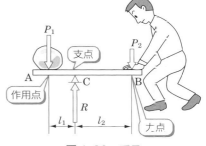

図 1-39　てこ

例題 4

図 1-38 において，大人の体重 $P_1 = 700$ N，
支点からの距離，$l_1 = 0.9$ m，$l_2 = 2.8$ m であるとき，子
供の体重 P_2 [N] と，反力 R [N] を求めよ。

解答

式(1-14)より，$700 \times 0.9 = P_2 \times 2.8$

ゆえに，$P_2 = \dfrac{1}{2.8}(700 \times 0.9) = \mathbf{225}$ **N**

次に，$\Sigma V = 0$ から，$-P_1 + R - P_2 = 0$

ゆえに，$R = P_1 + P_2 = 700 + 225 = \mathbf{925}$ **N**

❶$P_1 = \dfrac{l_2}{l_1} P_2$，$P_2 = \dfrac{l_1}{l_2} P_1$
　つまり，体重の小さい
子供でも，支点 O から
の距離 l_2 を l_1 より大き
くすれば，体重の大きい
大人と釣り合う。

❷principle of lever

問11　図 1-38 において，$P_1 = 550$ N，$P_2 = 160$ N，$l_2 = 2.5$ m で
シーソーが釣り合っているとき，l_1 と反力 R を求めよ。

問12　てこの原理を応用している道具をスケッチし，力点，作用点，
支点の位置を示せ。

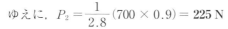

◆◆◆ **第1章　章末問題** ◆◆◆

1. 図 1-40 において，P の水平分力 P_x と鉛直分力 P_y を求めよ。

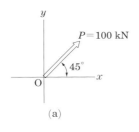

（a）

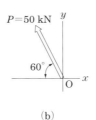

（b）

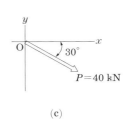

（c）

図 1-40

2. 図1-41において，点Oに対する力のモーメント $M_{(O)}$ を求めよ。

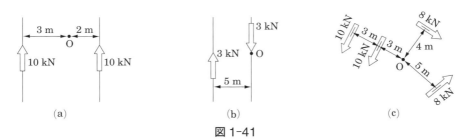

図 1-41

3. 図1-42の合力の大きさ，向き，位置をバリニオンの定理を用いて求めよ。

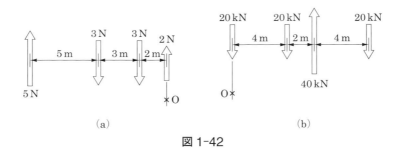

図 1-42

4. 図1-43において，棒の軸に沿って作用する三つの力 F_1, F_2, F_3 は釣り合っている。F_3 の大きさと向きを求めよ。

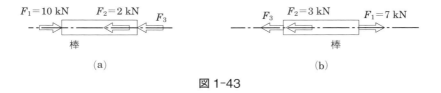

図 1-43

5. 図1-44において，作用点にある自重100 Nの石を動かすには，力点には何 N 以上の力が必要か。また，力が釣り合うとき，支点で支える力（反力）は何 N か求めよ。

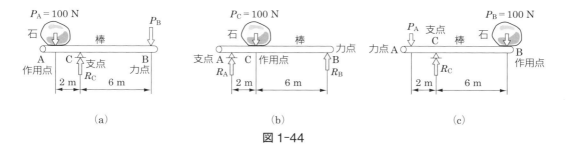

図 1-44

梁の外力

単純梁の上を走る神戸新交通システム（六甲ライナー）

　梁には，一本の棒状の部材を両端で支えた単純なものから，いくつもの部材が組み合わさった複雑なものまで，いろいろな種類がある。

　ここでは，梁の種類や，釣合いの3条件を使って梁の反力を求める方法について学ぶ。

●梁にはどのような種類があるのだろうか。

●梁を支える支点にはどのような種類があるのだろうか。

●支点に生じる反力はどのように求めるのだろうか。

支点の種類と梁の種類

梁は棒状の部材を，その軸が水平方向に向くように使ったもので，おもに鉛直方向の荷重を受けて支点で支えられている。このとき支点には，荷重に釣り合うように反力が生じている。

この節では，支点の種類に応じてどのような反力が生じるのかを学ぶ。また，梁の分類についても学ぶ。

1 支点と反力

支点には，図2-1のように3種類ある。

図(a)の**可動支点**❶は，梁が支点を中心に自由に回転できるようなヒンジの機構と水平方向に移動できる**ローラー**❷の機構をもっている。しかし，鉛直方向には移動できない。このとき，可動支点から梁には鉛直方向の反力 R のみが生じる。

図(b)の**回転支点**❸でも，梁はヒンジを中心に自由に回転できるが，水平方向および鉛直方向には移動できない。このとき，回転支点から梁には水平反力 H と鉛直反力 R が生じる。❹

図(c)の**固定支点**❺では，梁の端の支点部分が剛節となっていて，ほかの構造物や大地と一体となるように接合されている。そのため，水平方向にも鉛直方向にも移動ができず，また，回転もできない。

❶roller support：ローラー支点または，移動支点ともいう。

❷roller

❸hinge support または pin support

❹鉛直反力の記号は，V が使われることもある。

❺fixed support

種類	(a) 可動支点	(b) 回転支点	(c) 固定支点
概略図	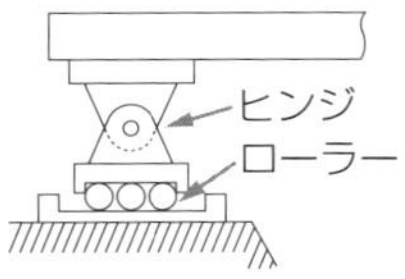 ヒンジ ローラー	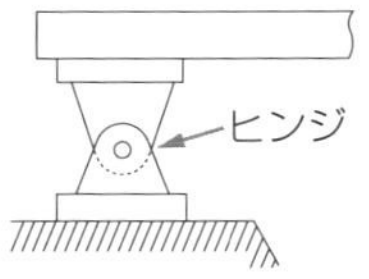 ヒンジ	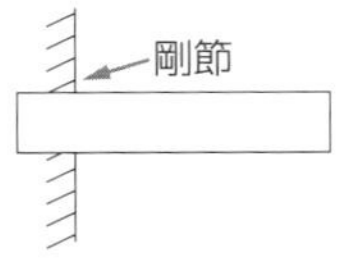 剛節
記号と反力	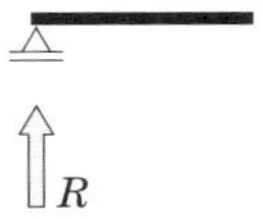 R	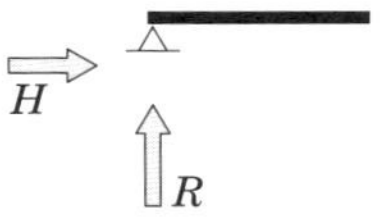 H R	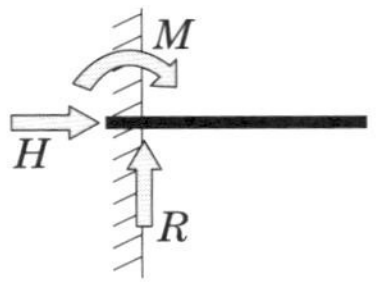 M H R
反力数	1	2	3

図2-1 支点の種類と反力

このとき，固定支点から梁には水平反力 H，鉛直反力 R，モーメントの反力 M が生じる。

図 2-2(a) は可動支点の例，図(b) は回転支点の例，図(c) は固定支点の例である。

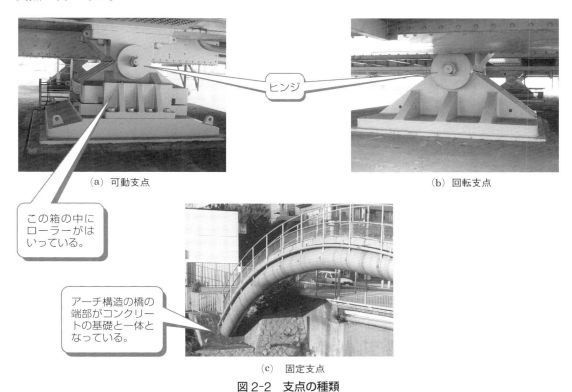

（a）可動支点

ヒンジ

（b）回転支点

この箱の中にローラーがはいっている。

アーチ構造の橋の端部がコンクリートの基礎と一体となっている。

（c）固定支点

図 2-2　支点の種類

▼ 積層ゴム

　支点には，図 2-3 のような積層ゴムが用いられた支点もある。図 2-1 と比較すると図 2-4 のような特徴がある。

図 2-3　積層ゴム

　積層ゴムは，ゴムシートと鋼板を交互に重ねて一体化したもので，鉛直方向にはほとんど変化しないが，水平方向にはゴムの特性により変形する性能をもっている。そのため，地震による水平方向の揺れを吸収する免震効果をもちつつ，橋桁の重量を安定して支えることができる。阪神淡路大震災以降，免震効果のある支点として使用されることが多くなった。

種類	積層ゴム
概略図	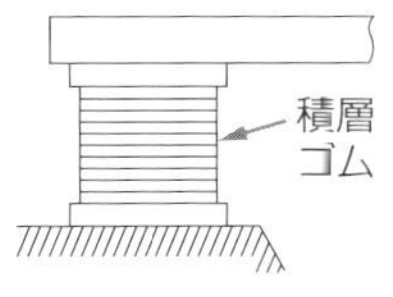 積層ゴム
記号と反力	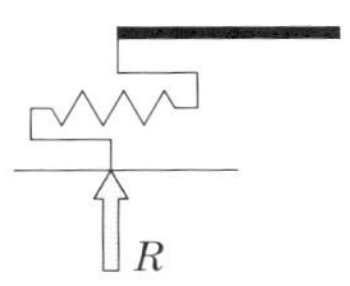 R
反力数	1

図 2-4　積層ゴムの特徴

　図2-5(a)のように，梁 AB が二つの可動支点で支えられている場合，荷重 P が斜め方向に作用すると，梁 AB には水平方向の反力 H が生じる支点がないので，梁は水平方向に移動してしまう。また，図(b)のように，梁 AB の中間の点 C がヒンジ(滑節)で接続されていると，梁は荷重 P により大きく変形してしまう。このように，荷重によって大きく移動や変形をする構造の梁を，**不安定な梁**❶という。

❶unstable beam

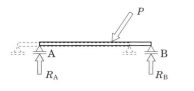
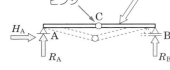

| (a) 移動する場合 | (b) 大きく変形する場合 |

図2-5　不安定な梁の例

　図2-6のように，梁 AB が一つの可動支点 B と一つの回転支点 A で支えられている場合，荷重 P が斜め方向に作用しても，水平反力 H_A と二つの鉛直反力 R_A，R_B が生じ，梁 AB は移動することがない。また，中間にヒンジがないので，大きく変形することもない。このように，大きく移動したり変形したりしない構造の梁を**安定な梁**❷という。

❷stable beam

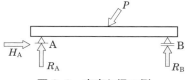

図2-6　安定な梁の例

　図2-7はすべて安定な梁の例とその模式図である。梁を安全に支持するためには，このような安定な梁でなければならない。

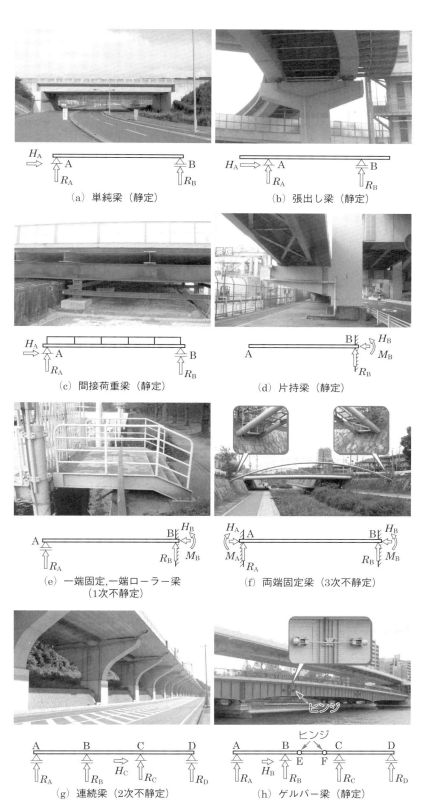

(a) 単純梁（静定）　　　　　　　　　(b) 張出し梁（静定）

(c) 間接荷重梁（静定）　　　　　　　(d) 片持梁（静定）

(e) 一端固定,一端ローラー梁　　　　(f) 両端固定梁（3次不静定）
　　（1次不静定）

(g) 連続梁（2次不静定）　　　　　　(h) ゲルバー梁（静定）

図 2-7　安定な梁の種類

中間にヒンジのない梁が安定するには，少なくとも三つ以上の反力が必要である。図(a)，(b)，(c)，(d)の梁は，反力数が三つなので，釣合いの3条件 $\Sigma H = 0$，$\Sigma V = 0$，$\Sigma M_{(i)} = 0$ からすべての反力を求めることができる。このような梁を**静定梁**[1]という。

[1]statically determinate beam

しかし，反力数が三つを超えると，釣合いの3条件だけでは反力を求めることができない。このような梁を**不静定梁**[2]という。静定梁より反力の数がどの程度多くなっているかを表す数に**不静定次数**[3]がある。つまり，反力数を r とすると，$r - 3$ が不静定次数である。

[2]statically indeterminate beam
[3]degree of statical indeterminacy

たとえば，図(e)，(f)，(g)は，反力数がそれぞれ4，6，5なので，不静定次数が1次，3次，2次の不静定梁である。

ここで，図(h)のゲルバー梁[4]は，両側の2本の張出し梁（静定梁）が二つのヒンジで中央の梁を支持した構造である。図のように，ゲルバー梁の反力数は5であるが，ヒンジは自由に回転できるので，支点における釣合いの3条件のほかに，二つのヒンジの位置E，Fで $\Sigma M_{(E)} = 0$，$\Sigma M_{(F)} = 0$ がなりたち[5]，五つの式を使って，すべての反力を求めることができる。したがって，ゲルバー梁は静定梁となる。

[4]Gerber beam：
p. 40 以降で詳しく学ぶ。

[5]EF 間の荷重，反力に対するモーメントの釣合いとしてなりたつ。

以上により，梁を構造的に分類すると，図2-8のようになる。

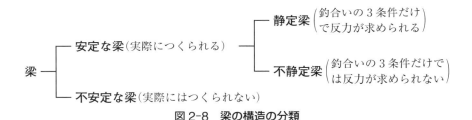

図2-8　梁の構造の分類

問1　図2-5(a)，(b)以外で，不安定な梁の例を考え，図示せよ。

2 静定梁の反力

　静定梁の反力は，釣合いの3条件を使って求めることができる。この節では，静定梁の種類ごとに，いろいろな荷重が作用したときに生じる反力の求め方を学ぶ。

1 単純梁の反力

1 集中荷重が作用する場合

　一端が回転支点で，他端が可動支点の静定梁を**単純梁**[1]という。梁の中で最も基本となる単純梁の反力を求めてみよう。

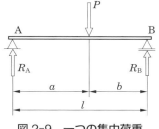

図2-9　一つの集中荷重

❶simple beam

　図2-9のように鉛直方向の荷重[2] P だけが作用する場合，支点Aの鉛直反力 R_A は，釣合いの3条件 $\Sigma M_{(\mathrm{B})} = 0$ から，

$$\Sigma M_{(\mathrm{B})} = R_\mathrm{A} l - Pb + R_\mathrm{B} \times 0 = 0$$

となり，次の式が求まる。

$$R_\mathrm{A} = \frac{Pb}{l} \tag{2-1}$$

　同様に，$\Sigma M_{(\mathrm{A})} = 0$ から，

$$\Sigma M_{(\mathrm{A})} = - R_\mathrm{B} l + Pa + R_\mathrm{A} \times 0 = 0$$

となり，次の式が求まる。

$$R_\mathrm{B} = \frac{Pa}{l} \tag{2-2}$$

　検算のために，$\Sigma V = 0$ となるかどうか調べると，
$$\Sigma V = R_\mathrm{A} - P + R_\mathrm{B} = \frac{Pb}{l} - P + \frac{Pa}{l} = \frac{P(a+b)}{l} - P$$
$$= \frac{Pl}{l} - P = P - P = 0$$

となるので，反力の計算は正しいことがわかる。

例題 1　図2-10の単純梁の反力 R_A，R_B を求めよ。[4]

❷土木構造物の設計では，鉛直方向（下向き）の荷重だけを考え，水平方向の荷重は，風荷重に対する検討や，車両が制動するような特殊な場合にだけ考えることが多い。したがって，水平反力 $H_\mathrm{A} = 0$ があきらかな場合には，H_A を図示しないことがある。

❸支点Bに対する力のモーメントの釣合いを考えると，R_B が消去できて，未知数は R_A だけになる。

❹大きさの異なる力でも，同じ長さの矢印で表すこともある。

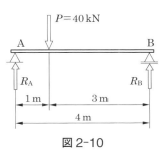

図2-10

$\Sigma M_{(B)} = 0$ から，

$$R_{A} \times 4 - 40 \times 3 + R_{B} \times 0 = 0$$

よって，反力 R_{A} は次のようになる。

$$R_{A} = \frac{1}{4}(40 \times 3) = \mathbf{30\,kN}$$

$\Sigma M_{(A)} = 0$ から，

$$R_{A} \times 0 + 40 \times 1 - R_{B} \times 4 = 0$$

よって，$R_{B} = \dfrac{1}{4}(40 \times 1) = \mathbf{10\,kN}$

（検算）$\Sigma V = R_{A} - P + R_{B}$

$$= 30 - 40 + 10 = 0$$

（別解）式(2-1)と式(2-2)を用いて反力を求めてもよい。

$$R_{A} = \frac{Pb}{l} = \frac{40 \times 3}{4} = 30\,kN$$

$$R_{B} = \frac{Pa}{l} = \frac{40 \times 1}{4} = 10\,kN$$

例題 2 図 2-11 の単純梁の反力 R_{A}，R_{B} を求めよ。

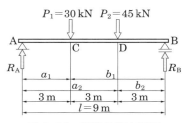

図 2-11　複数の集中荷重

解答

$\Sigma M_{(B)} = 0$ から，

$$R_{A} \times 9 - 30 \times 6 - 45 \times 3 + R_{B} \times 0 = 0$$

よって，反力 R_{A} は次のようになる。

$$R_{A} = \frac{1}{9}(30 \times 6 + 45 \times 3) = \mathbf{35\,kN}$$

$\Sigma M_{(A)} = 0$ から，

$$R_{A} \times 0 + 30 \times 3 + 45 \times 6 - R_{B} \times 9 = 0$$

よって，$R_{B} = \dfrac{1}{9}(30 \times 3 + 45 \times 6) = \mathbf{40\,kN}$

（検算）$\Sigma V = R_{A} - P_{1} - P_{2} + R_{B}$

$$= 35 - 30 - 45 + 40 = 0$$

（別解）P_{1} と P_{2} がそれぞれ単独に作用すると考え，式(2-1)と
式(2-2)を用いて，それぞれの荷重による反力を求め，それら
を足し合わせてもよい。❶

$$R_{A} = \frac{P_{1}b_{1}}{l} + \frac{P_{2}b_{2}}{l} = \frac{30 \times 6}{9} + \frac{45 \times 3}{9} = 35\,kN$$

$$R_{B} = \frac{P_{1}a_{1}}{l} + \frac{P_{2}a_{2}}{l} = \frac{30 \times 3}{9} + \frac{45 \times 6}{9} = 40\,kN$$

❶これを重ね合わせの原理（principle of superposition）という。

問2 図 2-12 の単純梁の反力 R_A, R_B を求めよ。

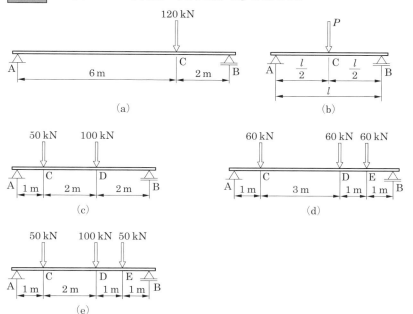

図 2-12

2 斜めの荷重が作用する場合

5 図 2-13 のように，単純梁に荷重 P が水平方向から θ の角度で作用する場合の反力を求めてみよう。

荷重 P を水平分力 $P_x = P\cos\theta$ と，鉛直分力 $P_y = P\sin\theta$ に分解し，分力と反力に対して釣合いの 3 条件を適用すれば，次の式で表される。

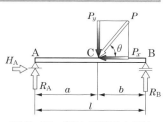

図 2-13 斜めの荷重と反力

$$H_\text{A} = P_x \tag{2-3}$$

$$R_\text{A} = \frac{P_y b}{l} \tag{2-4}$$

$$R_\text{B} = \frac{P_y a}{l} \tag{2-5}$$

例題
3

図 2-14(a) の単純梁の反力 H_A, R_A, R_B を求めよ。

解答

荷重 P の水平分力 P_x と鉛直分力 P_y を求める。

$$P_x = P\cos\theta = 7 \times \cos 60° = 3.50\,\text{kN}(\text{左向き})$$

$$P_y = P\sin\theta = 7 \times \sin 60° = 6.06\,\text{kN}$$

したがって，図(b)のように，点 C に P の分力 P_x,
P_y が作用すると考えて反力を求める。

$\Sigma H = 0$ から，$H_A - 3.50 = 0$

ゆえに，$H_A = 3.50\,\text{kN}(\text{右向き})$

$\Sigma M_{(B)} = 0$ から，

$$R_A = \frac{P_y b}{l} = \frac{6.06 \times 3}{8} = \mathbf{2.27\,kN}$$

$\Sigma M_{(A)} = 0$ から，

$$R_B = \frac{P_y a}{l} = \frac{6.06 \times 5}{8} = \mathbf{3.79\,kN}$$

（検算）$\Sigma V = 2.27 - 6.06 + 3.79 = 0$

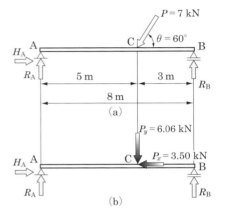

図 2-14　斜めの荷重

問 3

図 2-15 の単純梁の反力 H_A, R_A, R_B を求めよ。

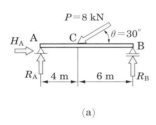

(a)

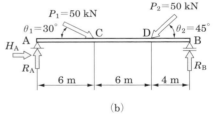

(b)

図 2-15

3　等分布荷重が作用する場合

　図 2-16 のように，単純梁に等分布荷重が作用する場合，等分布荷重を集中荷重に換算し，その集中荷重が作用した場合と同じ方法で反力を求める。この換算した荷重を換算荷重という。[1]

　換算荷重の大きさは，等分布荷重を図示した図形の面積で表され，その作用線は図形の図心を通る。[2]

　したがって，等分布荷重 w の作用範囲を L とすると，その換算荷重の大きさ P は，w と L を 2 辺とする長方形の面積なので，次の式で表される。

❶本書では，分布荷重の換算荷重 P は，で表す。

❷図形の中心。詳しくは第 6 章で学ぶ。

図 2-16　等分布荷重の換算荷重

| 等分布荷重
の換算荷重 | $P = wL$ | (2-6) |

また，換算荷重の作用線が等分布荷重を表す図形の図心を通ることより，その作用点は作用範囲 L を 2 等分した点 C となる。

実際に，図 2-17 のように，単純梁に等分布荷重が作用するときの反力 R_A，R_B を求めよう。

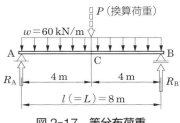

図 2-17　等分布荷重

まず，等分布荷重 w を集中荷重 P に換算する。

$$P = wL = 60 \times 8 = 480\,\text{kN}$$

梁に対する荷重の作用のしかたが左右対称なので，❶

$$R_A = R_B = \frac{P}{2} = \frac{480}{2} = 240\,\text{kN}$$

となる。今は，鉛直方向の力の釣合いにより反力を求めたことになるので，検算は点 B に対する力のモーメントの釣合いで行う。

$$\Sigma M_{(B)} = R_A \times 8 - P \times 4 = 240 \times 8 - 480 \times 4 = 0$$

より，反力の計算は正しいことがわかる。

例題 4　図 2-18 の単純梁の反力 R_A，R_B を求めよ。

解答

換算荷重 P_2 は，

$$P_2 = wL = 50 \times 6 = 300\,\text{kN}$$

となり，$\Sigma M_{(B)} = 0$，$\Sigma M_{(A)} = 0$ から，

$$R_A = \frac{100 \times 8}{10} + \frac{300 \times 3}{10} = \textbf{170\,kN}$$

$$R_B = \frac{100 \times 2}{10} + \frac{300 \times 7}{10} = \textbf{230\,kN}$$

（検算）　$\Sigma V = 170 - 100 - 300 + 230 = 0$

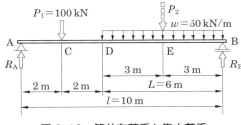

図 2-18　等分布荷重と集中荷重

問 4　図 2-18 において，$P_1 = 60\,\text{kN}$，$w = 40\,\text{kN/m}$ のとき，反力 R_A，R_B を求めよ。

❶集中荷重が梁の中央に作用する場合や，等分布荷重が梁の中央から左右に等しい範囲に作用する場合。このとき

$\Sigma M_{(B)} = 0$ より，

$$R_A l - P\frac{l}{2} = 0$$

よって，$R_A = \dfrac{P}{2}$

$\Sigma M_{(A)} = 0$ より，

$$-R_B l + F\frac{l}{2} = 0$$

よって，$R_B = \dfrac{P}{2}$

したがって，

$$R_A = R_B = \frac{P}{2}$$

となる。

4 等変分布荷重が作用する場合

単純梁に等変分布荷重が作用する場合も，等分布荷重のときと同様に，等変分布荷重を集中荷重に換算し，反力を求める。

その換算荷重の大きさは，等変分布荷重を図示した図形の面積で表され，その作用線は図形の図心を通る。

したがって，図 2-19 のような等変分布荷重の換算荷重の大きさ P は，w と L の 2 辺で直角をはさむ三角形の面積なので，次の式で表される。

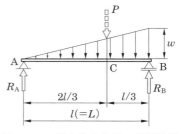

図 2-19　等変分布荷重の換算荷重

| 等変分布荷重
の換算荷重 | $$P = \dfrac{wL}{2}$$ | (2-7) |

また，換算荷重の作用線が等変分布荷重を表す図形の図心を通ることより，その作用点は作用範囲 L を 3 等分した点 C となる。

図 2-20 の単純梁の反力 R_A，R_B を求めよ。

等変分布荷重を集中荷重 P に換算すると，

$$P = \frac{wL}{2} = \frac{40 \times 9}{2} = 180 \text{ kN}$$

となり，その作用点は，点 A から 6m，点 B から 3m の点 C である。

$\Sigma M_{(B)} = 0$，$\Sigma M_{(A)} = 0$ から，

$$R_A = \frac{180 \times 3}{9} = 60 \text{ kN}$$

$$R_B = \frac{180 \times 6}{9} = 120 \text{ kN}$$

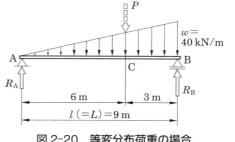

図 2-20　等変分布荷重の場合

（検算）$\Sigma V = 60 - 180 + 120 = 0$

問5　図 2-21 の単純梁の反力 R_A，R_B を求めよ。

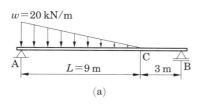

(a)

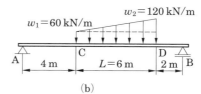

(b)

図 2-21

張出し梁❶は，単純梁の左右両方またはどちらか一方が支点から張 ❶overhanging beam
り出した梁である。張出し梁の反力は，釣合いの 3 条件を使って，
単純梁と同様の方法で計算できる。

5　図 2-22 の張出し梁の反力 R_A，R_B を求めてみよう。

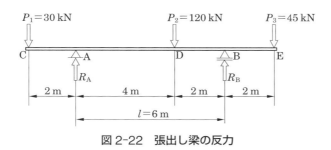

図 2-22　張出し梁の反力

$\Sigma M_{(B)} = 0$ から，

$$-30 \times 8 + R_A \times 6 - 120 \times 2 + 45 \times 2 = 0$$

ゆえに，$R_A = \dfrac{1}{6}(30 \times 8 + 120 \times 2 - 45 \times 2) = 65 \, \text{kN}$

$\Sigma M_{(A)} = 0$ から，

10　　　$$-30 \times 2 + 120 \times 4 - R_B \times 6 + 45 \times 8 = 0$$

ゆえに，$R_B = \dfrac{1}{6}(-30 \times 2 + 120 \times 4 + 45 \times 8) = 130 \, \text{kN}$

検算のために，$\Sigma V = 0$ となるかどうか調べると，

$$\Sigma V = -30 + 65 - 120 + 130 - 45 = 0$$

となるので，反力の計算は正しいことがわかる。

15　**問6**　図 2-23 の張出し梁の反力 R_A，R_B を求めよ。

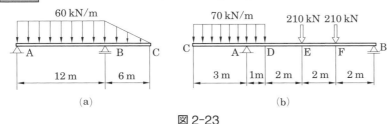

図 2-23

問7　張出し梁では，下向きの荷重だけが作用しても反力が上向き
になならない場合がある。それは，どこに荷重が作用する場合
か考えよ。

　図 2-24(a)は，鋼材を用いた床組構造を示したものである。荷重 P が縦桁に作用すると，この荷重は縦桁の両端から横桁に伝達され，横桁を通して主桁に作用する。このように，荷重が主桁に直接作用せず，間接的に作用する形式の梁を**間接荷重梁**という。

　図(b)は床組構造の側面図であり，この側面図をより単純化して描いた図(c)が，間接荷重梁を表す図である。

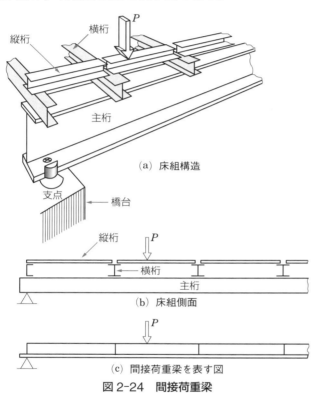

(a) 床組構造

(b) 床組側面

(c) 間接荷重梁を表す図

図 2-24　間接荷重梁

　図 2-25(a)の間接荷重梁の反力を求めてみよう。

　まず，図(a)の間接荷重梁の縦桁を，図(b)のように，小さな単純梁が並んでいると考え，縦桁の反力を求める。

　単純梁 AC には，荷重が作用していないので，$R_{AC} = R_{CA} = 0$[6]

　単純梁 CD と DB には，荷重が梁に対して左右対称に作用している[7]ので，反力は次のようになる。

$$R_{CD} = R_{DC} = \frac{30}{2} = 15 \text{ kN}$$

$$R_{DB} = R_{BD} = \frac{20 \times 3}{2} = 30 \text{ kN}$$

❶floor system：
　床版を支える格子状の構造である。
❷stringer
❸cross beam
❹main beam
❺indirect load beam

❻R_{CA} は縦桁 AC の点 C における反力を表し，R_{AC} は縦桁 AC の点 A における反力を表す。
❼p. 35 側注参照。

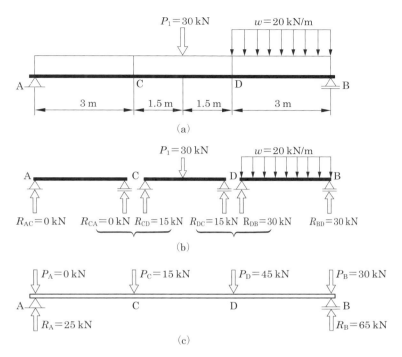

図 2-25　間接荷重梁の支点反力

次に，図 2-25(b) の縦桁の反力と大きさが等しく反対向きの力が，横桁を通して図(c) の主桁に荷重として作用すると考える。❶ 各横桁の位置で主桁に作用する荷重をそれぞれ，P_A, P_C, P_D, P_B とすると，

$$P_A = 0 \text{ kN} \qquad\qquad P_C = 0 + 15 = 15 \text{ kN}$$

$$P_D = 15 + 30 = 45 \text{ kN} \qquad P_B = 30 \text{ kN}$$

となる。

したがって，図(c) の主桁の反力 R_A, R_B は，$\Sigma M_{(B)} = 0$，$\Sigma M_{(A)} = 0$ より，次のようになる。

$$R_A = \frac{1}{9}(0 \times 9 + 15 \times 6 + 45 \times 3 + 30 \times 0) = 25 \text{ kN}$$

$$R_B = \frac{1}{9}(0 \times 0 + 15 \times 3 + 45 \times 6 + 30 \times 9) = 65 \text{ kN}$$

❶作用反作用の法則により，縦桁と横桁相互，および横桁と主桁相互に働く力は，大きさが等しく反対向きの力である。

したがって縦桁と主桁相互に働く力も，大きさが等しく反対向きの力となる。

問8 図 2-26 の間接荷重梁の反力 R_A，R_B を求めよ。

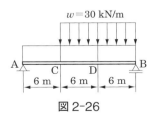

図 2-26

4 ゲルバー梁の反力

ゲルバー梁[1]は，図2-27(a)のように，両側の張出し梁が二つのヒンジで中央の梁を支持した構造であり，図(b)のように表される。

ゲルバー梁は支点が多少沈下しても，ヒンジとローラーが変形に対応できるので，地盤の悪い港湾付近の橋によく用いられる。

図(a)のゲルバー梁は，二つの張出し梁の先端 C，D 上に単純梁が乗っている構造とし(図(c))，CD の単純梁部分を支える力 R_C，R_D がヒンジを通して張出し梁の先端 C，D に大きさが等しく向きが反対の荷重として作用する[2]と考えて反力を求める。

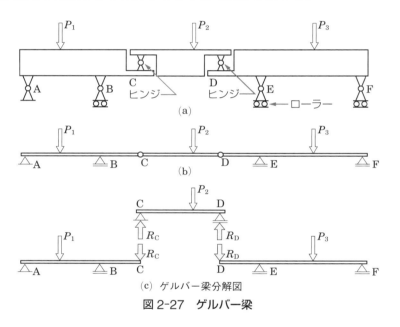

(c) ゲルバー梁分解図

図2-27 ゲルバー梁

図2-28(a)のゲルバー梁の反力を求めてみよう。

図(b)は，ゲルバー梁を分解した図である。単純梁部分 CD において，$\Sigma M_{(D)} = 0$，$\Sigma M_{(C)} = 0$ より R_C，R_D を求めると[3]，

$$R_C = \frac{30 \times 2}{6} = 10 \text{ kN}, \qquad R_D = \frac{30 \times 4}{6} = 20 \text{ kN}$$

次に，ヒンジに働く力 R_C を荷重と考えて，張出し梁部分 AC の反力 R_A，R_B を求める。

$$\Sigma M_{(B)} = R_A \times 4 - 40 \times 2 + 10 \times 2 = 0 \text{ より，}$$

$$R_A = \frac{1}{4}(40 \times 2 - 10 \times 2) = 15 \text{ kN}$$

欄外注:

[1] Gerber beam

[2] 作用反作用の法則により，単純梁部分を支える力 R_C，R_D と，張出し梁部分の点 C，D に作用する荷重 R_C，R_D は，大きさが等しく向きは反対となる。

[3] ヒンジに働く力 R_C，R_D が未知なので，左右の張出し梁部分では，反力も含めると鉛直方向の未知の外力が三つずつあり，釣合いの条件式では求められない。そこで，単純梁部分において，ヒンジに働く力 R_C，R_D を先に求める。

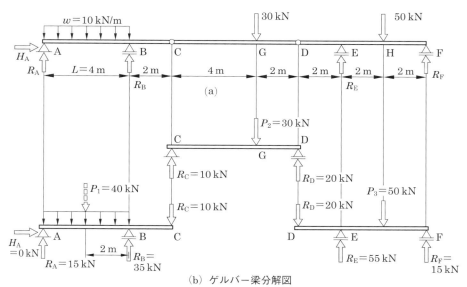

(b) ゲルバー梁分解図

図 2-28 ゲルバー梁の反力

$$\Sigma M_{(A)} = 40 \times 2 - R_B \times 4 + 10 \times 6 = 0 \, \text{より,}$$

$$R_B = \frac{1}{4}(40 \times 2 + 10 \times 6) = 35 \, \text{kN}$$

となる。

同様に，ヒンジに働く力 R_D を荷重と考えて，張出し梁部分 DF

₅ の反力 R_E, R_F を求める。

$$\Sigma M_{(F)} = -20 \times 6 + R_E \times 4 - 50 \times 2 = 0 \, \text{より,}$$

$$R_E = \frac{1}{4}(20 \times 6 + 50 \times 2) = 55 \, \text{kN}$$

$$\Sigma M_{(E)} = -20 \times 2 + 50 \times 2 - R_F \times 4 = 0 \, \text{より,}$$

$$R_F = \frac{1}{4}(-20 \times 2 + 50 \times 2) = 15 \, \text{kN}$$

₁₀ となる。また，水平方向に荷重は作用していないので，$H_A = 0$ で

ある。

問9 図 2-29 のゲルバー梁の反力 R_A, R_B, R_E, R_F を求めよ。

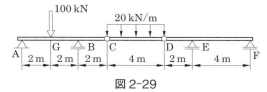

図 2-29

5 片持梁の反力

　片持梁は，一端がまったく拘束されていない**自由端**で，他端が固定支点の梁である。これまでに学んだ張出し梁，間接荷重梁，ゲルバー梁は，単純梁の応用で反力の計算ができた。しかし，片持梁は，支点が1か所だけであり，水平反力 H，鉛直反力 R のほかに，モーメントの反力 M が生じることが，ほかの梁と異っている。

　本書では，片持梁の反力の正の向きを，**水平反力については梁を押し返す向き，鉛直反力については上向き，モーメントの反力については梁を下に曲げようとする向き**とする。

　すなわち，図2-30のように，**左側が自由端の片持梁では，反力の正の向きを，H_B は左向き，R_B は上向き，M_B は反時計**まわりとする。

　図2-30の片持梁の反力を求めてみよう。ここで反力の向きは，すべて正の向きと仮定して計算する。

　水平方向に荷重は作用していないので，水平反力 $H_B = 0$ である。

$$\Sigma V = 0 \text{ から，} \quad -30 - 15 + R_B = 0$$

ゆえに，$R_B = 45\,\text{kN}$

$$\Sigma M_{(B)} = 0 \text{ から，} \quad -30 \times 10 - 15 \times 4 - M_B + R_B \times 0 + H_B \times 0 = 0$$

ゆえに，$M_B = -360\,\text{kN·m}$

　ここで，モーメントの反力 M_B が負となるのは，実際には M_B が，仮定とは逆の時計まわりに生じていることを示している。

　また，図2-31のように，**右側が自由端の片持梁では，反力の正の向きを，H_A は右向き，R_A は上向き，M_A は時計**まわりとする。

　図2-31の片持梁の反力を求めてみよう。

　水平方向に荷重は作用していないので，水平反力 $H_A = 0$ である。

$$\Sigma V = 0 \text{ から，} \quad R_A - 15 - 30 = 0$$

ゆえに，$R_A = 45\,\text{kN}$

❶cantilever
❷free end

❸M_B は，点Bに生じるモーメントの反力の意味である。

　これに対し，$\Sigma M_{(B)} = 0$ の $M_{(B)}$ のように，場所を表す点を（ ）で囲んだ場合は，その点に対する力のモーメントを表す。

❹図2-30と図2-31の片持梁は，同じ片持梁を紙面の表側からみた場合と，裏側からみた場合の関係（鏡像の関係）になっている。

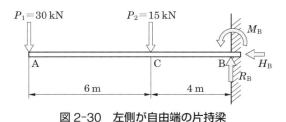

図2-30　左側が自由端の片持梁

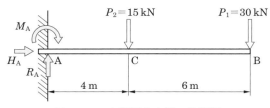

図2-31　右側が自由端の片持梁

$\Sigma M_{(A)} = 0$ から，

$$M_A + R_A \times 0 + H_A \times 0 + 15 \times 4 + 30 \times 10 = 0$$

ゆえに，$M_A = -360\ \text{kN·m}$

　ここでも，モーメントの反力 M_A が負となるのは，実際には M_A が，仮定とは逆向きの反時計まわりに生じていることを示している。

例題
6

図 2-32 の片持梁の反力 R_B，M_B を求めよ。❶

解答

等分布荷重を集中荷重 P に換算すると，

$$P = wL = 30 \times 4 = 120\ \text{kN}$$

$\Sigma V = 0$ から，$-120 + R_B = 0$

ゆえに，$R_B = \mathbf{120\ kN}$

$\Sigma M_{(B)} = 0$ から，$-120 \times 5 - M_B = 0$

ゆえに，$M_B = \mathbf{-600\ kN\text{·}m}$　（時計まわり）

❶水平方向の荷重が作用していない場合など，水平反力 $H_B = 0$ があきらかなときは，水平反力について考えなくてもよい。

図 2-32　等分布荷重

問10　図 2-33 の片持梁の反力を求めよ。

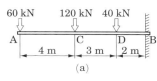

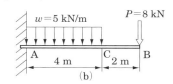

図 2-33

例題
7

図 2-34 の片持梁の反力を求めよ。

解答

等変分布荷重を集中荷重 P に換算すると，

$$P = \frac{1}{2}wL = \frac{1}{2} \times 50 \times 6 = 150\ \text{kN}$$

$\Sigma V = 0$ から，$R_A - 150 = 0$

ゆえに，$R_A = \mathbf{150\ kN}$

$\Sigma M_{(A)} = 0$ から，$M_A + 150 \times 2 = 0$

ゆえに，$M_A = \mathbf{-300\ kN\text{·}m}$　（反時計まわり）

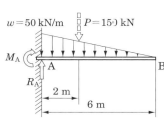

図 2-34　等変分布荷重

問11　図 2-35 の片持梁の反力を求めよ。

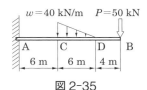

図 2-35

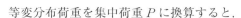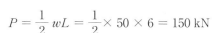

3 その他の静定構造物の反力

静定構造物には，静定梁以外に下端固定・上端自由の柱，静定ラーメン，トラスなどがある。ここでは，静定梁以外の静定構造物について，反力の求め方を学ぶ。

1 下端固定・上端自由の柱の反力

図2-36(a)の片持梁を，時計まわりに90度回転させた図(b)のような柱を，**下端固定・上端自由の柱**という。[注1]

図(b)の柱の点Aに鉛直方向の荷重$P = 5\,\text{kN}$が作用しているとき，反力R_Bを求めてみよう。

❶詳しくは，第8章で学ぶ。

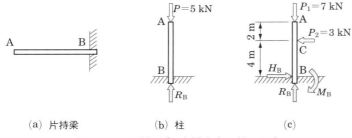

(a) 片持梁　　　(b) 柱　　　　　　(c)

図2-36　下端固定・上端自由の柱の反力

$\Sigma V = 0$から，$-5 + R_B = 0$

ゆえに，$R_B = 5\,\text{kN}$

図(c)の柱のように，点Aに鉛直方向の荷重$P_1 = 7\,\text{kN}$，点Cに水平方向の荷重$P_2 = 3\,\text{kN}$が作用しているとき，柱には鉛直反力R_Bだけでなく，水平反力H_B，モーメントの反力M_Bも生じている。[注2]このとき，それぞれの反力を求めてみよう。

❷本書においては，柱の支点に生じるモーメントの反力の向きは，時計まわりを正とする。

$\Sigma V = 0$から，$-7 + R_B = 0$

ゆえに，$R_B = 7\,\text{kN}$

$\Sigma H = 0$から，$H_B - 3 = 0$

ゆえに，$H_B = 3\,\text{kN}$

$\Sigma M_{(B)} = 0$から，$-3 \times 4 + M_B = 0$

ゆえに，$M_B = 12\,\text{kN·m}$　（時計まわり）

44 | 第2章　梁の外力

問12 図2-37の柱の反力を求めよ。

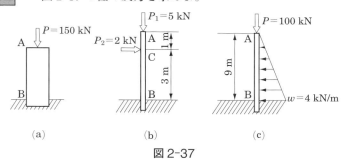

(a)   (b)   (c)

図2-37

2 静定ラーメンの反力

柱と梁を剛節接合した構造を**ラーメン**[1]という。図2-38は，いずれも釣合いの3条件を使って反力を求めることができる。これらを
5 **静定ラーメン**という。

図(a)の静定ラーメンの反力を求めてみよう。[2]

$\Sigma H = 0$ から，　　$H_A = 0$ kN

$\Sigma V = 0$ から，　　$R_A - 10 = 0$　ゆえに，$R_A = 10$ kN

$\Sigma M_{(A)} = 0$ から，　$10 \times 2 + M_A = 0$

10 ゆえに，$M_A = -20$ kN·m（反時計まわり）

次に，図(b)の静定ラーメンの反力を求めてみよう。

この静定ラーメンは，単純梁と同じように回転支点と可動支点をもつので，単純梁と同じ方法で反力を求めることができる。

$\Sigma H = 0$ から，　　$H_A = 0$ kN

15 $\Sigma M_{(B)} = 0$ から，　$R_A \times 8 - 4 \times 3 = 0$

[1] 詳しくは，第11章で学ぶ。

[2] 本書では，「型，」型，あるいは門型をしたラーメンの反力の正の向きは，水平反力は梁部分を押し返す向き，鉛直反力は上向きとする。また，固定支点があり，モーメントの反力が生じる場合は，柱部分を内側（梁部分のある側）に曲げようとする向きを正とする。

したがって，反力の向きは，図2-38 図2-39に示す向きを正とする。

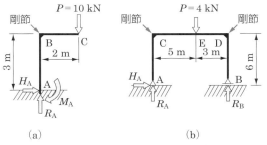

(a)   (b)

図2-38　静定ラーメンの反力

ゆえに，$R_A = 1.5$ kN

$\quad$ $\Sigma M_{(A)} = 0$ から，$4 \times 5 - R_B \times 8 = 0$

ゆえに，$R_B = 2.5$ kN

となる。

5

問13 図 2-39 の静定ラーメンの反力を求めよ。

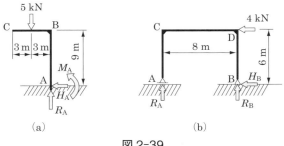

(a) $\qquad\qquad$ (b)

図 2-39

3 トラスの反力

トラス[1]は，図 2-40 のように，まっすぐな棒状の部材を，三角形の組合せとなるように滑節[2]（ヒンジ構造）で接合した構造である。

格点

図 2-40　トラス

トラスの各部材の節点を**格点**[3]という。格点は滑節なので，単独だと自由に回転できるが，棒状の部材でトラス構造に組み合わせると，回転も，移動も，大きな変形もしない，安定な構造となる。

トラスに働く外力は，格点だけに働くと考えて計算する。したがって，格点間に荷重が作用する場合は，間接荷重として格点に伝達されると考える。

[1] truss；
$\quad$詳しくは，第 9 章で学ぶ。
[2] 実際のトラス構造物の格点は，多数のボルトで接続されているが，滑節と考えて力学計算を行うことが多い。

[3] panel point

10

例題 8

図 2-41 のトラスの反力を求めよ。

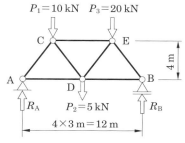

図 2-41　トラスの反力

解答

$\Sigma M_{(B)} = 0$ から，

$$R_A \times 12 - 10 \times 9 - 5 \times 6 - 20 \times 3 = 0$$

ゆえに，$R_A = \dfrac{1}{12}(10 \times 9 + 5 \times 6 + 20 \times 3) = \mathbf{15\,kN}$

$\Sigma M_{(A)} = 0$ から，

$$10 \times 3 + 5 \times 6 + 20 \times 9 - R_B \times 12 = 0$$

ゆえに，$R_B = \dfrac{1}{12}(10 \times 3 + 5 \times 6 + 20 \times 9) = \mathbf{20\,kN}$

問14

図 2-42 のトラスの反力を求めよ。

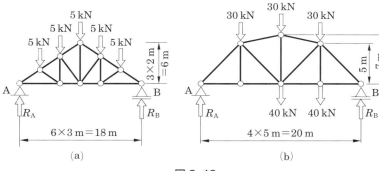

図 2-42

1. 図2-43の梁の反力を求めよ。

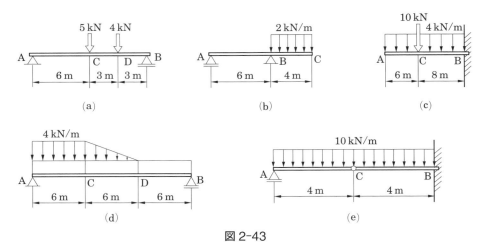

図2-43

2. 図2-44の斜めの荷重が作用する梁の反力を求めよ。

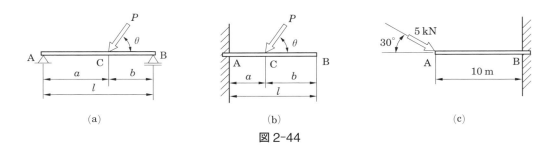

図2-44

3. 図2-45の静定構造物の反力を求めよ。

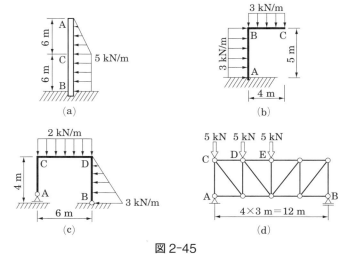

図2-45

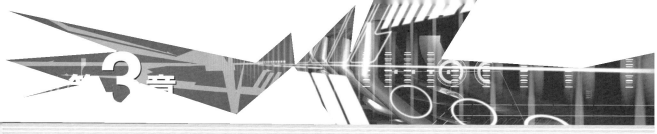

梁の内力

明石海峡大橋

　外力には，荷重と反力がある。荷重は構造物の部材の内部に伝わり，内部に伝わった力は支点まで到達し，支点からの反力によって支えられている。そして，これらの外力は釣り合っているので，構造物は，動いたり大きく変形したりせず静止している。

　前章では，外力について学んだが，部材の内部に伝わっている力とはどのような力なのだろうか。ここでは，静定梁などの部材に生じる内力の種類と計算方法および図示方法について学ぶ。

●部材の内部に伝わっている力も釣り合っているのだろうか。

●内力には，どのような種類があるのだろうか。

1 構造物の内力

構造物に外力が作用すると，構造物の部材内部には，外力に釣り合う力が生じる。この部材内部に生じる力を**内力**という。

❶internal force

1 軸方向の内力

図 3-1(a)は，部材の両端に一対の外力 P [N] が，軸に沿って離れ合う向きに作用している。このとき，この部材は P [N] の**引張**の作用を受けているという。さらに，図(b)のように，部材の任意の位置で軸に垂直な仮想切断部分を考えると，この断面には外力 P [N] が伝わってきて，軸に沿って離れ合う向きの一対の内力，すなわち**引張力** $N = P$ [N] が生じる。また，図(c)のように，断面に生じる単位面積 1 m² あたりの引張力の大きさを**引張応力** σ_t [N/m²] といい，断面全体に分布している。

したがって，部材の軸に沿って離れ合う向きに作用する一対の外力を P [N]，軸に垂直な断面積を A [m²] とすると，引張応力 σ_t [N/m²] は，次の式で表される。

引張応力 $$\sigma_t = \frac{N}{A} = \frac{P}{A} \quad [\text{N/m}^2] \qquad (3\text{-}1)$$

このように，部材のある仮想切断部分の断面に生じる内力 [N] の，単位面積 1 m² あたりの値を**応力** [N/m²] といい，とくに単位

❷tension

❸tensile force;
　引張力などの内力を図示するとき，本書では，↑（黒矢印）で表す。
　また，引張力は，内力としての意味だけではなく，軸に沿って離れ合う向きの一対の外力を指すこともある。
❹tensile stress;
　とくに単位面積あたりの値であることを強調したいときは，引張応力度ともいう。
　単位には，N/mm² も使われる。また，応力を図示するとき，本書では，↑↑↑（矢印の組）で表す。
❺stress

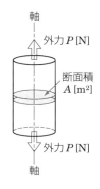

（a）離れ合う向きの外力

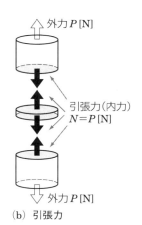

（b）引張力

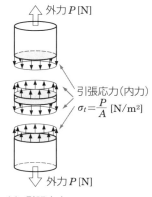

（c）引張応力

図 3-1　引張力と引張応力

面積あたりの値であることを強調したいときには，**応力度**ともいう。

　図 3-2(a) は，部材の両端に一対の外力 P [N] が，軸に沿って向かい合う向きに作用している。このとき，この部材は P [N] の**圧縮**の作用を受けているという。さらに，図 (b) のように，部材の任意の位置で軸に垂直な仮想切断部分を考えると，この断面には外力 P [N] が伝わってきて，軸に沿って向かい合う向きの一対の内力，すなわち**圧縮力** $N = P$ [N] が生じる。また，図 (c) のように，断面に生じる単位面積 1 m^2 あたりの圧縮力の大きさを**圧縮応力** σ_c [N/m^2] といい，断面全体に分布している。

　したがって，部材の軸に沿って向かい合う向きに作用する一対の外力を P [N]，軸に垂直な断面積を A [m^2] とすると，圧縮応力 σ_c [N/m^2] は，次の式で表される。

❷compression

❸compressive force;
　圧縮力は，内力としての意味だけではなく，軸に沿って向かい合う向きの一対の外力を指すこともある。

❹compressive stress;
　とくに単位面積あたりの値であることを強調したいときは，圧縮応力度ともいう。
　単位には N/mm^2 も使われる。

$$\text{圧縮応力} \qquad \sigma_c = \frac{N}{A} = \frac{P}{A} \quad [\text{N/m}^2] \qquad (3\text{-}2)$$

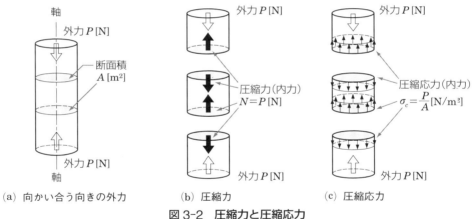

(a) 向かい合う向きの外力　　(b) 圧縮力　　(c) 圧縮応力

図 3-2　圧縮力と圧縮応力

　ここで学んだ引張力と圧縮力をまとめて，**軸方向力** N [N]，また，引張応力と圧縮応力をまとめて，**軸方向応力** σ [N/m^2] といい，部材に作用する一対の外力を P [N]，部材の断面積を A [m^2] とすると，軸方向応力 σ [N/m^2] は次の式で表される。

❺axial force;
　軸力ともいう。軸方向力は内力の一種である。

❻axial stress;
　軸応力ともいう。とくに単位面積あたりの値であることを強調したいときは，軸方向応力度ともいう。

$$\text{軸方向応力} \qquad \sigma = \pm\frac{N}{A} = \pm\frac{P}{A} \quad [\text{N/m}^2] \qquad (3\text{-}3)$$

軸方向力や軸方向応力の符号は，**引張を正，圧縮を負**で表す。

問1 図3-3の部材に生じる引張応力 σ_t [N/m²] を求めよ。

問2 図3-4のように，荷重 $P = 2000\,\text{N}$ が部材 A〜D に作用して
いるとき，各部材に生じる軸方向応力を求め，その値の大き
い順に部材の記号を並べよ。

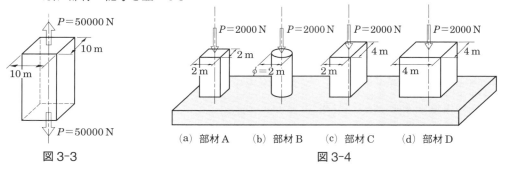

図3-3

(a) 部材A　(b) 部材B　(c) 部材C　(d) 部材D

図3-4

2 軸方向以外の内力

1 せん断力とせん断応力

　図3-5(a)は，ピンで接続された2枚の板に，それぞれ逆向きの
力 P [N] が作用しているところで，図(b)は側面図，図3-6はその
実用例である。このとき，ピンに作用する力について考えてみる。

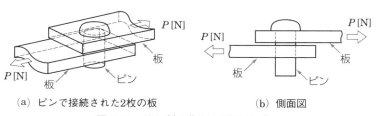

(a) ピンで接続された2枚の板　　　(b) 側面図

図3-5　せん断の作用を受けるピン

図3-6　ピン接合の支点

　図3-7(a)のように，ピンは板から，軸と直角方向にずれさせよ
うとする一対の外力 P [N] を受けている。

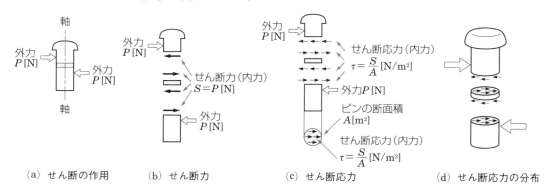

(a) せん断の作用　　(b) せん断力　　(c) せん断応力　　(d) せん断応力の分布

図3-7　せん断力とせん断応力

このとき，2枚の板ではさまれた微小部分はP［N］の**せん断**の作用を受けているという。さらに，図3-7(b)のように，部材の任意の位置で軸に垂直な仮想切断部分を考えると，この断面には上側断面を右へ，下側断面を左へずれさせようとする，大きさが等しく逆向きの一対の内力，すなわち**せん断力**$S = P$［N］が断面に沿った方向に生じている。また，図(c)のように，断面に生じる単位面積1 m^2あたりのせん断力の大きさを**せん断応力** $\overset{\text{タウ}}{\tau}$［N/m²］といい，断面全体に分布している。

したがって，部材の軸に直角方向に，部材をずれさせようとする一対の外力をP［N］，軸に垂直な断面積をA［m²］とすると，せん断応力τ［N/m²］は，次の式で表される。

せん断応力 $$\tau = \frac{S}{A} = \frac{P}{A} \quad [\mathbf{N/m^2}] \tag{3-4}$$

せん断力やせん断応力の符号は，図3-8のように，微小部分を時計まわりに回転させようとする場合を正，反時計まわりに回転させようとする場合を負とする。

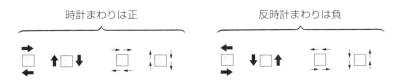

時計まわりは正　　　　　反時計まわりは負

(a) 正のせん断力　(b) 正のせん断応力　(c) 負のせん断力　(d) 負のせん断応力

図3-8　せん断力とせん断応力の符号

問3 図3-5において，$P = 30 \text{ N}$，ピンの直径$\overset{\text{ファイ}}{\phi} = 12 \text{ mm}$のとき，ピンの微小部分の断面に生じるせん断力$S$［N］と，せん断応力$\tau$［N/m²］を求めよ。

2 梁のせん断力

図3-9(a)のように，単純梁に集中荷重Pと反力R_A，R_Bが作用している。このとき，図(b)のように，点i，jで軸に垂直な断面をもつ微小部分について鉛直方向の力の釣合いを考えると，点iの仮想断面には，大きさR_Aのせん断力S_iが図に示す矢印の向き，つまり微小部分を時計まわりに回転させる向きに生じている。したがって，

❶shear

❷shearing force
各部分で水平方向の力は釣り合っていて，仮想断面には作用反作用の法則がなりたつ。

❸shearing stress；
とくに単位面積あたりの値であることを強調したいときは，せん断応力度ともいう。

❹せん断力やせん断応力は，図を紙面の裏からみた場合，正負が逆となる。

❺点i，jの微小部分には，せん断力以外に，次項で学ぶ曲げモーメントも生じている。ただし，鉛直方向の力の釣合いとは関係ないので，ここでは無視する。

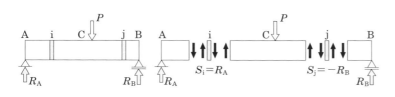

(a)   （b）任意の点 i, j に生じるせん断力   (c)

図 3-9　梁のせん断力

$$S_i = R_A \quad [\text{N}] \tag{3-5}$$

同様に，点 j の仮想断面には，大きさ R_B のせん断力 S_j が微小部分を反時計まわりに回転させる向きに生じている。したがって，

$$S_j = - R_B \quad [\text{N}] \tag{3-6}$$

せん断力による梁の各部のずれを模型的に表すと，図(c)になる。

例題 1　図 3-10 の単純梁の点 D，E の断面に生じるせん断力とせん断応力を求めよ。

解答　まず，反力 R_A，R_B と梁の断面積 $A\,[\text{m}^2]$ を求める。

$$R_A = \frac{Pb}{l} = \frac{8\,000 \times 6}{15} = 3\,200\,\text{N}$$

$$R_B = \frac{Pa}{l} = \frac{8\,000 \times 9}{15} = 4\,800\,\text{N}$$

$$A = 2.1 \times 1.5 = 3.15\,\text{m}^2$$

点 D，E の断面に生じるせん断力 S_D，S_E は，式(3-5)，(3-6)より次のようになる。

$$S_D = R_A = 3\,200\,\text{N}$$

$$S_E = - R_B = - 4\,800\,\text{N}$$

せん断応力 τ_D，τ_E は，式(3-4)より次のようになる。

$$\tau_D = \frac{S_D}{A} = \frac{3\,200}{3.15} = 1\,016\,\text{N/m}^2$$

$$\tau_E = \frac{S_E}{A} = \frac{- 4\,800}{3.15} = - 1\,524\,\text{N/m}^2$$

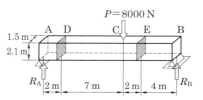

$P = 8000\,\text{N}$

1.5 m
2.1 m

R_A 2 m   7 m   2 m   4 m R_B

図 3-10　単純梁のせん断力とせん断応力

問 4　図 3-11 の単純梁の，点 D，E の断面に生じるせん断力とせん断応力を求めよ。ただし，梁の断面は長方形で，高さ 0.5 m，幅 2.5 m とする。

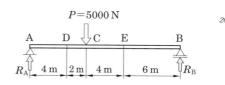

$P = 5000\,\text{N}$

A   D   C   E   B

R_A 4 m   2 m   4 m   6 m R_B

図 3-11

3 曲げモーメントと曲げ応力

図3-12(a)は，まっすぐな棒の両端を手でもち，曲げることで棒が下に凸に湾曲している。

(a) 下に凸の曲げ　　　　(b) 正の曲げモーメント

図3-12　曲げの作用を受ける棒

これは，棒の左端に時計まわりの偶力のモーメント M [N·m] と，棒の右側に反時計まわりの偶力のモーメント M [N·m] とが，同じ大きさで逆向きの外力として作用することで，棒が下に凸に曲がっていると考えられる。このとき，この棒は M [N·m] の**曲げ**❶の作用を受けているという。

❶bending

ここで図(b)のように，棒の任意の位置Cで，軸に垂直な断面をもつ仮想切断部分を考えると，左側断面には時計まわりに M [N·m] の，右側断面には反時計まわりに M [N·m] の，同じ大きさで逆向きの一対の偶力のモーメント(内力)，すなわち**曲げモーメント**❷ $M_C = M$ [N·m] が生じている。

❷bending moment

このように，偶力のモーメント M によって棒が下に凸に曲がるとき，点Cの断面に生じる曲げモーメント M_C は，次式のように正で表す。

$$M_C = M \quad [\text{N·m}] \tag{3-7}$$

また，図3-13のように，棒が上に凸に曲がるとき，点Cの断面に生じる曲げモーメント M_C は，次式のように負で表す。

$$M_C = -M \quad [\text{N·m}] \tag{3-8}$$

(a) 上に凸の曲げ　　　　(b) 負の曲げモーメント

図3-13　負の曲げモーメント

さらに，曲げモーメントにより部材断面に生じる単位面積 1 m²
あたりの圧縮力や引張力を**曲げ応力**^❶ σ [N/m²] という。

4 梁の曲げモーメント

梁に荷重と反力，すなわち外力が作用したとき，部材内部にはど
のような曲げモーメントが生じるか，片持梁を例に計算してみよう。

図 3-14(a)のように，片持梁の自由端 A に，モーメントの荷重
$M = 5$ N·m が作用しているとき，点 B におけるモーメントの反力
M_B は，$\Sigma M_{(B)} = 0$ から，

$$5 - M_B = 0 \quad ゆえに，\quad M_B = 5 \text{ N·m}$$

また，水平反力 H_B，鉛直反力 R_B は，$\Sigma H = 0$，$\Sigma V = 0$ から，

$$H_B = 0 \text{ N}, \quad R_B = 0 \text{ N}$$

したがって，図(b)のように，点 A に $M = 5$ N·m のモーメント
の荷重と，点 B に $M_B = 5$ N·m のモーメントの反力が外力として
作用しているとき，仮想断面 C に生じる曲げモーメント M_C は，点
C が A～B のどの場所にあっても同じ値となる。

よって，

$$M_C = M = 5 \text{ N·m}$$

また，軸方向力 N_C，せん断力 S_C は，

$$\Sigma H = 0 から，\quad N_C = 0 \text{ N}$$

$$\Sigma V = 0 から，\quad S_C = 0 \text{ N}$$

となる。

❶bending stress
intensity；
　とくに単位面積あたり
の値であることを強調し
たいときは，曲げ応力度
ともいう。
　曲げ応力の求め方につ
いては，第6章で説明す
るので，ここでは取り扱
わない。

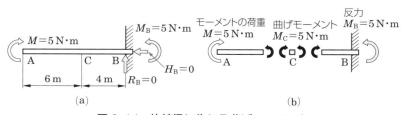

図 3-14　片持梁に生じる曲げモーメント

例題2

図 3-15(a)の片持梁の反力と，点 C に生じる内力(軸方
向力 N_C，せん断力 S_C，曲げモーメント M_C)を求めよ。

解答

図(a)において，釣合いの 3 条件より反力を求める。

$\Sigma M_{(B)} = 0$ から，$5 \times 10 - M_B = 0$

ゆえに，$M_B = 50$ N·m

$\Sigma H = 0$，$\Sigma V = 0$ から，

$$H_B = -7 \text{ N} \quad (右向き)，\quad R_B = -5 \text{ N} \quad (下向き)$$

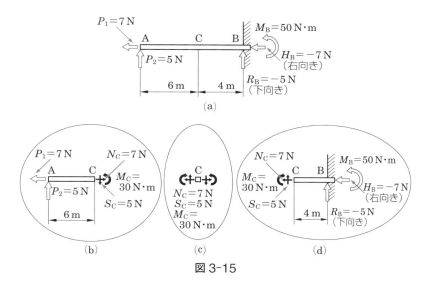

図 3-15

次に，図 3-15(b)，(c)，(d)のように，点 C の仮想切断部
分に正の内力が働いているとして，図(b)により内力を求める。

軸方向力 N_C は，$\Sigma H = 0$ から，$-7 + N_\mathrm{C} = 0$

ゆえに，$N_\mathrm{C} = 7\,\mathrm{N}$　（引張力）

せん断力 S_C は，$\Sigma V = 0$ から，$5 - S_\mathrm{C} = 0$

ゆえに，$S_\mathrm{C} = 5\,\mathrm{N}$

曲げモーメント M_C は，$\Sigma M_\mathrm{(C)} = 0$ から，$5 \times 6 - M_\mathrm{C} = 0$

ゆえに，$M_\mathrm{C} = 30\,\mathrm{N \cdot m}$

例題 2 で計算したように，**部材の軸に直角方向に作用する外力に
よって仮想断面に生じる曲げモーメントは，直角方向の外力×仮想
断面と外力の作用点までの距離**によって求められる。

問5 図 3-16 の片持梁の反力 H_B，R_B，M_B と，点 C
の断面に生じる内力 N_C，S_C，M_C を求めよ。

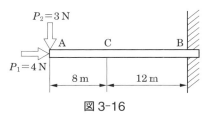

図 3-16

前節では，部材の軸に対して直角方向に外力が作用すると，部材内部にはせん断力が生じることを学んだ。

ここでは，いろいろな荷重が単純梁に作用したときに，部材内部に生じるせん断力の求め方と，そのせん断力の図示方法を学ぶ。

1 複数の集中荷重が作用する場合

図 3-17(a)のように，単純梁に集中荷重 $P_1 \sim P_5$ が作用しているとき，任意の点 i に生じるせん断力 S_i を求めよう。

まず，単純梁を点 i の微小部分とその左側および右側の三つの部分に分ける（図(b)〜(d)）。

次に，その各部分において，力の釣合いを考える。❶

図(b)において，$\Sigma V = 0$ から，S_i は次のように求められる。❷

$$R_A - P_1 - P_2 - S_i = 0 \qquad ゆえに，S_i = R_A - P_1 - P_2$$

このことから，**梁の任意の点 i に生じるせん断力 S_i は，梁の左端から点 i までの外力を，上向きを正，下向きを負として合計したものである。**

また，図(d)において，$\Sigma V = 0$ から，S_i は次のようにもなる。

$$R_B - P_5 - P_4 - P_3 + S_i = 0 \quad ゆえに，S_i = -R_B + P_5 + P_4 + P_3$$

このことから，**せん断力 S_i は，梁の右端から点 i までの外力を，上向きを負，下向きを正として合計して求めてもよい。**

本書では原則として，梁の左端から点 i までの図(b)で計算する。

梁全体について，梁の各位置に生じるせん断力の値を図示したも

❶点 i に生じるせん断力 S_i の向きを，図(c)のように仮定する。

このとき，作用反作用の法則より，図(b)におけるせん断力 S_i は下向き，図(d)におけるせん断力 S_i は上向きとなる。

❷仮想断面 i には，せん断力以外に，曲げモーメントも生じているが，鉛直方向の力ではないので，ここでは考えない。

曲げモーメントは次節で考える。

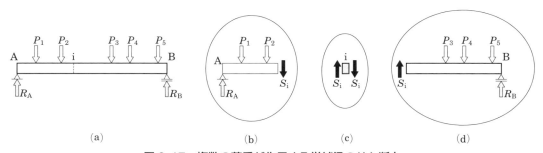

(a)　　　　　(b)　　　　　(c)　　　　　(d)

図 3-17　複数の荷重が作用する単純梁のせん断力

のを**せん断力図**[1]という。せん断力図は，まず梁に平行に基準線を引き，梁の各位置におけるせん断力を正のせん断力は基準線の上側に，負のせん断力は基準線の下側に，適当な尺度の縦距で描き，その符号と大きさを記入したものである。

❶shearing force diagram

図 3-18(a) の単純梁は，すでに p.32 例題 2 で反力 R_A，R_B を求めてあり，$R_A = 35\,\text{kN}$，$R_B = 40\,\text{kN}$ である。このとき，単純梁の各点に生じるせん断力を求めてみよう。

AC 間の任意の点 i に生じるせん断力を S_{AC} で表すと，

$$S_{AC} = R_A = 35\,\text{kN}$$

となり，同様に，CD 間，DB 間に生じるせん断力 S_{CD}，S_{DB} は，

$$S_{CD} = R_A - P_1 = 35 - 30 = 5\,\text{kN}$$

$$S_{DB} = R_A - P_1 - P_2 = 35 - 30 - 45 = -40\,\text{kN}$$

となる。これらの結果を図示した図(b)が，せん断力図[2]である。

❷集中荷重や分布荷重が作用するとき，単純梁のせん断力図の正の部分の面積と，負の部分の面積は等しい。

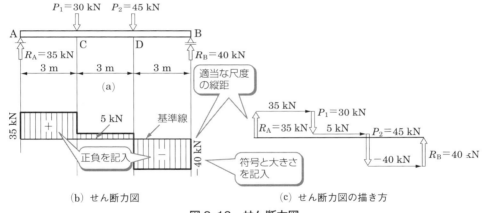

図 3-18　せん断力図

集中荷重の作用点 C，D のせん断力は，$S_{C左} = 35\,\text{kN}$ から $S_{C右} = 5\,\text{kN}$，$S_{D左} = 5\,\text{kN}$ から $S_{D右} = -40\,\text{kN}$ と急激に変化する。[3]

また，せん断力図の別の作図方法として，図(c)のように，梁の左端から右へと外力の大きさと向きのとおりに，点 A で基準線から 35 kN 上がり，点 C で 30 kN 下がり，点 D で 45 kN 下がり，点 B で 40 kN 上がって基準線に戻るという描き方もある。[4]

❸$S_{C左}$とは，点 C のすぐ左側の仮想断面に作用するせん断力を示し，$S_{C右}$とは，点 C のすぐ右側の仮想断面に作用するせん断力を示す。

❹点 A で基準線から描いて，点 B で基準線の 0 まで戻る。これは，鉛直方向の外力の合力が 0（$\Sigma V = 0$）であることを示す。

問 6　図 3-19 の単純梁のせん断力図を描け。

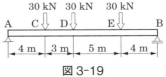

図 3-19

2　等分布荷重が作用する場合

　図 3-20(a) の単純梁は，すでに p.35 図 2-17 で反力 R_A，R_B を求めてあり，$R_\mathrm{A} = R_\mathrm{B} = 240\,\mathrm{kN}$ である。このとき，単純梁の各点に生じるせん断力を求めてみよう。

　点 A から x の点を i とすると，Ai 間の換算荷重 p は，

$$p = wx \quad [\mathrm{kN}]$$

であり，点 i の左側 $\dfrac{x}{2}$ の点に作用する。このとき，点 i に生じるせん断力 S_i は，

$$S_\mathrm{i} = R_\mathrm{A} - p = 240 - wx = 240 - 60x \quad [\mathrm{kN}]$$

となり，x に関する一次式で表される。したがって，S_i は，x が 0 のとき $S_\mathrm{A} = 240\,\mathrm{kN}$，そこから右へ 1 m ずれるごとに 60 kN ずつ下がり，$x = 4\,\mathrm{m}$ の中央点 C で $S_\mathrm{C} = 0$，$x = 8\,\mathrm{m}$ の点 B で $S_\mathrm{B} = -240\,\mathrm{kN}$ となる。せん断力図は，図(b)のようになる。

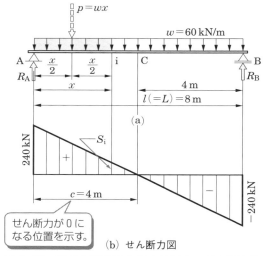

(b) せん断力図

図 3-20　等分布荷重が作用する場合のせん断力図

問7　図 3-21 の単純梁の反力，せん断力を求め，せん断力図を描け。

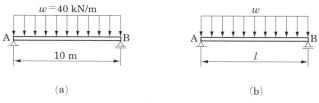

図 3-21

3 等変分布荷重が作用する場合

図 3-22(a)の単純梁は，すでに p.36 例題 5 で反力 R_A，R_B を求めてあり，$R_A = 60\,\text{kN}$，$R_B = 120\,\text{kN}$ である。このとき，単純梁の各点に生じるせん断力を求めてみよう。

点 A から x の点を i とすると，Ai 間の換算荷重 p は，

$$p = \frac{1}{2} \times x \times \frac{wx}{L} = \frac{w}{2L}\,x^2 \quad [\text{kN}]$$

であり，点 i の左側 $\frac{x}{3}$ の点に作用する。点 i に生じるせん断力 S_i は，

$$S_i = R_A - p = 60 - \frac{w}{2L}\,x^2 = 60 - \frac{20}{9}\,x^2 \quad [\text{kN}] \qquad (3\text{-}9)$$

となり，x に関する二次式で表される。したがって，S_i は，$x = 0$ のとき $S_A = 60\,\text{kN}$，$x = 9\,\text{m}$ のとき $S_B = -120\,\text{kN}$ となる。また，x^2 の係数が負であるので，せん断力図は上に凸の二次曲線となる。せん断力の符号が変わる点は，点 A から c の位置にあるとすると，式(3-9)に，$S_i = 0$，$x = c$ を代入して求められる。

$$60 - \frac{20}{9}\,c^2 = 0 \qquad \text{ゆえに，} \quad c = 3\sqrt{3} = 5.20\,\text{m}$$

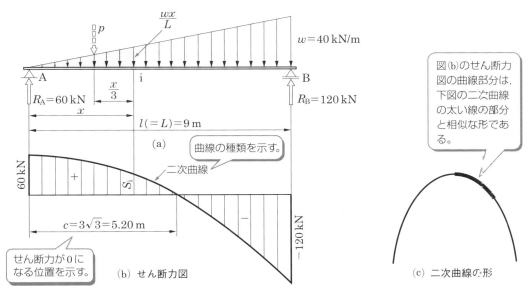

図 3-22　等変分布荷重が作用する場合のせん断力図

問 8 図 3-22(b)をグラフ用紙に描き，正の領域と負の領域の升目を数えて，正の面積と負の面積が等しいことを確かめよ。

3 単純梁の曲げモーメントと曲げモーメント図

部材の軸に対して直角方向に外力が作用すると，部材内部にはせん断力のほかに曲げモーメントも生じる。ここでは，いろいろな荷重が単純梁に作用したときに，部材内部に生じる曲げモーメントの求め方と，その曲げモーメントの図示方法について学ぶ。

1 複数の集中荷重が作用する場合

図 3-23(a)のように，単純梁に集中荷重 $P_1 \sim P_4$ が作用しているとき，任意の点 i に生じる曲げモーメント M_i を求めてみよう。

まず，単純梁を点 i の微小部分と，その左側と右側の三つの部分に分ける（図(b)〜(d)）。次に，その各部分において，力のモーメントの釣合いを考え❶，次のように曲げモーメント M_i を求める❷。

図(b)で，$\Sigma M_{(i)} = 0$ から，$R_A x - P_1 x_1 - P_2 x_2 - M_i = 0$

ゆえに，$M_i = R_A x - P_1 x_1 - P_2 x_2$

このことから，**梁の任意の点 i に生じる曲げモーメント M_i は，梁の左端から点 i までの外力による点 i に対する力のモーメントを，時計まわりを正，反時計まわりを負として合計**したものである。

図(d)では，$\Sigma M_{(i)} = 0$ から，$M_i + P_3 y_3 + P_4 y_4 - R_B y = 0$

ゆえに，$M_i = R_B y - P_3 y_3 - P_4 y_4$

このことから，**梁の任意の点 i の曲げモーメント M_i は，梁の右端から点 i までの外力による点 i に対する力のモーメントを，時計まわりを負，反時計まわりを正**として合計して求めてもよい。

❶点 i に生じる曲げモーメントの向きを，図(c)のように仮定する。

このとき，作用反作用の法則により，図(b)における曲げモーメント M_i は反時計まわり，図(d)における曲げモーメント M_i は時計まわりとなる。

❷点 i の仮想断面には，曲げモーメント M_i 以外に，せん断力 S_i も生じているが，点 i に対する力のモーメントの釣合い計算では，距離が 0 なので無視できる。

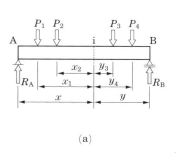
(a)

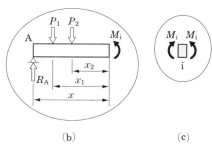
(b)　　　(c)

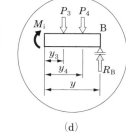
(d)

図 3-23　単純梁の曲げモーメント

本書では原則として，梁の左端から点iまでの図(b)で計算する。

梁全体について，梁の各位置に生じる曲げモーメントの値を図示したものを**曲げモーメント図**❶という。曲げモーメント図は，梁に平行に引いた基準線に対し，正の曲げモーメントは下側に❷，負の曲げモーメントは上側に，適当な尺度の縦距で描き，その符号と大きさを記入したものである。

図 3-24(a)の単純梁は，すでに p.32 例題 2 で反力 R_A，R_B を求めてあり，$R_A = 35\,\text{kN}$，$R_B = 40\,\text{kN}$ である。このとき，単純梁の各点に生じる曲げモーメントを求めてみよう。

点 A，C，D，B における曲げモーメント M_A，M_C，M_D，M_B は，

$$M_A = 35 \times 0 = 0\,\text{kN·m}$$
$$M_C = 35 \times 3 = 105\,\text{kN·m}$$
$$M_D = 35 \times 6 - 30 \times 3 = 120\,\text{kN·m}$$
$$M_B = 35 \times 9 - 30 \times 6 - 45 \times 3 = 0\,\text{kN·m}$$

となる。各点における基準線の下側にこれらの値をとり，それぞれ❸を直線で結んだ図(b)が曲げモーメント図である。

❶bending moment diagran

❷下側に正の値をとるのは，梁の変形の状態と曲げモーメント図の形が同じ向きに凸になるようにするためである。

図 3-24(c)に変形の概略図と曲げモーメント図の例を示す。

❸モーメントの荷重が作用していないとき，単純梁の支点の曲げモーメント M_A，M_B はつねに，
$M_A = 0$，$M_B = 0$
となる。

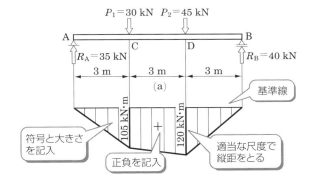

(b) 曲げモーメント図

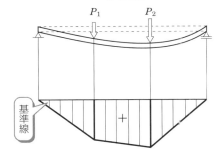

(c) 変形の概略図と曲げモーメント図

図 3-24　曲げモーメント図

問9　図 3-24 の単純梁において，計算していない点(点 A から右側に 1 m，2 m，4 m，……など)の曲げモーメントを求め，図(b)の曲げモーメント図の値と等しくなることを確かめよ。

問10　図 3-25 の単純梁の各点の曲げモーメントを求めよ。

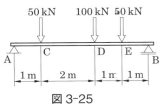

図 3-25

図 3-26(a)の単純梁は，すでに p.35 図 2-17 で反力 R_A，R_B を求めてあり，$R_A = R_B = 240\,\text{kN}$ である。このとき，単純梁の各点に生じる曲げモーメントを求めてみよう。

点 A から x の点を i とすると，Ai 間の換算荷重 p は，

$$p = wx = 60\,x \quad [\text{kN}]$$

であり，点 i の左側 $\dfrac{x}{2}$ の点に作用する。このとき，点 i に生じる曲げモーメント M_i は，

$$M_i = R_A x - p \times \frac{x}{2} = 240\,x - 60\,x \times \frac{x}{2} = 240\,x - 30\,x^2$$
$$= -30(x-4)^2 + 480 \quad [\text{kN·m}]$$

となり❶，x に関する二次式で表される。したがって，M_i は $x = 0$ のとき $M_A = 0$，$x = 4$ のとき最大値 $M_{\max} = 480\,\text{kN·m}$，$x = 8$ のとき $M_B = 0$ となる。ここで，最大値 $M_{\max}$ を **最大曲げモーメント**❷ という。曲げモーメント図は，図(b)のような二次曲線となる。

❶$M_i = 240\,x - 30\,x^2$
$= -30(x^2 - 8x)$
$= -30\{(x-4)^2 - 16\}$
$= -30(x-4)^2 + 480$

❷梁は最大曲げモーメントが生じる位置の断面で曲げ応力が最大となり，そこが破壊に対して最も危険な断面となる。したがって梁の寸法は，この断面がじゅうぶん安全になるように設計する必要がある。

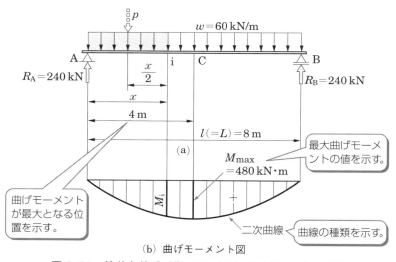

(b) 曲げモーメント図

図 3-26　等分布荷重が作用する場合の曲げモーメント図

問11　図 3-27 の単純梁の曲げモーメント図を描け。

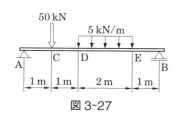

図 3-27

3 等変分布荷重が作用する場合

図 3-28(a) の単純梁は，すでに p.36 例題 5 で反力 R_A，R_B を求めてあり，$R_A = 60$ kN，$R_B = 120$ kN である。このとき，単純梁の各点に生じる曲げモーメントを求めてみよう。

点 A から x の点を i とすると，Ai 間の換算荷重 p は，

$$p = \frac{1}{2} \times x \times \frac{wx}{L} = \frac{20\,x^2}{9} \quad [\text{kN}]$$

であり，点 i の左側 $\frac{x}{3}$ の点に作用する。このとき点 i に生じる曲げモーメント M_i は，

$$M_i = R_A x - p \times \frac{x}{3} = 60\,x - \frac{20}{27}\,x^3 \quad [\text{kN·m}] \qquad (3\text{-}10)$$

となり，x に関する三次式で表される。❶

最大曲げモーメント M_{max} は，p.61 で求めたせん断力の符号が変わる点で生じ，$c = 3\sqrt{3} = 5.20$ を式(3-10)の x に代入すると，

$$M_{max} = 60 \times 3\sqrt{3} - \frac{20}{27} \times (3\sqrt{3})^3 = 208 \quad \text{kN·m}$$

となる。M_{max} と表 3-1 より，曲げモーメント図は図(b)のような三次曲線となる。

❶ $x = 0,\ 1,\ 2\ \cdots\cdots,$
9 m の値を代入して M_i を求めると，表 3-1 のようになる。

表 3-1

x [m]	M_i [kN·m]
0	0
1	59
2	114
3	160
4	193
5	207
5.20	208
6	200
7	166
8	101
9	0

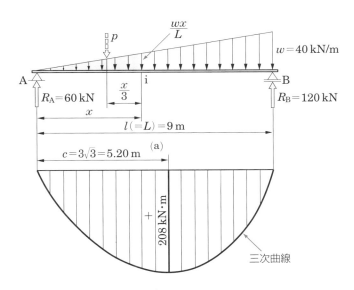

（b）曲げモーメント図

図 3-28　等変分布荷重が作用する場合の曲げモーメント図

問12　図 3-28 の単純梁で，$l = 6$ m，$w = 20$ kN/m のとき，曲げモーメント図を描け。

4　荷重とせん断力図および曲げモーメント図の関係

　鉛直方向だけの荷重が作用する場合，荷重の種類とせん断力図，曲げモーメント図の関係をまとめると，表3-2のようになる。[❶]

❶モーメントの荷重が作用するときは，この関係はなりたたない。

表3-2　鉛直荷重とせん断力図と曲げモーメント図

	集中荷重	等分布荷重	等変分布荷重
荷重の作用状態			
せん断力図			
せん断力0の位置	c	$c = \dfrac{S_1}{S_1 + S_2} L$	$c = \sqrt{\dfrac{2 S_1 L}{w}}$
曲げモーメント図			

　表3-2をまとめると，次のようになる。

①　荷重が作用していない区間のせん断力図は長方形となる。また，曲げモーメント図は三角形もしくは台形となる。

②　集中荷重が作用する点で，せん断力図は急に変化し，曲げモーメント図は線が折れる。

③　等分布荷重（長方形）が作用する区間のせん断力図は三角形や台形となり，曲げモーメント図は二次曲線となる。

④　等変分布荷重（三角形や台形）が作用する区間のせん断力図は二次曲線となり，曲げモーメント図は三次曲線となる。

⑤　任意の点iに生じる曲げモーメントは，その点より左側のせん断力図の面積に等しい。

⑥　最大曲げモーメント $M_{\max}$ が生じる位置は，せん断力の符号が正から負に変化する点である。

⑦　単純梁の両支点の曲げモーメントは $M_A = M_B = 0$ となる。

4 単純梁の軸方向力と軸方向力図

部材の軸に沿った方向に外力が作用すると，部材内部には引張または圧縮の軸方向力が生じる。ここでは，単純梁の軸方向力の求め方と図示方法について学ぶ。

図3-29(a)のように，単純梁に軸方向の外力 $P_1 = 8\,\text{kN}$，$P_2 = 5\,\text{kN}$ が作用しているとき，AC間，CD間，DB間の任意の点 i，j，k に生じる軸方向力 N_i，N_j，N_k を求めよう。

図(a)において，$\Sigma H = 0$ から，

$$H_A - 8 + 5 = 0$$

ゆえに，$H_A = 8 - 5 = 3\,\text{kN}$

軸方向力 N_i の向きを，図(b)のように，引張の向きと仮定すると，Ai 部分において，

$\Sigma H = 0$ から，$3 + N_i = 0$

ゆえに，$N_i = -3\,\text{kN}$ （圧縮力）

したがって，実際の軸方向力 N_i は，図(c)のように，圧縮の向きに生じている。

同様に，図(d)の Aj 部分において，

$\Sigma H = 0$ から，$3 - 8 + N_j = 0$

ゆえに，$N_j = -3 + 8 = 5\,\text{kN}$（引張力）

さらに，図(e)の Ak 部分において，

$\Sigma H = 0$ から，$3 - 8 + 5 + N_k = 0$

ゆえに，$N_k = -3 + 8 - 5 = 0\,\text{kN}$

となり，DB間には軸方向力は生じない。

以上により，軸方向力図を描くと，図(f)のようになる。軸方向力図は，梁の各位置における軸方向力の大きさが，正すなわち引張力のときは基準線の上側に，負すなわち圧縮力のときは基準線の下側に描く。

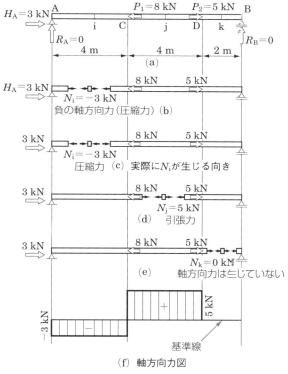

図3-29 軸方向力と軸方向力図

問13 図3-29で，$P_1 = 3\,\text{kN}$，$P_2 = 8\,\text{kN}$ のとき，軸方向力図を描け。

1. 図 3-30 の部材に，軸方向に一対の荷重 50 kN が断面全体に作用している。このとき，軸方向応力 σ [N/mm²] を求めよ。ただし，(a)，(b)，(c)は縦，横とも 300 mm，(d)の外径 $\phi = 300$ mm で，(b)，(c)，(d)の部材の厚さは 10 mm である。

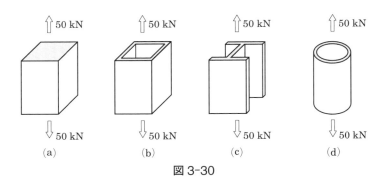

図 3-30

2. 図 3-31 の梁の点 i，j における軸方向力 N_i，N_j，せん断力 S_i，S_j，曲げモーメント M_i，M_j を求めよ。

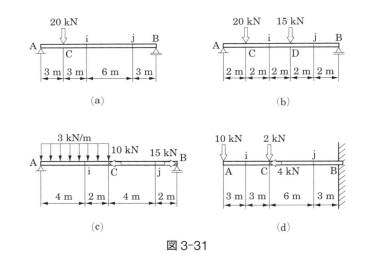

図 3-31

3. 図 3-32 の単純梁のせん断力図と曲げモーメント図を描け。

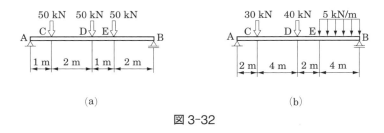

図 3-32

第4章

梁を解く

片持梁と柱で構成されたラーメン構造

　第2章と第3章では，梁に荷重が作用したときの反力および部材内部に生じる軸方向力・せん断力・曲げモーメントの求め方について学んだ。

　ここでは，これまでに学んだことを総合し，いろいろな静定梁に外力が作用したときの，これらの力の計算と図示を行う。

●梁を解くとは，どのようなことをするのだろうか。

●梁を解く手順は，どのようなものだろうか。

1 単純梁を解く

梁の反力を求め，部材内部に生じる軸方向力・せん断力・曲げモーメントを計算し，図示する一連の手順を，**梁を解く[1]**という。

ここでは，いろいろな荷重が作用するときの単純梁を解く。単純梁を解く手順は，ほかの梁にもあてはまる。

1　一つの集中荷重が作用する場合

図4-1(a)のように，支間 $l = 5\,\mathrm{m}$ の単純梁に鉛直方向の荷重 $P = 10\,\mathrm{kN}$ が作用する場合，梁を解いてみよう。

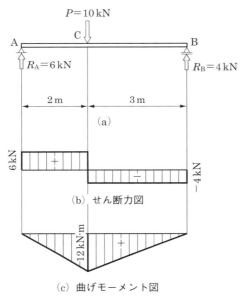

(a)

(b) せん断力図

(c) 曲げモーメント図

図4-1　一つの集中荷重が作用する単純梁

1 ● 反力の計算

反力は，力の釣合いの3条件を用いて求める[2]。

$\Sigma M_{(\mathrm{B})} = 0$ から，$R_\mathrm{A} \times 5 - P \times 3 = 0$

ゆえに，$R_\mathrm{A} = \dfrac{P \times 3}{5} = \dfrac{10 \times 3}{5} = 6\,\mathrm{kN}$

$\Sigma M_{(\mathrm{A})} = 0$ から，$P \times 2 - R_\mathrm{B} \times 5 = 0$

ゆえに，$R_\mathrm{B} = \dfrac{P \times 2}{5} = \dfrac{10 \times 2}{5} = 4\,\mathrm{kN}$

（検算）$\Sigma V = R_\mathrm{A} - P + R_\mathrm{B} = 6 - 10 + 4 = 0$

[1]梁を解くことに，梁のたわみを求めることを含む場合もあるが，ここでは考えない。

　梁のたわみは，第10章で学ぶ。

[2]単純梁の反力は，p.31の式(2-1)，(2-2)を使って求めると次のようになる。

$R_\mathrm{A} = \dfrac{Pb}{l} = \dfrac{10 \times 3}{5}$

　　$= 6\,\mathrm{kN}$

$R_\mathrm{B} = \dfrac{Pa}{l} = \dfrac{10 \times 2}{5}$

　　$= 4\,\mathrm{kN}$

● **軸方向力の計算**　軸方向力は生じていない。❶❷

● **せん断力の計算**

AC, CB 間に生じるせん断力を S_{AC}, S_{CB} とする。

$$S_{AC} = R_A = 6 \text{ kN}$$

$$S_{CB} = R_A - P = 6 - 10 = -4 \text{ kN}$$

したがって，せん断力図は，図 4-1(b)のようになる。❸

● **曲げモーメントの計算**

点 A, C, B に生じる曲げモーメントを M_A, M_C, M_B とする。

$$M_A = 0 \text{ kN·m}$$

$$M_C = R_A \times 2 = 6 \times 2 = 12 \text{ kN·m}$$

$$M_B = R_A \times 5 - P \times 3 = 6 \times 5 - 10 \times 3 = 0 \text{ kN·m}$$

最大曲げモーメントは，図(b)のせん断力の符号が正から負に変化する点，つまり点 C で生じるので，

$$M_{max} = M_C = 12 \text{ kN·m}$$

したがって，曲げモーメント図は，図(c)のようになる。❹

❶水平方向に荷重が作用していないので，水平反力 $H_A = 0$ であり，AC, CB 間に生じる軸方向力 N_{AC}, N_{CB} は，$N_{AC} = 0$, $N_{CB} = 0$ である。

❷水平反力 $H_A = 0$ があきらかな場合には H_A を図示しないことがある（p.31 側注参照）。また，軸方向力が生じていない場合には軸方向力図を描かないことが多い。

❸p.58〜59 参照。

❹p.62〜63 参照。

問 1　図 4-2 の単純梁を解け。

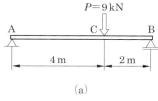

(a)

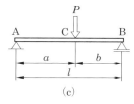

(b)

(c)

図 4-2

2 複数の集中荷重が作用する場合

図 4-3(a) のように，支間 $l = 18\,\mathrm{m}$ の単純梁に鉛直方向の荷重 P_1 $= 10\,\mathrm{kN}$，$P_2 = 4\,\mathrm{kN}$ と軸方向の荷重 $P_3 = 3\,\mathrm{kN}$ が作用する場合，梁を解いてみよう。❶

❶図 4-3(a) の荷重 P_2 と P_3 は，図 4-4(b) のように，5 kN の斜めの荷重 P が作用したときの分力 P_y と P_x と考えられる。

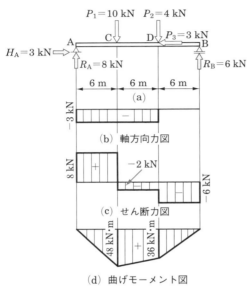

図 4-3　鉛直方向と軸方向の荷重が作用する単純梁

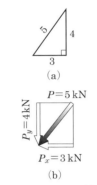

図 4-4　斜めの荷重

1 ● 反力の計算

反力は，力の釣合いの 3 条件を用いて求める。

$\Sigma H = 0$ から，$H_\mathrm{A} - P_3 = H_\mathrm{A} - 3 = 0$

ゆえに，$H_\mathrm{A} = 3\,\mathrm{kN}$

$\Sigma M_{(\mathrm{B})} = 0$ から，$R_\mathrm{A} \times 18 - P_1 \times 12 - P_2 \times 6 = 0$

ゆえに，$R_\mathrm{A} = \dfrac{1}{18}\,(P_1 \times 12 + P_2 \times 6) = \dfrac{1}{18}\,(10 \times 12 + 4 \times 6)$

$\qquad\qquad = 8\,\mathrm{kN}$

$\Sigma M_{(\mathrm{A})} = 0$ から，$P_1 \times 6 + P_2 \times 12 - R_\mathrm{B} \times 18 = 0$

ゆえに，$R_\mathrm{B} = \dfrac{1}{18}\,(P_1 \times 6 + P_2 \times 12) = \dfrac{1}{18}\,(10 \times 6 + 4 \times 12)$

$\qquad\qquad = 6\,\mathrm{kN}$

（検算）　$\Sigma V = R_\mathrm{A} - P_1 - P_2 + R_\mathrm{B} = 8 - 10 - 4 + 6 = 0$

2 ● 軸方向力の計算

AC, CD, DB 間の任意の点 i, j, k に生じる軸方向力を, それぞれ N_{AC}, N_{CD}, N_{DB} とする。

Ai 部分において, $\Sigma H = 0$ から, $H_A + N_{AC} = 0$

ゆえに, $N_{AC} = -H_A = -3\,\mathrm{kN}$ （圧縮力）

Aj 部分において, $\Sigma H = 0$ から, $H_A + N_{CD} = 0$

ゆえに, $N_{CD} = -H_A = -3\,\mathrm{kN}$ （圧縮力）

Ak 部分において, $\Sigma H = 0$ から, $H_A - P_3 + N_{DB} = 0$

ゆえに, $N_{DB} = -H_A + P_3 = -3 + 3 = 0\,\mathrm{kN}$

したがって, 軸方向力図は, 図 4-3(b)のようになる。

3 ● せん断力の計算

AC, CD, DB 間に生じるせん断力を S_{AC}, S_{CD}, S_{DB} とする。

$$S_{AC} = R_A = 8\,\mathrm{kN}$$

$$S_{CD} = R_A - P_1 = 8 - 10 = -2\,\mathrm{kN}$$

$$S_{DB} = R_A - P_1 - P_2 = 8 - 10 - 4 = -6\,\mathrm{kN}$$

したがって, せん断力図は, 図(c)のようになる。

4 ● 曲げモーメントの計算

点 A, C, D, B に生じる曲げモーメントを M_A, M_C, M_D, M_B とする。

$$M_A = 0\,\mathrm{kN \cdot m}$$

$$M_C = R_A \times 6 = 8 \times 6 = 48\,\mathrm{kN \cdot m}$$

$$M_D = R_A \times 12 - P_1 \times 6 = 8 \times 12 - 10 \times 6 = 36\,\mathrm{kN \cdot m}$$

$$M_B = R_A \times 18 - P_1 \times 12 - P_2 \times 6 = 8 \times 18 - 10 \times 12 - 4 \times 6 = 0\,\mathrm{kN \cdot m}$$

最大曲げモーメントは, 図(c)のせん断力の符号が正から負に変化する点, つまり点 C で生じるので,

$$M_{\max} = M_C = 48\,\mathrm{kN \cdot m}$$

したがって, 曲げモーメント図は, 図(d)のようになる。

問2 図 4-5 の単純梁を解け。

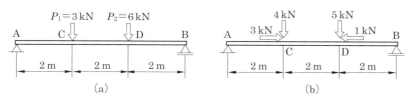

(a)

(b)

図 4-5

3 等分布荷重が作用する場合

図 4-6(a) のように,支間 $l = 10\,\mathrm{m}$ の単純梁に集中荷重 $P_1 = 100$ kN と等分布荷重 $w = 50\,\mathrm{kN/m}$ が作用する場合,梁を解いてみよう。

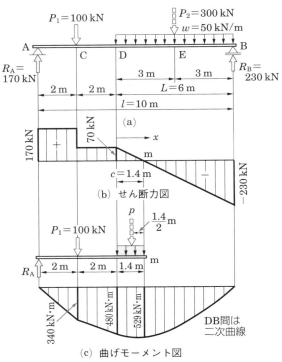

(a)

(b) せん断力図

(c) 曲げモーメント図

図 4-6　集中荷重と等分布荷重が作用する単純梁

1 ● 反力の計算

等分布荷重を集中荷重 P_2 に換算すると,

$$P_2 = wL = 50 \times 6 = 300\,\mathrm{kN}$$

となり,作用点は等分布荷重の図心の点 E である。

$\Sigma M_{(\mathrm{B})} = 0,\ \Sigma M_{(\mathrm{A})} = 0$ から,

$$R_\mathrm{A} = \frac{1}{10}\left(P_1 \times 8 + P_2 \times 3\right) = \frac{1}{10}\left(100 \times 8 + 300 \times 3\right) = 170\,\mathrm{kN}$$

$$R_\mathrm{B} = \frac{1}{10}\left(P_1 \times 2 + P_2 \times 7\right) = \frac{1}{10}\left(100 \times 2 + 300 \times 7\right) = 230\,\mathrm{kN}$$

（検算）　$\Sigma V = R_\mathrm{A} - P_1 - P_2 + R_\mathrm{B} = 170 - 100 - 300 + 230 = 0$

2 ● **軸方向力の計算**　軸方向力は生じていない。

3 ● **せん断力の計算**

$$S_{AC} = R_A = 170 \text{ kN}$$

$$S_{CD} = R_A - P_1 = 170 - 100 = 70 \text{ kN}$$

DB 間において，点 D から x の点のせん断力 S_x は，Dx 間の換算荷重が $wx = 50x$ [kN] であるので，

$$S_x = R_A - P_1 - 50x = 70 - 50x \text{ [kN]}$$

となる。したがって，せん断力図は，図 4-6(b)のようになり，せん断力の符号が正から負に変化する位置 m は，上式に $x = c$，$S_x = 0$ を代入して，次のように求まる。❶

$$70 - 50c = 0 \quad \text{よって，} \quad c = \frac{70}{50} = 1.4 \text{ m}$$

4 ● **曲げモーメントの計算**

$$M_A = 0 \text{ kN·m}$$

$$M_C = R_A \times 2 = 170 \times 2 = 340 \text{ kN·m}$$

$$M_D = R_A \times 4 - P_1 \times 2 = 170 \times 4 - 100 \times 2 = 480 \text{ kN·m}$$

$$M_B = 0 \text{ kN·m}$$

最大曲げモーメントは図(b)の点 m で生じ，Dm 間の換算荷重 p は，$p = wc = 50 \times 1.4 = 70$ kN なので，

$$M_{\max} = 170 \times (4 + 1.4) - 100 \times (2 + 1.4) - 70 \times \frac{1.4}{2}$$

$$= 529 \text{ kN·m}$$

したがって，曲げモーメント図は，図(c)のようになり，AC，CD 間では直線，DB 間では，下に凸の二次曲線となる。

問3　図 4-8 の単純梁を解け。

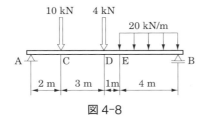

図 4-8

❶せん断力の符号が変わる点を求める別の方法として，相似な三角形の辺の長さの比が等しいことを使って求めてもよい。

すなわち，図 4-7 の二つの三角形は相似であるから，辺の長さは比例し，$S_1 : S_2 = c : (L - c)$（長さなので絶対値）から，

$$c = \frac{S_1}{S_1 + S_2}L$$

$$= \frac{70}{70 + 230} \times 6$$

$$= 1.4 \text{ m}$$

となる。

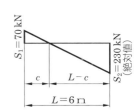

図 4-7　相似な三角形を使った c の求め方

4 等変分布荷重が作用する場合

　図 4-9(a)のように，支間 $l = 18\,\mathrm{m}$ の単純梁に集中荷重 $P_1 = 30$ kN と等変分布荷重が作用する場合，梁を解いてみよう。

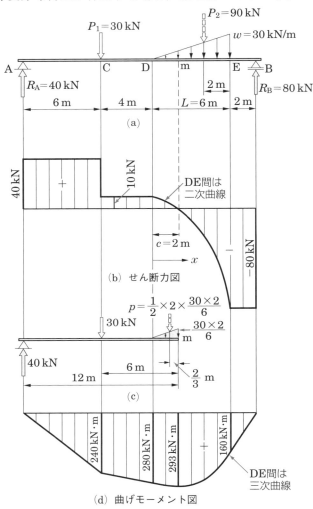

図 4-9　等変分布荷重が作用する単純梁

1 ● 反力の計算

　等変分布荷重を集中荷重 P_2 に換算すると，

$$P_2 = \frac{wL}{2} = \frac{30 \times 6}{2} = 90\,\mathrm{kN}$$

となり，作用点は，点 E から左に 2 m の点である。

　$\Sigma M_{(B)} = 0$，$\Sigma M_{(A)} = 0$ から，

$$R_A = \frac{1}{18}\,(P_1 \times 12 + P_2 \times 4) = \frac{1}{18}\,(30 \times 12 + 90 \times 4) = 40\,\mathrm{kN}$$

$$R_B = \frac{1}{18}(P_1 \times 6 + P_2 \times 14) = \frac{1}{18}(30 \times 6 + 90 \times 14) = 80\ \text{kN}$$

（検算）　$\Sigma V = R_A - P_1 - P_2 + R_B = 40 - 30 - 90 + 80 = 0$

2 ● 軸方向力の計算　軸方向力は生じていない。

3 ● せん断力の計算

$$S_{AC} = R_A = 40\ \text{kN}$$

$$S_{CD} = R_A - P_1 = 40 - 30 = 10\ \text{kN}$$

$$S_{EB} = R_A - P_1 - P_2 = 40 - 30 - 90 = -80\ \text{kN}$$

DE 間において点 D から x の点のせん断力 S_x は，

$$S_x = S_D - \frac{1}{2} \times x \times \frac{wx}{L} = S_D - \frac{wx^2}{2L}$$

せん断力の符号が変わる点 m は，$x = c$，$S_x = 0$ を代入し，

$$S_D - \frac{wc^2}{2L} = 0\ \text{より，}\ c = \sqrt{\frac{2S_D L}{w}} = \sqrt{\frac{2 \times 10 \times 6}{30}} = 2\ \text{m}$$

となる。したがって，せん断力図は，図 4-9(b) のようになる。

4 ● 曲げモーメントの計算

$$M_A = 0\ \text{kN·m}$$

$$M_C = R_A \times 6 = 40 \times 6 = 240\ \text{kN·m}$$

$$M_D = R_A \times 10 - P_1 \times 4 = 40 \times 10 - 30 \times 4 = 280\ \text{kN·m}$$

$$M_E = R_A \times 16 - P_1 \times 10 - P_2 \times 2$$

$$= 40 \times 16 - 30 \times 10 - 90 \times 2 = 160\ \text{kN·m}$$

$$M_B = 0\ \text{kN·m}$$

最大曲げモーメントは図(c)から，次のように求まる。

$$M_{max} = M_m = 40 \times 12 - 30 \times 6 - \frac{1}{2} \times 2 \times \frac{30 \times 2}{6} \times \frac{2}{3}$$

$$= 293\ \text{kN·m}$$

曲げモーメント図は，図(d)のように DE 間は三次曲線，そのほかは直線となる。

問 4　図 4-10 の単純梁を解け。

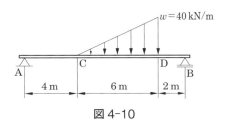

図 4-10

図 4-11(a)の単純梁を解いてみよう。

1 ● 反力の計算

$\Sigma M_{(B)} = 0$ から，$R_A \times 5 + M = 0$

ゆえに，$R_A = -\dfrac{M}{5} = -\dfrac{10}{5} = -2 \, \text{kN}$

（下向き）❶

$\Sigma M_{(A)} = 0$ から，$M - R_B \times 5 = 0$

ゆえに，$R_B = \dfrac{M}{5} = \dfrac{10}{5} = 2 \, \text{kN}$

（検算）$\Sigma V = R_A + R_B = -2 + 2 = 0$

2 ● 軸方向の計算 軸方向力は生じていない。

3 ● せん断力の計算

$S_{AC} = S_{CB} = R_A = -2 \, \text{kN}$

せん断力は，AB 間のどの点においても

$-2 \, \text{kN}$ となり，せん断力図は，図(b)のようになる。

4 ● 曲げモーメントの計算

$M_A = 0 \, \text{kN·m}$

$M_{C左} = R_A \times 2 = -2 \times 2 = -4 \, \text{kN·m}$

$M_{C右} = R_A \times 2 + M = -2 \times 2 + 10 = 6 \, \text{kN·m}$

$M_B = R_A \times 5 + M = -2 \times 5 + 10 = 0 \, \text{kN·m}$

曲げモーメント図は，図(c)のように，平行な 2 本の直線となり，モーメントの荷重が作用する点 C で急激に $M = 10$ kN·m だけ変化する❷。

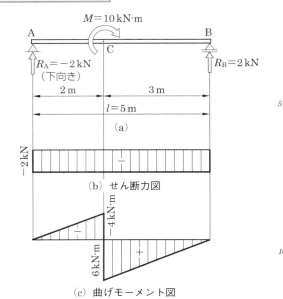

図 4-11 モーメントの荷重が作用する単純梁

例題 1 図 4-12(a)の単純梁を解け。

1 ● 反力の計算

$\Sigma M_{(B)} = 0$ から，$R_A \times 6 + M - 6 \times 3 = 0$

ゆえに，$R_A = \dfrac{6 \times 3 - M}{6} = \dfrac{6 \times 3 - 12}{6} = 1 \, \text{kN}$

$\Sigma M_{(A)} = 0$ から，$M + 6 \times 3 - R_B \times 6 = 0$

ゆえに，$R_B = \dfrac{M + 6 \times 3}{6} = \dfrac{12 + 18}{6}$

$= 5 \, \text{kN}$

❶このように，モーメントの荷重が作用するとき，支点に下向きの反力が生じることがある。

❷M_C 左とは，点 C のすぐ左側の仮想断面における曲げモーメントのことで，M_C 右とは，点 C のすぐ右側の仮想断面における曲げモーメントのことである。

（検算）　$\Sigma V = R_A - 6 + R_B = 1 - 6 + 5 = 0$

② ● 軸方向力の計算

　　軸方向力は生じていない。

③ ● せん断力の計算

　　$S_{AC} = R_A = 1\,\mathrm{kN}$

　　$S_{CB} = R_A - 6 = 1 - 6 = -5\,\mathrm{kN}$

　　せん断力図は，図(b)のようになる。

④ ● 曲げモーメントの計算

　　$M_A = 0\,\mathrm{kN \cdot m}$

　　$M_{C左} = R_A \times 3 = 1 \times 3 = 3\,\mathrm{kN \cdot m}$

　　$M_{C右} = R_A \times 3 + M = 1 \times 3 + 12$

　　　　　$= 15\,\mathrm{kN \cdot m}$

　　$M_B = R_A \times 6 + M - P \times 3$

　　　　$= 1 \times 6 + 12 - 6 \times 3$

　　　　$= 0\,\mathrm{kN \cdot m}$

　　曲げモーメント図は，図(c)のようになる。

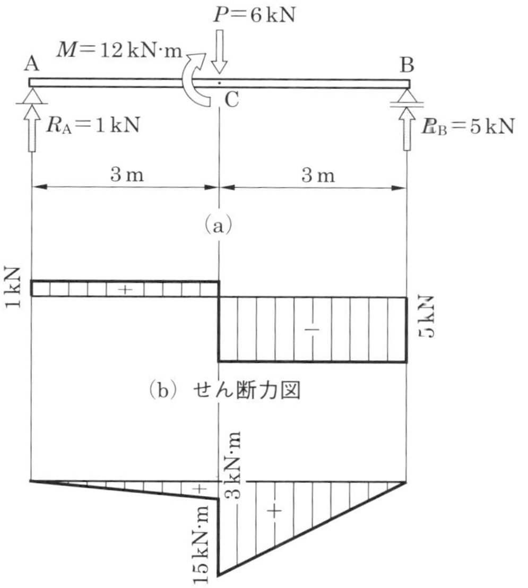

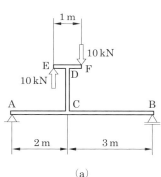

図 4-12

　ところで，梁にモーメントの荷重が作用するのはどのような場合だろうか。ここで考えてみよう。

　p. 14 の図 1-17 で学んだように，部材の剛接から他の部材に伝わり，作用する荷重は，鉛直方向や水平方向の荷重だけでなく，モーメントの荷重もある。

　図 4-11(a) の $M = 10\,\mathrm{kN \cdot m}$ のモーメントの荷重は，図 4-13(a) のように，単純梁 AB の点 C で剛接された部材 CDEF の点 E と点 F に 10 kN ずつの偶力が作用し，その 10 kN·m の偶力のモーメントが点 C で荷重として単純梁 AB に作用した場合などが考えられる。

　図 4-12(a) の $P = 6\,\mathrm{kN}$ の下向きの荷重と $M = 12\,\mathrm{kN \cdot m}$ のモーメントの荷重は，図 4-13(b) のように，単純梁 AB の点 C で剛接された部材 CDE の点 E に $P = 6\,\mathrm{kN}$ の下向きの荷重だけが作用するときに，点 C から単純梁 AB に作用する荷重などが考えられる。

図 4-13

問5　図 4-12(a) のモーメントの荷重 M が逆まわりに作用する場合，単純梁を解け。

2 張出し梁を解く

張出し梁は，荷重が作用する位置によって梁の変形状態が上に凸から下に凸に，または下に凸から上に凸に変化する点が現れることがある。この点を**反曲点**[1]といい，反曲点では，曲げモーメントの正負の符号が変わる。

[1] inflection point

1 集中荷重が作用する場合

図 4-14(a)の張出し梁を解いてみよう。

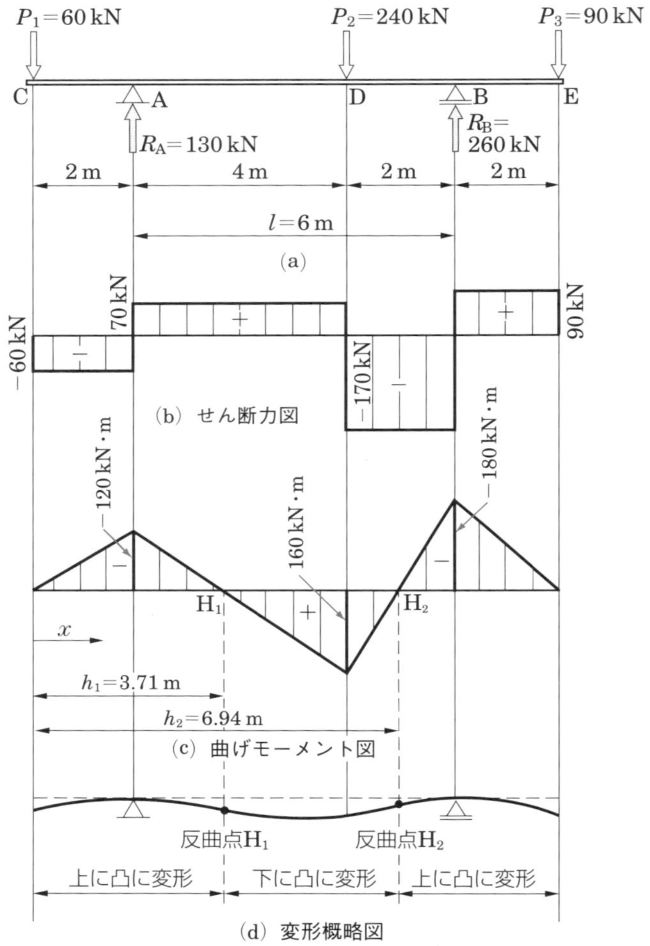

P1=60 kN
P2=240 kN
P3=90 kN
C
A
D
B
E
RA=130 kN
RB=260 kN
2 m
4 m
2 m
2 m
l=6 m
(a)
70 kN
-60 kN
90 kN
-170 kN
(b) せん断力図
-120 kN·m
160 kN·m
-180 kN·m
H1
H2
x
h1=3.71 m
h2=6.94 m
(c) 曲げモーメント図
反曲点H1
反曲点H2
上に凸に変形
下に凸に変形
上に凸に変形
(d) 変形概略図

図 4-14　集中荷重の作用する張出し梁

1 ● 反力の計算

$\Sigma M_{(B)} = 0$ から，$-60 \times 8 + R_A \times 6 - 240 \times 2 + 90 \times 2 = 0$

ゆえに，$R_A = \dfrac{1}{6}(60 \times 8 + 240 \times 2 - 90 \times 2) = 130\ \text{kN}$

$\Sigma M_{(A)} = 0$ から，$-60 \times 2 + 240 \times 4 - R_B \times 6 + 90 \times 8 = 0$

ゆえに，$R_B = \dfrac{1}{6}(-60 \times 2 + 240 \times 4 + 90 \times 8) = 260\ \text{kN}$

（検算） $\Sigma V = -60 + 130 - 240 + 260 - 90 = 0$

2 ● 軸方向力の計算　　軸方向力は生じていない。

3 ● せん断力の計算

$$S_{CA} = -60\ \text{kN}, \quad S_{AD} = -60 + 130 = 70\ \text{kN}$$

$$S_{DB} = -60 + 130 - 240 = -170\ \text{kN}$$

$$S_{BE} = -60 + 130 - 240 + 260 = 90\ \text{kN}$$

せん断力図は，図 4-14(b)のようになる。

4 ● 曲げモーメントの計算

$M_C = 0\ \text{kN·m}, \quad M_A = -60 \times 2 = -120\ \text{kN·m}$

$M_D = -60 \times 6 + 130 \times 4 = 160\ \text{kN·m}$

$M_B = -60 \times 8 + 130 \times 6 - 240 \times 2 = -180\ \text{kN·m}, \quad M_E = 0\ \text{kN·m}$

曲げモーメント図は図(c)のようになる。せん断力の符号が変化する A，D，B の 3 点で，曲げモーメントは正または負の極大値をとり，絶対値が最大となるのは点 B の $M_B = -180$ kN·m である。

5 ● 反曲点の位置の計算 ❶

AD 間で点 C から x の位置の曲げモーメント M_x は，

$$M_x = -60x + 130(x - 2) = 70x - 260$$

$x = h_1$，$M_x = 0$ を代入して，h_1 を求めると，$h_1 = 3.71\ \text{m}$

DB 間で点 C から x の位置の曲げモーメント M_x は，

$$M_x = -60x + 130(x - 2) - 240(x - 6) = -170x + 1\,180$$

$x = h_2$，$M_x = 0$ を代入して，h_2 を求めると，$h_2 = 6.94\ \text{m}$

反曲点は点 H_1 と点 H_2 である。変形の概略図を図(d)に示す。❷

❶ 反曲点を求める別の方法として，相似な三角形の辺の比が等しいことを使って求めてもよい。

図 4-15 の二つの三角形は相似であるから，辺の長さは比例し
$M_1 : M_2 = h : (\ell - h)$
（長さなので絶対値）

から，$h = \dfrac{M_1}{M_1 + M_2}\,L$

となる。
図 4-14(c) の反曲点 H_1 を求めると，

$$h = \dfrac{120}{120 + 160} \times 4$$
$$= 1.71\ \text{m}$$

（点 A からの距離）となる。

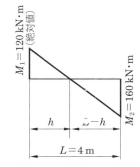

図 4-15　反曲点の位置

❷ 図 4-14 の CH_1 間と H_2E 間は，負の曲げモーメントが生じて上に凸に変形し，H_1H_2 間は，正の曲げモーメントが生じて下に凸に変形する。

問 6 図 4-14 の点 C，E は反曲点か。

問 7 図 4-16 の張出し梁を解け。

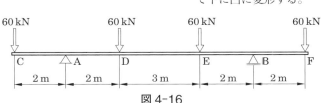

図 4-16

図 4-17(a) の張出し梁を解いてみよう。

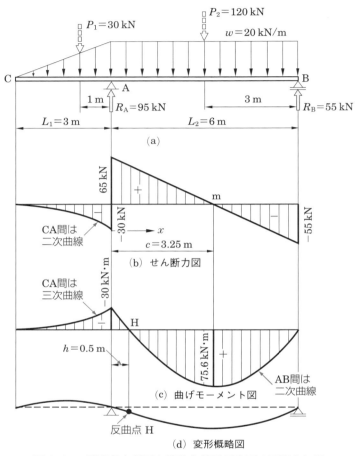

図 4-17　等変分布荷重と等分布荷重が作用する張出し梁

1 ● 反力の計算

　CA 間に作用する等変分布荷重と AB 間に作用する等分布荷重を集中荷重 P_1, P_2 に換算すると,

$$P_1 = \frac{wL_1}{2} = \frac{20 \times 3}{2} = 30 \text{ kN}, \quad P_2 = wL_2 = 20 \times 6 = 120 \text{ kN}$$

　$\Sigma M_{(B)} = 0$ から, $-30 \times 7 + R_A \times 6 - 120 \times 3 = 0$

ゆえに, $R_A = \frac{1}{6}(30 \times 7 + 120 \times 3) = 95 \text{ kN}$

　$\Sigma M_{(A)} = 0$ から, $-30 \times 1 + 120 \times 3 - R_B \times 6 = 0$

ゆえに, $R_B = \frac{1}{6}(-30 \times 1 + 120 \times 3) = 55 \text{ kN}$

（検算）　$\Sigma V = -30 + 95 - 120 + 55 = 0$

2 ● 軸方向力の計算　軸方向力は生じていない。

3 ● せん断力の計算

$$S_{A左} = -30\ \text{kN},\ S_{A右} = -30 + 95 = 65\ \text{kN}$$

$$S_B = -30 + 95 - 120 = -55\ \text{kN}$$

AB 間において点 A から x の点のせん断力 S_x は,

$$S_x = -30 + 95 - 20x = 65 - 20x$$

で表される。せん断力の符号が変わる点 m は, $x = c$, $S_x = 0$

を代入して, $0 = 65 - 20c$　ゆえに, 　$c = 3.25\text{m}$

したがって, せん断力図は図 4-17(b)のようになる。

4 ● 曲げモーメントの計算

$$M_C = 0\ \text{kN·m}$$

$$M_A = -30 \times 1 = -30\ \text{kN·m}$$

$$M_B = 0\ \text{kN·m}$$

最大曲げモーメントは, 図(b)の $c = 3.25\text{m}$ の点 m で生じ,

$$M_{\max} = -30 \times (1 + 3.25) + 95 \times 3.25 - 20 \times 3.25 \times \frac{3.25}{2} = 75.6\ \text{kN·m}$$

曲げモーメント図は, 図(c)のようになる。

5 ● 反曲点の位置の計算

AB 間で点 A から x の位置の曲げモーメント M_x は,

$$M_x = -30 \times (1 + x) + 95x - 20x \times \frac{x}{2} = -10x^2 + 65x - 30$$

で表される。$x = h$ のとき, $M_x = 0$ を代入して,

$$-10h^2 + 65h - 30 = 0$$

この二次方程式を解くと, $h = 0.5$ または $h = 6$ となる。❶

したがって反曲点は支点 A の右へ 0.5m の点 H となる。❷

梁の変形の概略図を図(d)に示す。

問 8　　図 4-18 の張出し梁を解け。

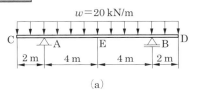

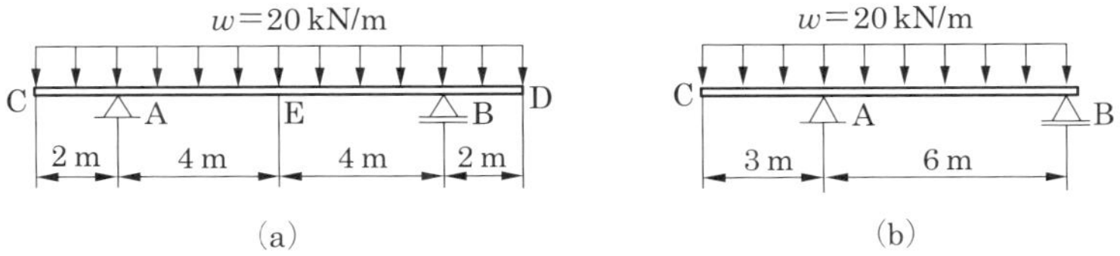

(a)　　　　　　　　　　　　　　　(b)

図 4-18

❶$-10h^2 + 65h - 30 = 0$ から, $2h^2 - 13h + 6 = 0$ 因数分解して,

$(2h - 1)(h - 6) = 0$ ゆえに, $h = 0.5, 6$

❷$h = 6$ の位置も曲げモーメントが 0 になる点であるが, この点は梁の右端であり, 曲げモーメントの正負が変わらないので, 反曲点ではない。

3 | 間接荷重梁を解く

すでに学んだように[1]，間接荷重梁にいろいろな種類の荷重が作用 ❶ p. 38 参照。
しても，主桁には横桁の位置で集中荷重として作用する。

図 4-19(a)の間接荷重梁を解いてみよう。

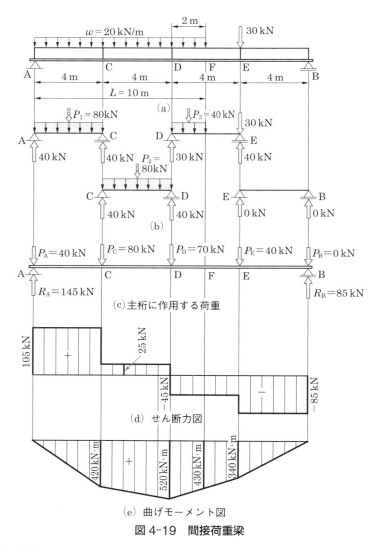

図 4-19　間接荷重梁

1 ● 縦桁の反力の計算

縦桁 AC，CD は左右対称なので，

$$R_{AC} = R_{CA} = R_{CD} = R_{DC} = 20 \times 4 \times \frac{1}{2} = 40 \text{ kN}$$

また，$R_{DE} = \dfrac{20 \times 2 \times 3}{4} = 30 \text{ kN}$，$R_{ED} = \dfrac{20 \times 2 \times 1}{4} + 30 = 40 \text{ kN}$ 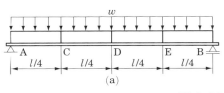❶

$$R_{EB} = R_{BE} = 0 \text{ kN}$$

2 ● **主桁に作用する荷重 P_A，P_C，P_D，P_E，P_B の計算**

$P_A = R_{AC} = 40 \text{ kN}$，$P_C = R_{CA} + R_{CD} = 40 + 40 = 80 \text{ kN}$

$P_D = R_{DC} + R_{DE} = 40 + 30 = 70 \text{ kN}$

$P_E = R_{ED} + R_{EB} = 40 + 0 = 40 \text{ kN}$，$P_B = R_{BE} = 0 \text{ kN}$

したがって，主桁には図 4-19(c) のように荷重が作用する。

3 ● **主桁の反力の計算**

$$R_A = \frac{1}{16}(40 \times 16 + 80 \times 12 + 70 \times 8 + 40 \times 4) = 145 \text{ kN}$$

$$R_B = \frac{1}{16}(40 \times 0 + 80 \times 4 + 70 \times 8 + 40 \times 12) = 85 \text{ kN}$$

（検算）$\Sigma V = 145 - 20 \times 10 - 30 + 85 = 0$

4 ● **軸方向力の計算**　軸方向力は生じていない。

5 ● **せん断力の計算**　せん断力図は，図(c) の外力の作用するとおりに描くと❷，図(d) のようになる。せん断力の正負が変わるのは点 D である。

6 ● **曲げモーメントの計算**

$M_A = 0 \text{ kN·m}$

$M_C = 145 \times 4 - 40 \times 4 = 420 \text{ kN·m}$

$M_{max} = M_D = 145 \times 8 - 40 \times 8 - 80 \times 4 = 520 \text{ kN·m}$

$M_F = 145 \times 10 - 40 \times 10 - 80 \times 6 - 70 \times 2 = 430 \text{ kN·m}$

$M_E = 145 \times 12 - 40 \times 12 - 80 \times 8 - 70 \times 4 = 340 \text{ kN·m}$

$M_B = 0 \text{ kN·m}$

したがって，曲げモーメント図は図(e) のようになり，最大曲げモーメントは点 D で生じ，$M_{max} = 520 \text{ kN·m}$ である。

問 9　図 4-20 の間接荷重梁を解け。

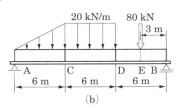

図 4-20

❶ 点 E 上に作用している 30kN の集中荷重は，縦桁 DE，EB のいずれに作用させても，主桁に作用する外力としては同じ働きである。したがって，ここでは縦桁 DE の点 E 上に作用すると考えて計算している。

❷ p.59 図 3-18(c) 参照。

4 片持梁を解く

片持梁は自由端側から計算すれば，反力を計算しなくても内力を求めることができる。

1 一つの集中荷重が作用する場合

図 4-21(a)の片持梁を解いてみよう。

1 ● 反力の計算

$\Sigma V = 0$ から，$-P + R_B = 0$

ゆえに，$R_B = P = 10$ kN

$\Sigma M_{(B)} = 0$ から，$-P \times 5 - M_B = 0$

ゆえに，$M_B = -P \times 5 = -10 \times 5 = -50$ kN·m

（時計まわり）

2 ● 軸方向力の計算 軸方向力は生じていない。

3 ● せん断力の計算

AB 間に生じるせん断力を S_{AB} とする。

$$S_{AB} = -P = -10 \text{ kN}$$

したがってせん断力図は，図(b)のようになる。

4 ● 曲げモーメントの計算

点 A，B に生じる曲げモーメントを M_A，M_B とする。

$$M_A = 0 \text{ kN·m}$$

$$M_{max} = M_B = -P \times 5 = -10 \times 5 = -50 \text{ kN·m}$$

したがって，曲げモーメント図は，図(c)のようになる。

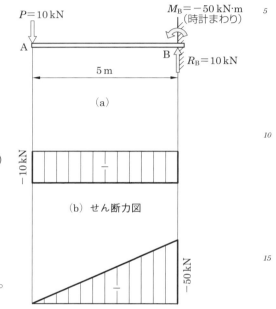

(c) 曲げモーメント図

図 4-21　一つの集中荷重が作用する片持梁

問10 図 4-22 の片持梁を解け。

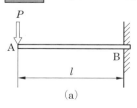
(a)

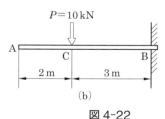
(b)

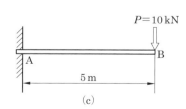
(c)

図 4-22

2 | 複数の集中荷重が作用する場合

図 4-23(a)の片持梁を解いてみよう。

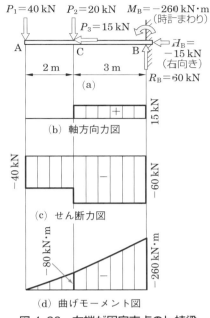

(a)

(b) 軸方向力図

(c) せん断力図

(d) 曲げモーメント図

図 4-23 右端が固定支点の片持梁

1 ● 反力の計算

$\Sigma H = 0$ から，$-15 - H_B = 0$

ゆえに，$H_B = -15\,\text{kN}$（右向き）

$\Sigma V = 0$ から，$-40 - 20 + R_B = 0$

ゆえに，$R_B = 60\,\text{kN}$

$\Sigma M_{(B)} = 0$ から，$-40 \times 5 - 20 \times 3 - M_B = 0$

ゆえに，$M_B = -260\,\text{kN·m}$（時計まわり）

2 ● 軸方向力の計算

AC 間の任意の点における軸方向力 N_{AC} は，

$\Sigma H = 0$ から，$N_{AC} = 0$

CB 間の任意の点における軸方向力 N_{CB} は，

$\Sigma H = 0$ から，$-15 + N_{CB} = 0$

ゆえに，$N_{CB} = 15\,\text{kN}$

軸方向力図は，図(b)のようになる。

3 ● せん断力の計算　せん断力図は，梁の左端から順次鉛直方向の

外力の変化を描いて，図(c)のようになる。

4 ● 曲げモーメントの計算

$M_A = 0\,\text{kN·m}$

$M_C = -40 \times 2 = -80\,\text{kN·m}$

$M_{max} = M_B = -40 \times 5 - 20 \times 3 = -260\,\text{kN·m}$

曲げモーメント図は，図(d)のようになる。

図 4-24 の片持梁を解け。

解答

1 ● 反力の計算

$\Sigma H = 0$ から，$H_A + 15 = 0$

ゆえに，$H_A = \mathbf{-15\,kN}$　（**左向き**）

$\Sigma V = 0$ から，$R_A - 20 - 40 = 0$

ゆえに，$R_A = \mathbf{60\,kN}$

$\Sigma M_{(A)} = 0$ から，$M_A + 20 \times 3 + 40 \times 5 = 0$

ゆえに，$M_A = \mathbf{-260\,kN·m}$　（**反時計まわり**）

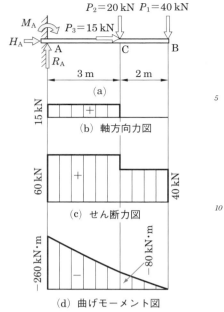

$P_2 = 20\,\text{kN}$ $P_1 = 40\,\text{kN}$

(a)

(b) 軸方向力図

(c) せん断力図

(d) 曲げモーメント図

図 4-24　左端が固定支点の片持梁

2 ● 軸方向力の計算　軸方向力を求める。

AC 間の任意の点における軸方向力 N_AC は，

$\Sigma H = 0$ から，$-15 + N_\text{AC} = 0$

ゆえに，　$N_\text{AC} = 15\,\text{kN}$　（引張力）

CB 間の任意の点における軸方向力 N_CB は，

$\Sigma H = 0$ から，$N_\text{CB} = 0\,\text{kN}$

軸方向力図は，図 4-24(b) のようになる。

3 ● せん断力の計算　せん断力図は，梁の左端か
ら順次鉛直方向の外力の変化を描いて，図
(c) のようになる❶。

4 ● 曲げモーメントの計算

梁の右側から計算する場合，反時計まわり
を正として計算すればよいので❷，

$M_\text{B} = 0\,\text{kN·m}$

$M_\text{C} = -40 \times 2 = -80\,\text{kN·m}$

$M_\text{max} = M_\text{A} = -40 \times 5 - 20 \times 3$

$\qquad = -260\,\text{kN·m}$

曲げモーメント図は，図(d) のようになる。

❶ 反力を使わずに，せん断力図を描くときは，自由端のある右側から下向きを正として鉛直方向の外力の変化を描けばよい。

❷ 反力を使わずに，計算するために，自由端より計算している。

今までどおり，左側から計算すると，

$M_\text{A} = -260\,\text{kN·m}$

$M_\text{C} = -260 + 60 \times 3$

$\qquad = -80\,\text{kN·m}$

$M_\text{B} = -260 + 60 \times 5$

$\qquad\qquad - 20 \times 2$

$\qquad = 0$

　図 4-23(a) の片持梁と，図 4-24(a) の片持梁は，鏡像の関係とな
っていて，同じ梁を表から見た場合と裏から見た場合の関係である。
二つの梁の反力，軸方向力図および曲げモーメント図は，大きさと
符号が同じ鏡像の関係となるが，せん断力図だけは正負が逆となる。

問11　図 4-25 の片持梁を解け。

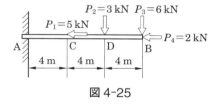

$P_2 = 3\,\text{kN}$　$P_3 = 6\,\text{kN}$

$P_1 = 5\,\text{kN}$

$P_4 = 2\,\text{kN}$

図 4-25

3 等分布荷重や等変分布荷重が作用する場合

図 4-26(a) の片持梁を解いてみよう。

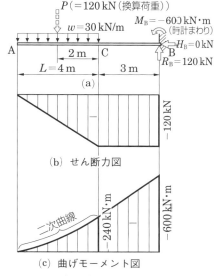

1 ● 反力の計算　換算荷重 P は,

$$P = wL = 30 \times 4 = 120 \text{ kN}$$

$\Sigma V = 0$ から, $-120 + R_B = 0$

ゆえに, $R_B = 120 \text{ kN}$

$\Sigma H = 0$ から, $H_B = 0 \text{ kN}$

$\Sigma M_{(B)} = 0$ から, $-120 \times 5 - M_B = 0$

ゆえに, $M_B = -600 \text{ kN·m}$　（時計まわり）

2 ● せん断力図　せん断力図は図(b)のようになる。

3 ● 曲げモーメントの計算

$M_A = 0 \text{ kN·m}$, $M_C = -120 \times 2 = -240 \text{ kN·m}$

$M_{max} = M_B = -120 \times 5 = -600 \text{ kN·m}$

曲げモーメント図は図(c)のようになる。

図 4-26　等分布荷重が作用する片持梁

 例題 3　図 4-27(a) の片持梁を解け。

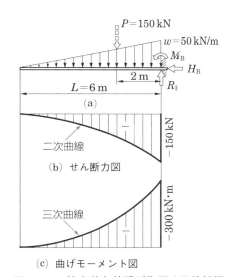

解答

1 ● 反力の計算　換算荷重は,

$$P = \frac{wL}{2} = \frac{50 \times 6}{2} = 150 \text{ kN}$$

$\Sigma V = 0$ から, $R_B = \mathbf{150 \text{ kN}}$

$\Sigma M_{(B)} = 0$ から,

$M_B = -150 \times 2 = \mathbf{-300 \text{ kN·m}}$

（時計まわり）

2 ● せん断力図　せん断力図は図(b)のようになる。

3 ● 曲げモーメントの計算

$M_A = \mathbf{0 \text{ kN·m}}$

$M_{max} = M_B = -150 \times 2 = \mathbf{-300 \text{ kN·m}}$

曲げモーメント図は図(c)のようになる。

図 4-27　等変分布荷重が作用する片持梁

問12　図 4-28 の片持梁を解け。

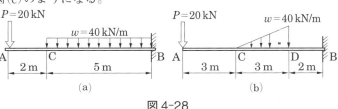

図 4-28

4 モーメントの荷重が作用する場合

図 4-29 の片持梁を解いてみよう。

1 ● 反力の計算

$\Sigma H = 0$ から，$H_B = 0$ kN

$\Sigma V = 0$ から，$R_B = 0$ kN

$\Sigma M_{(B)} = 0$ から，$7 - M_B = 0$

ゆえに，$M_B = 7$ kN·m（反時計まわり）

2 ● 軸方向力・せん断力の計算

軸方向力，せん断力とも生じていない。❶

3 ● 曲げモーメントの計算

$$M_{AC} = 0 \text{ kN·m}, \quad M_{CB} = 7 \text{ kN·m}$$

曲げモーメント図は，図(c)のようになる。

例題 4 図 4-30 の片持梁を解け。

解答

1 ● 反力の計算

$\Sigma H = 0$ から，$H_B = 0$ kN

$\Sigma V = 0$ から，$-4 + R_B = 0$

ゆえに，$R_B = 4$ kN

$\Sigma M_{(B)}$ から，$-8 - 4 \times 3 - M_B = 0$

ゆえに，$M_B = -20$ kN·m（時計まわり）

2 ● 軸方向力の計算　軸方向力は生じていない。

3 ● せん断力の計算　せん断力図は図(b)のようになる。

4 ● 曲げモーメントの計算

$M_{AC} = 0$ kN·m

$M_{C右} = -8$ kN·m

$M_B = -8 - 4 \times 3 = -20$ kN·m

曲げモーメント図は図(c)のようになる。

問13　図 4-31 の片持梁を解け。

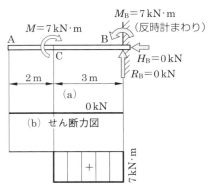

(a)

(b) せん断力図

(c) 曲げモーメント図

図 4-29　モーメントの荷重だけが作用する片持梁

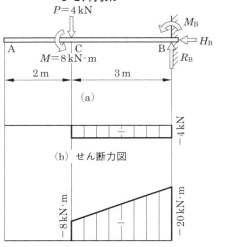

(a)

(b) せん断力図

(c) 曲げモーメント図

図 4-30　モーメントの荷重が作用する片持梁

❶片持梁にモーメントの荷重だけが作用するときは，モーメントの反力だけで支えるため，軸方向力やせん断力は生じない。

したがって軸方向力図やせん断力図を描いた場合，基準線だけとなる。

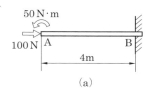

(a)

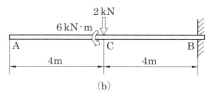

(b)

図 4-31

片持梁にモーメントの荷重が作用するのはどのような場合だろうか。ここで考えてみよう。

　図4-29(a)の$M = 7\,\text{kN·m}$のモーメントの荷重は，図4-32(a)のように，片持梁ABの点Cで剛接された部材CDEFの点Eと点Fに7kNずつの偶力が作用し，その7kN·mの偶力のモーメントが点Cで荷重として片持梁ABに作用した場合などが考えられる。

　図4-30(a)の$P = 4\,\text{kN}$の下向きの荷重と$M = 8\,\text{kN·m}$の反時計回りのモーメントの荷重の組合せは，図4-32(b)のように，片持梁ABの点Cで剛接された部材CDEの点Eに$P = 4\,\text{kN}$の下向きの荷重だけが作用するときに，点Cから片持梁ABに作用する荷重などが考えられる。

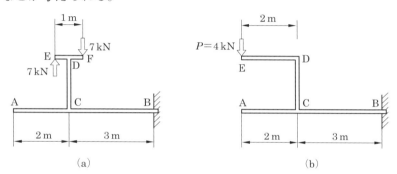

図4-32　剛接された部材から片持梁に作用する荷重

　また，図4-31(a)の100Nの水平方向の荷重と50N·mの反時計回りの荷重の組合せは，図4-33(a)のように，片持梁ABの点Aで剛接された部材ACの点Cに100Nの水平方向の荷重だけが作用するときに点Aから片持梁ABに作用する荷重などが考えられる。

　図(a)を90°回転して図(b)のようにみると，この状況は，図(c)のように，照明器具による荷重100Nが，0.5m離れた点Cに作用する長さ4mの支柱を片持梁として解く場合などが考えられる。

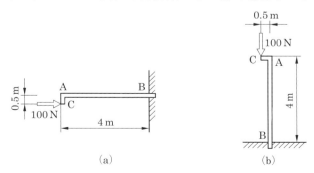

図4-33　街路灯の支柱を片持梁として解く

5 ゲルバー梁を解く

ゲルバー梁は，ヒンジの部分で仮想的に切断して解いていく。図 4-34 のゲルバー梁を解いてみよう。

1 ● 反力の計算

図(b)のように，ゲルバー梁を分解し，単純梁部分のヒンジ C，D に働く力 R_C，R_D を求めると，[1]

$$R_C = \frac{60 \times 2}{6} = 20 \text{ kN}, \quad R_D = \frac{60 \times 4}{6} = 40 \text{ kN}$$

張出し梁部分 ABC，DEF の反力を求めると，

$$R_A = \frac{1}{4}(80 \times 2 - 20 \times 2) = 30 \text{ kN}, \quad R_B = \frac{1}{4}(80 \times 2 + 20 \times 6) = 70 \text{ kN}$$

$$R_E = \frac{1}{4}(40 \times 6 + 100 \times 2) = 110 \text{ kN}, \quad R_F = \frac{1}{4}(-40 \times 2 + 100 \times 2) = 30 \text{ kN}$$

2 ● 軸方向力の計算 軸方向力は生じていない。

3 ● せん断力の計算 各部分の梁のせん断力図を描くと，図(c)のようになり，これをまとめて同一基準線上に並べると，図(d)のように，ゲルバー梁のせん断力図となる。

AB 間でせん断力の符号が変わる位置 c を求めると，

$$30 - 20c = 0 \quad \text{から，} \quad c = 1.5 \text{ m}$$

4 ● 曲げモーメントの計算

図(b)の各梁の曲げモーメントを求めると，[2]

$$M_A = 0 \text{ kN·m}, \quad M_m = 30 \times 1.5 - 20 \times 1.5 \times \frac{1.5}{2} = 22.5 \text{ kN·m}$$

$$M_B = 30 \times 4 - 80 \times 2 = -40 \text{ kN·m}, \quad M_C = 0 \text{ kN·m}$$

$$M_G = 20 \times 4 = 80 \text{ kN·m}, \quad M_D = 0 \text{ kN·m}, \quad M_E = -40 \times 2 = -80 \text{ kN·m}$$

$$M_H = -40 \times 4 + 110 \times 2 = 60 \text{ kN·m}, \quad M_F = 0 \text{ kN·m}$$

図(e)の各梁の曲げモーメント図をまとめて同一基準線上に並べた図(f)が，ゲルバー梁の曲げモーメント図となる。

5 ● 反曲点の位置の計算

反曲点の位置を点 A から右へ h_1，点 E から右へ h_2 とすると，

$$30 \times h_1 - 20 \times h_1 \times \frac{h_1}{2} = 0 \quad \text{より，} \quad h_1{}^2 - 3h_1 = 0$$

ゆえに， $h_1 = 3 \text{ m}$ [3]

$$-40(2 + h_2) + 110h_2 = 0 \quad \text{より，} \quad h_2 = 1.14 \text{ m}$$

[1] ゲルバー梁の反力を求めるときは，まず，単純梁部分から計算して，ヒンジに働く力を求める。

[2] ヒンジ C，D は，自由に回転できるので，釣合いを保つためにはヒンジまわりの曲げモーメントは 0 となる必要がある。
ゲルバー梁の曲げモーメント図を描くとき，ヒンジでは必ず曲げモーメントが 0 になる。

[3] $h_1 = 0$ の位置すなわち点 A は，梁の端なので，反曲点ではない。

したがって，反曲点は，点 A の右 3 m の点 H_1 と，ヒンジの点 C，D，および，点 E の右 1.14 m の点 H_2 である。図 4-34(g) は，ゲルバー梁の変形の概略図である。

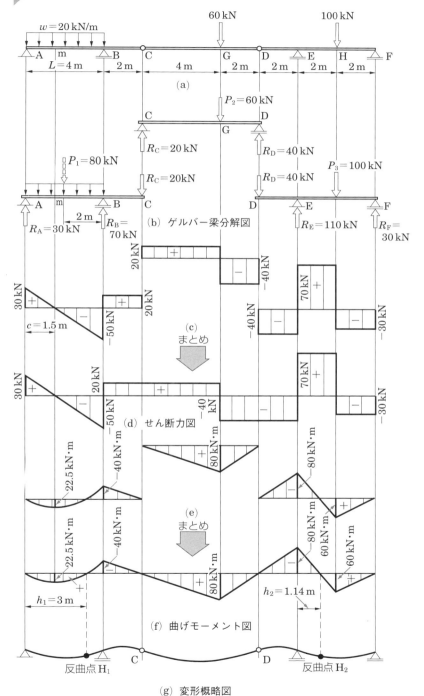

(a)

(b) ゲルバー梁分解図

(c) まとめ

(d) せん断力図

(e) まとめ

(f) 曲げモーメント図

(g) 変形概略図

図 4-34　ゲルバー梁

1. 図 4-35 の単純梁を解け。

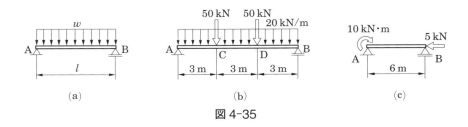

図 4-35

2. 図 4-36 の梁を解け。

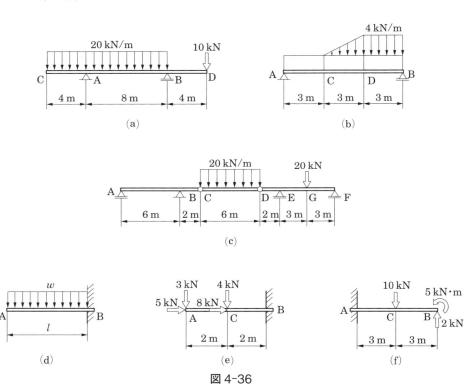

図 4-36

第5章

梁の影響線

移動する荷重

　これまでは，梁に作用する荷重は移動しないものとして，梁の任意の点に生じるせん断力や曲げモーメントの計算方法と，梁の各点で異なるこれらの値を，せん断力図や曲げモーメント図として表すことを学んだ。

　この章では，梁に作用する荷重が移動するときに，梁の反力や任意の点に生じるせん断力・曲げモーメントの値を求め，その図示方法について学ぶ。また，梁の内部に生じる最大のせん断力・曲げモーメントの求め方についても学ぶ。

●荷重の作用位置は，梁の内力にどのように影響するのだろうか。

●梁の種類によって，内力の変化にはどのような違いがあるのだろうか。

●梁のせん断力や曲げモーメントが最大になる荷重の作用位置は，梁のどこだろうか。

1 移動荷重と影響線

1 移動荷重

これまでは，梁に作用する荷重は移動しないとして取り扱ってきた。ここでは，たとえば一輪車のような移動する集中荷重が梁に作用する場合を考える。この荷重を**移動荷重**❶という（図5-1）。

また，列車や自動車の車輪のように，一定の間隔を保ったまま移動する集中荷重の集まりを，**連行荷重**❷という（図5-2）。

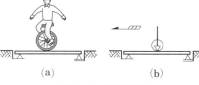

図 5-1　移動荷重

❶moving load；
図 5-1(b)のように図示する。
❷travelling load

(a) 列車荷重

(b) 自動車荷重

図 5-2　連行荷重

2 影響線

梁に移動荷重が作用すると，荷重の作用位置によって，梁の反力や，梁に生じるせん断力・曲げモーメントの値は変化する。この変化をあらかじめ図示しておくと，それらの値が最大となる荷重の作用位置とその値を求める場合にたいへん便利である。❸

梁全体にわたり，単位荷重1❹を移動させたときの梁の反力や，梁の任意の点に生じるせん断力・曲げモーメントの値を求め，それらを単位荷重1の作用位置に適当な尺度の縦距で表した図を**影響線**❺という。

また，大きさ P の荷重が作用する場合は，単位荷重1の P 倍の荷重が作用すると考えて計算すればよい。

❸列車が通る橋などの，おもに移動荷重を受ける構造物を設計する場合に必要となる。
❹unit load；
大きさが1の集中荷重のことをいう。
❺influence line；
梁の構造や寸法およびせん断力や曲げモーメントを求めようとする点の位置によって定まる。

2 単純梁の影響線

第4章で学んだように，単純梁の解きかたを理解することは，さまざまな梁を解く基本であった。同じように，単純梁の影響線を理解することは，ほかの梁の影響線を考える基本である。

1 反力の影響線

図5-3は，単純梁に単位荷重1が点Bから点Aに向かって移動している。このとき，点Aの反力R_Aを求めてみよう。

図(a)のように，単位荷重1が点Bに作用する場合は，$R_A = 0$である。[1]図(b)のように，点Bからの距離$b = 0.1l$に作用する場合は，次のようになる。

$$R_A = \frac{Pb}{l} = \frac{1 \times 0.1\,l}{l} = 0.1$$

図(c)のように，$b = 0.2l$に作用する場合は，次のようになる。

$$R_A = \frac{Pb}{l} = \frac{1 \times 0.2\,l}{l} = 0.2$$

以下同様に，$b = 0.3l$，$0.4l$，……，l（点A）の距離に単位荷重1が作用する場合の反力R_Aは，それぞれ0.3，0.4，……，1.0と変化する。このR_Aの値を，図(f)のように，梁に平行に引いた基準線から，適当な尺度の縦距として表し，それらを結んだ直線を，反力R_Aの**影響線**という。[2]

また，点Bの反力R_Bは，

$$R_B = \frac{Pa}{l} = \frac{1 \times a}{l}$$

であり，点Aから単位荷重1の作用点までの距離$a = l$（点B），$0.9l$，

❶p.31 式(2-1)において，$b = 0$を代入すると$R_A = 0$となる。

❷基準線より下側を正（＋），上側を負（－）とする。

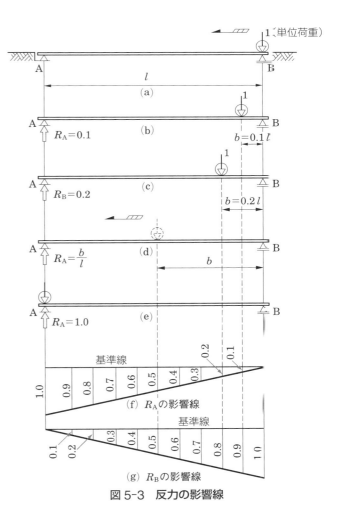

図5-3 反力の影響線

$0.8\,l$，……，0（点 A）を代入して求めた値を図示すれば，図 5-3(g) のように，反力 R_{B} の影響線が描ける。

次に，単純梁に移動する単位荷重 1 が作用する場合に，その作用位置と影響線との関係について考えてみよう。

図 5-4(a)のように，支間 l の単純梁に，点 A より x の点に単位荷重 1 が作用するとき，反力 R_{A}，R_{B} は，

$$R_{\mathrm{A}} = 1 \times \left(\frac{l-x}{l}\right) = 1 - \frac{x}{l}, \ \ R_{\mathrm{B}} = 1 \times \frac{x}{l} = \frac{x}{l} \qquad (5\text{-}1)$$

である。この反力の大きさは，図 5-3(f)，(g)で求めた影響線において，点 A より x の点での縦距を表している。したがって R_{A} の影響線を表す縦距を y，R_{B} の影響線を表す縦距を y' とすると❶，y，y' は，式(5-1)より，次のように表される。

反力の影響線の縦距	$$y = 1 - \frac{x}{l}, \quad y' = \frac{x}{l} \qquad (5\text{-}2)$$

単位荷重 1 の移動は，式(5-2)の x の変化で表されるので，図 5-4(b)，(c)のように，R_{A} の影響線と R_{B} の影響線は，x に関する一次式，つまり直線となる❷。

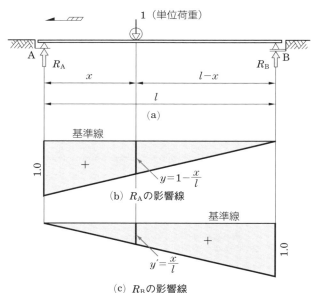

(a)

(b) R_{A} の影響線

(c) R_{B} の影響線

図 5-4 反力の影響線

❶ x と l は，長さの単位であるので，y と y' は無次元である。

❷ x に，0，$0.1\,l$，$0.2\,l$，……，$0.9\,l$，l を代入すると，表 5-1 のようになり，図 5-3(f)，(g)と同じ結果となる。

表 5-1 反力の影響線の縦距

x	y	y'
0	1	0
$0.1\,l$	0.9	0.1
$0.2\,l$	0.8	0.2
$0.3\,l$	0.7	0.3
$0.4\,l$	0.6	0.4
$0.5\,l$	0.5	0.5
$0.6\,l$	0.4	0.6
$0.7\,l$	0.3	0.7
$0.8\,l$	0.2	0.8
$0.9\,l$	0.1	0.9
l	0	1

反力の影響線を用いると，単純梁に集中荷重や等分布荷重が作用した場合の反力を求めることができる。

　図 5-5(a)のように，集中荷重 $P = 200\,\mathrm{kN}$ と等分布荷重 $w = 60\,\mathrm{kN/m}$ が支間 $10\,\mathrm{m}$ の単純梁に作用する場合，反力 R_A，R_B を影響線を使って求めてみよう。

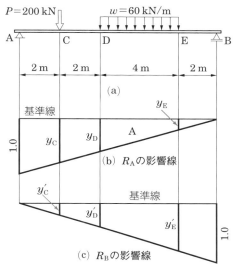

図 5-5　影響線を用いた梁の解法

1 ● 反力の影響線

　R_A の影響線は，式(5-2)より，$x = 0$(点 A)のとき $y = 1$ を，基準線からの適当な尺度の縦距で表し，$x = l$(点 B)のときの $y = 0$(基準線上)の 2 点を直線で結べばよい(図(b))。

　R_B の影響線も同様に，$x = 0$ で $y' = 0$(基準線上)と $x = l$ で $y' = 1$ を直線で結べばよい(図(c))。

2 ● 影響線の縦距の計算

●集中荷重下の影響線の縦距

　点 C における，R_A, R_B の影響線の縦距 y_C, y'_C は，式(5-2)より，

$$y_\mathrm{C} = 1 - \frac{x}{l} = 1 - \frac{2}{10} = 0.8, \quad y'_\mathrm{C} = \frac{x}{l} = \frac{2}{10} = 0.2$$

となる。

●等分布荷重下の影響線で囲まれた面積[1]

　点 D，E における影響線の縦距は，

$$y_\mathrm{D} = 1 - \frac{x}{l} = 1 - \frac{4}{10} = 0.6, \quad y'_\mathrm{D} = \frac{x}{l} = \frac{4}{10} = 0.4$$

[1]等分布荷重を集中荷重の集合と考えれば，等分布荷重が作用する区間における縦距は，それぞれの点の縦距の合計，すなわち面積である。

$$y_E = 1 - \frac{x}{l} = 1 - \frac{8}{10} = 0.2, \quad y'_E = \frac{x}{l} = \frac{8}{10} = 0.8$$

となる。したがって，DE 間における基準線と，R_A の影響線とで囲まれる面積を A，R_B の影響線とで囲まれる面積を A' とすると，

$$A = \frac{(0.6 + 0.2) \times 4}{2} = 1.6 \,\text{m} \quad ❶$$

$$A' = \frac{(0.4 + 0.8) \times 4}{2} = 2.4 \,\text{m}$$

となる。

❶反力の影響線は，縦距の単位が無次元であるため，面積の単位は m となる。

3 ● 反力の計算

求める反力は，集中荷重によるものと等分布荷重によるものを合計したものである。

（集中荷重によるもの）＝（集中荷重下の影響線の縦距）×（集中荷重）

（等分布荷重によるもの）

　　　　　＝（等分布荷重下の影響線で囲まれた面積）×（等分布荷重）

したがって，反力 R_A，R_B は，

$$R_A = y_C P + A w = 0.8 \times 200 \,\text{kN} + 1.6 \,\text{m} \times 60 \,\text{kN/m}$$

$$= 256 \,\text{kN}$$

$$R_B = y'_C P + A' w = 0.2 \times 200 \,\text{kN} + 2.4 \,\text{m} \times 60 \,\text{kN/m}$$

$$= 184 \,\text{kN}$$

となる。

問1 図 5-4 で，R_A，R_B の和はつねに 1 になることを説明せよ。

問2 図 5-6 の単純梁の反力 R_A を影響線を使って求めよ。

問3 図 5-7 のように等分布荷重 w が作用する場合，換算集中荷重 P として影響線を利用しても，値が正しいことを数値で確かめよ。

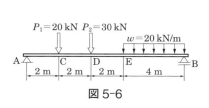

図 5-6

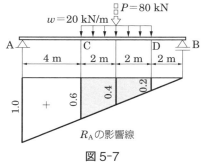

図 5-7

2　せん断力の影響線

図 5-8(a)の支間 l の単純梁において，点 A から距離 a の点を i とするとき，点 i に生じるせん断力 S_i の影響線を考えてみよう。

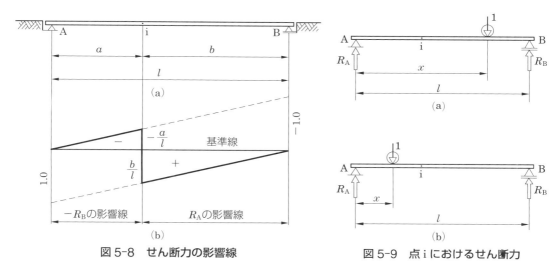

図 5-8　せん断力の影響線　　　　　図 5-9　点 i におけるせん断力

図 5-9(a)のように，単位荷重 1 が iB 間に作用する場合，点 i に生じるせん断力は，

$$S_i = R_A$$

である。図(b)のように，Ai 間に作用する場合は，

$$S_i = R_A - 1 = - R_B$$

となる。**❶**

したがって，せん断力の影響線は，図 5-8(b)のように，**iB 間は R_A の影響線を，Ai 間は反力 R_B に負号をつけた $- R_B$ の影響線を 描けばよい。❷**せん断力の影響線は，基準線より上側に負の値を，下側に正の値をとるものとする。

図 5-10(a)のように，$P = 200\,\text{kN}$，$w = 60\,\text{kN/m}$ が単純梁に作用する場合，点 i に生じるせん断力 S_i を影響線を使って求めよ。

1● せん断力の影響線

　　点 i のせん断力の影響線は，iB 間は R_A の影響線，Ai 間は $- R_B$ の影響線を描いて図 5-10(b)のようになる。

2● 影響線の縦距の計算

　　●集中荷重下の影響線の縦距

❶単位荷重 1 が点 i の右側から左側に通過するとき，点 i に生じるせん断力は，

　$S_{i右} = R_A = \dfrac{b}{l}$ から，

　$S_{i左} = - R_B = - \dfrac{a}{l}$ に

急激に変化する。

❷R_B の影響線の正負を反転した図である。

点 C におけるせん断力の影響線の縦距 y_C は，式(5-2)の R_B の影響線の式に負号をつけて，

$$y_C = -y' = -\frac{x}{l} = -\frac{2}{10} = -0.2$$

として求まる。

●等分布荷重下の影響線で囲まれた面積

点 D におけるせん断力の影響線の縦距は，式(5-2)の R_A の影響線の式より，

P = 200 kN
w = 60 kN/m
A
C
i
D
B
2 m
1 m
3 m
4 m
(a)
y_C
−
−0.3
−1.0
1.0
0.7
+
y_D
A
(b) S_i の影響線

図 5-10

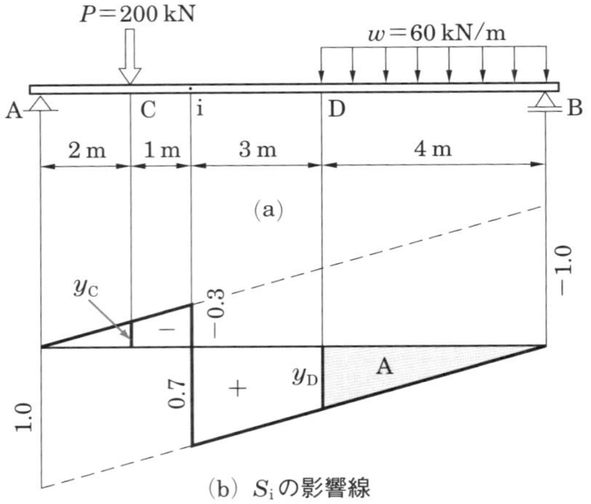

$$y_D = 1 - \frac{x}{l} = 1 - \frac{6}{10} = 0.4$$

となる。したがって，DB 間における基準線と S_i の影響線とで囲まれる面積 A は，次のようになる。

$$A = \frac{0.4 \times 4}{2} = 0.8\,\text{m}$$

3 ● せん断力の計算

点 i のせん断力 S_i は，集中荷重によるものと等分布荷重によるものを合計すれば求められる。

$$S_i = y_C P + Aw$$
$$= (-0.2) \times 200\,\text{kN} + 0.8\,\text{m} \times 60\,\text{kN/m} = \mathbf{8\,kN}$$

問 4 図 5-11 の単純梁の点 i のせん断力 S_i を，影響線を使って求めよ。

w = 20 kN/m
A
i
C
B
2 m
2 m
6 m

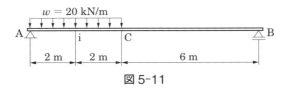

図 5-11

3 最大せん断力と絶対最大せん断力

1 最大せん断力

単純梁に移動荷重が作用すると，任意の点 i に生じるせん断力は，荷重の作用位置によって変化する。それらのなかで大きさが最大のものを点 i における**最大せん断力** S_{max} という。せん断力の影響線からあきらかなように，最大せん断力は移動荷重が点 i 上に作用した

ときに生じる。連行荷重のように複数の荷重が作用する場合は，それぞれの集中荷重が点 i に作用するときの点 i のせん断力を計算し，それらを比較することで求められる。

図 5-12(a)のように，支間 10 m の単純梁に連行荷重が作用する場合，支点 A から 4 m の位置の点 i の最大せん断力を求めてみよう。

1● せん断力の影響線

点 i のせん断力の影響線は，iB 間は R_A の影響線，Ai 間は $-R_B$ の影響線を描いて，図(d)のようになる。

2● 影響線の縦距の計算

●集中荷重下の影響線の縦距

式(5-2)より，点 C，i，D の影響線の縦距は次のようになる。❶

$$y_C = -0.2, \quad y_{i左} = -0.4, \quad y_{i右} = 0.6, \quad y_D = 0.4$$

❶Ai 間の影響線の縦距は，式(5-2)の y' の式に負号をつけることに注意する。

3● 最大せん断力の計算

図(b)のように，荷重が作用しているときのせん断力 $S_{i(b)}$ は，

$$S_{i(b)} = y_{i右}P_1 + y_D P_2 = 0.6 \times 40 + 0.4 \times 60 = 48\,\text{kN}$$

図(c)のように，荷重が作用しているときのせん断力 $S_{i(c)}$ は，

$$S_{i(c)} = y_C P_1 + y_{i左}P_2 = (-0.2) \times 40 + (-0.4) \times 60 = -32\,\text{kN}$$

となる。したがって，図(b)の場合のせん断力が最大となり，その最大値 S_{max} は，$S_{max} = 48\,\text{kN}$ である。

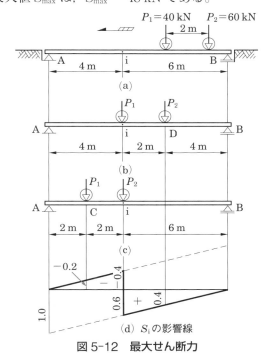

図 5-12　最大せん断力

2　単純梁の影響線 | **103**

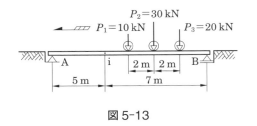

問 5 図 5-13 のよう
に，単純梁に連
行荷重が作用す
る場合，点 i の
最大せん断力を
求めよ。

図 5-13

2 絶対最大せん断力

単純梁の任意の各点における最大せん断力の中で，最
大の値を**絶対最大せん断力**[1] S_{abmax} という。

図 5-14(a)の単純梁において，任意の点 i に生じるせ
ん断力について考える。

図(b)のように，点 i を点 A に移動させると，せん断
力の影響線は反力 R_A の影響線と一致し，点 A での縦
距は 1 となる。一方，図(c)のように，点 i を点 B に移
動させると，せん断力の影響線は $-R_B$ の影響線と一致
し，点 B での縦距は -1 となる。つまり，各支点で影
響線の縦距の絶対値が最大となる。

したがって，点 A で正($+$)の，点 B で負($-$)の絶対
最大せん断力が生じる。連行荷重が作用する場合の絶対
最大せん断力は，それぞれの集中荷重が各支点に作用す
るときのせん断力を計算し比較して求める。

[1]absolute maximum shearing force

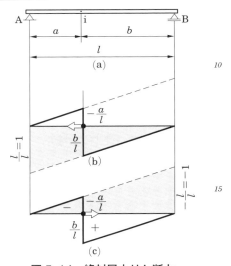

図 5-14　絶対最大せん断力

4 曲げモーメントの影響線

図 5-15(a)の支間 l の単純梁において，点 A から距離 a の点を i
とするとき，点 i に生じる曲げモーメントの影響線を描いてみよう。

図 5-16(a)のように，iB 間に単位荷重が作用する場合，点 i の曲
げモーメント M_i は，

$$M_i = R_A a$$

であり，図(b)のように，単位荷重が Ai 間に作用する場合の曲げ
モーメント M_i は，次式のように表される。

$$M_i = R_B b$$

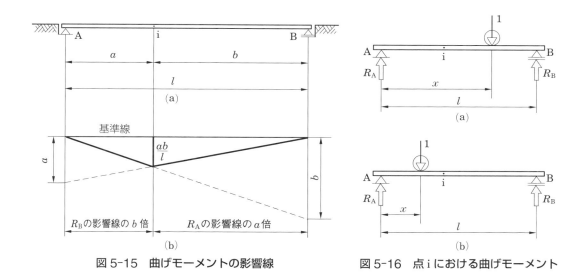

A
i
B
a
b
l
(a)
基準線
ab/l
a
b
RBの影響線のb倍
RAの影響線のa倍
(b)

図 5-15　曲げモーメントの影響線

1
A
i
B
RA
RB
x
l
(a)
1
A
i
B
RA
RB
x
l
(b)

図 5-16　点 i における曲げモーメント

したがって，M_i の影響線は，図 5-15(b)のように，**iB 間は R_A の影響線を a 倍，Ai 間は R_B の影響線を b 倍したものを描けばよい。**

曲げモーメント影響線は，基準線より上側に負の値を，下側に正の値をとるものとする。

例題 2　図 5-17(a)の単純梁の点 i の曲げモーメントを，影響線を使って求めよ。

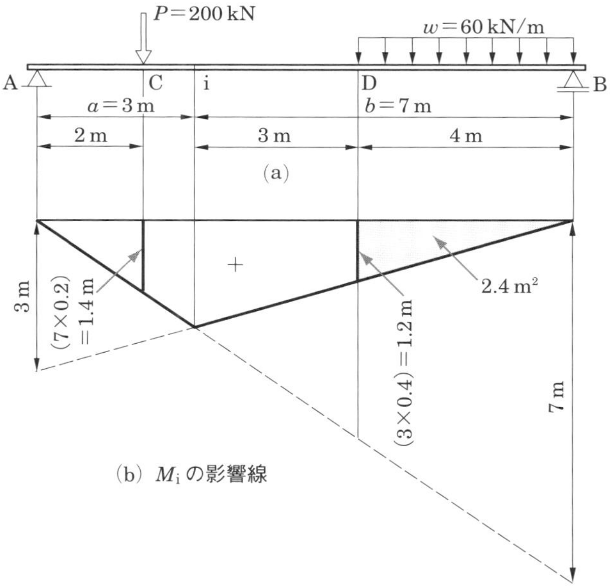

P = 200 kN
w = 60 kN/m
A
C
i
D
B
a = 3 m
b = 7 m
2 m
3 m
4 m
(a)
+
3 m
(7×0.2) = 1.4 m
(3×0.4) = 1.2 m
2.4 m²
7 m
(b) Mi の影響線

図 5-17

1 ● 曲げモーメントの影響線

図 5-15(b) において，支間 $l = 10\,\text{m}$，$a = 3\,\text{m}$，$b = 7\,\text{m}$ とすれば，M_i の影響線は図 5-17(b) のようになる。

2 ● 影響線の縦距の計算

●集中荷重下の影響線の縦距

集中荷重下の影響線の縦距 y_C は，式(5-2)の反力 R_B の影響線の式を b 倍して次のように求められる。

$$y_C = b\frac{x}{l} = 7 \times \frac{2}{10} = 1.4\,\text{m}$$

●等分布荷重下の影響線で囲まれた面積

点 D における縦距 y_D は，式(5-2)の反力 R_A の影響線の式を a 倍して，次のように求められる。

$$y_D = a\left(1 - \frac{x}{l}\right) = 3 \times \left(1 - \frac{6}{10}\right) = 1.2\,\text{m}$$

したがって，DB 間における基準線と M_i の影響線とで囲まれる面積 A は，次のようになる。❶

$$A = 1.2 \times 4 \times \frac{1}{2} = 2.4\,\text{m}^2$$

3 ● 曲げモーメントの計算

点 i の曲げモーメント M_i は，集中荷重によるものと等分布荷重によるものを合計すれば求められる。

$$M_i = y_C P + Aw$$
$$= 1.4\,\text{m} \times 200\,\text{kN} + 2.4\,\text{m}^2 \times 60\,\text{kN/m} = \mathbf{424\,kN\cdot m}$$

❶曲げモーメントの影響線は，縦距の単位が m であるため，面積の単位は m^2 となる。

問6 図 5-18 の単純梁の点 i の曲げモーメントを，影響線を使って求めよ。

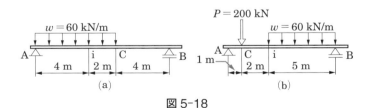

図 5-18

---

5 最大曲げモーメントと絶対最大曲げモーメント

1 最大曲げモーメント

図 5-19(a)のように，単純梁に移動荷重が作用すると，任意の点 i に生じる曲げモーメントは，荷重の作用位置によって変化する。

それらの中で大きさが最大のものを，点iにおける**最大曲げモーメント** $M_{\max}$ という。図5-19(b)の曲げモーメントの影響線から，最大曲げモーメントは移動荷重が点i上に作用したときに生じる。連行荷重のように複数の荷重が作用する場合は，それぞれの集中荷重が点iに作用するときの曲げモーメントを計算し，それらを比較することで求められる。

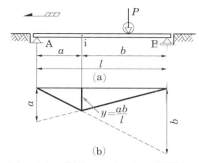

図5-19　曲げモーメントの影響線

図5-20(a)のように，支間10 mの単純梁に連行荷重が作用する場合，点Aから4 mの位置の点iに生じる最大曲げモーメントを求めてみよう。

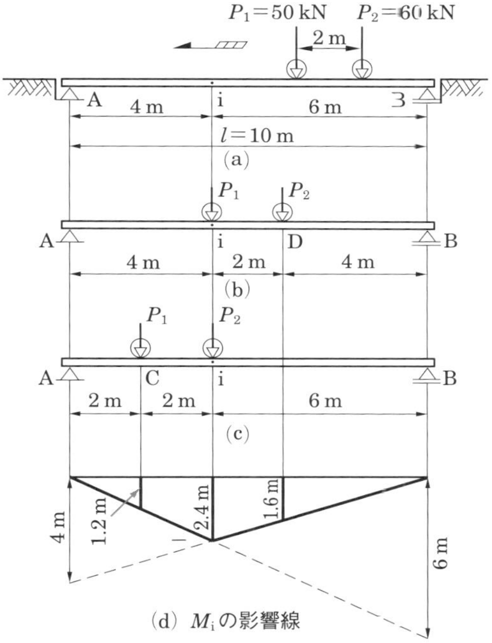

1 ● 曲げモーメントの影響線

点iの曲げモーメントの影響線は，iB間は R_A の影響線の a 倍，Ai間は R_B の影響線の b 倍を描いて，図(d)のようになる。

2 ● 影響線の縦距の計算

●集中荷重下の影響線の縦距

集中荷重下の影響線の縦距 y_C，y_i，y_D は次のようになる。

$$y_C = b\frac{x}{l} = 6 \times \frac{2}{10} = 1.2 \text{ m}$$

$$y_i = b\frac{x}{l} = 6 \times \frac{4}{10} = 2.4 \text{ m}$$

$$y_D = a\left(1 - \frac{x}{l}\right) = 4 \times \left(1 - \frac{6}{10}\right) = 1.6 \text{ m}$$

3 ● 最大曲げモーメントの計算

図(b)のように，荷重が作用しているときの曲げモーメント $M_{i(b)}$ は，

$$M_{i(b)} = y_i P_1 + y_D P_2 = 2.4 \times 50 + 1.6 \times 60 = 216 \text{ kN·m}$$

図(c)のように，荷重が作用しているときの曲げモーメント $M_{i(c)}$ は，

$$M_{i(c)} = y_C P_1 + y_i P_2 = 1.2 \times 50 + 2.4 \times 60 = 204 \text{ kN·m}$$

となる。したがって，図(b)の場合の曲げモーメントが最大となり，その最大値 $M_{\max}$ は，$M_{\max} = 216 \text{ kN·m}$ である。

図5-20　最大曲げモーメント

問7 図 5-21 のように，支間 10 m の単純梁に連行荷重が作用する場合，点 i の最大曲げモーメントを求めよ。

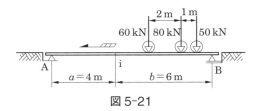

図 5-21

2 絶対最大曲げモーメント

梁の任意の各点における最大曲げモーメントの中で，最大の値を**絶対最大曲げモーメント**❶ M_{abmax} という。単一の移動荷重が載荷される単純梁では，梁の中央において生じるが，連行荷重の場合はこの限りではない。図 5-22 において，絶対最大曲げモーメントの生じる点を m とすれば，点 m は次のようにして求められる。

❶absolute maximum bending moment

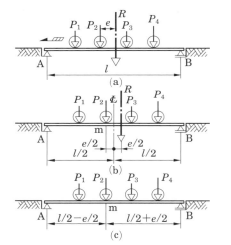

図 5-22　P_2 の作用する点で絶対最大曲げモーメントが生じる場合

❷合力 R の作用位置は点 O の取りかたに依存しない。

❸図(b)は，合力 R と荷重 P_2 の距離を e とした場合である。R と P_3 の距離を e とした場合も同様に計算する。

1 ● 梁に載せた連行荷重の合力 R とその作用位置 e を求める。合力 R の大きさは，梁に作用しているすべての荷重を合計すれば求まる。作用位置は，任意の点 O における各々の集中荷重による力のモーメントの合計と合力 R による力のモーメントが等しいことを利用して求めることができる❷（図(a)）。

2 ● 合力 R と，これに近い荷重 P_2 または P_3 との距離 e を，梁の中央で二等分する位置に荷重を配置する❸（図(b)）。

3 ● このとき，P_2 または P_3 の作用する点が絶対最大曲げモーメントの生じる点となるので，両方の場合の曲げモーメントを計算し，大きい方が絶対最大曲げモーメントとなる。

5

10

15

20

3 張出し梁の影響線

張出し梁の影響線は，単純梁の影響線を利用すれば簡単に描ける。

ここでは，影響線を利用して張出し梁に生じる反力・せん断力・曲げモーメントを求める。

1 反力の影響線

図5-23(a)の張出し梁について考える。AB間に単位荷重1が作用するときの反力の影響線は，単純梁における反力の影響線と同じである。

張出し部分のCA間に単位荷重1が作用する場合の反力R_A, R_Bを求めてみよう。

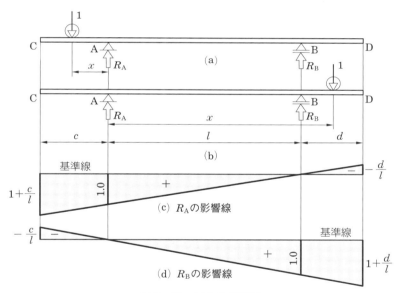

図5-23 反力の影響線

$\Sigma M_{(B)} = 0$ から，$-1 \times (l+x) + R_A l = 0$

ゆえに，$R_A = \dfrac{l+x}{l} = 1 + \dfrac{x}{l} = 1 - \dfrac{(-x)}{l}$ (5-3)

$\Sigma M_{(A)} = 0$ から，$-1 \times x - R_B l = 0$

ゆえに，$R_B = -\dfrac{x}{l} = \dfrac{(-x)}{l}$ (5-4)

式(5-3), (5-4)は，点Aから左側の距離を負と考えれば，単純

❶ 点Aを原点とし，右向きの距離を正とすれば，点Aから左向きの距離は負となる。

梁の反力の式(5-1)と同じである。したがって，CA 間における反力の影響線は単純梁における反力の影響線を延長すればよい。

図 5-23(b)のように，BD 間に単位荷重が作用するとき，反力 R_A，R_B は，次のようになる。

$\Sigma M_{(B)} = 0$ から，$R_A l + 1 \times (x - l) = 0$

ゆえに，$R_A = \dfrac{-(x - l)}{l} = 1 - \dfrac{x}{l}$ (5-5)

$\Sigma M_{(A)} = 0$ から，$-R_B l + 1 \times x = 0$

ゆえに，$R_B = \dfrac{x}{l}$ (5-6)

式(5-5)，(5-6)は，式(5-1)と同じである。したがって，張出し梁の反力の影響線は，**単純梁 AB の反力の影響線を張出し部分まで延長する**ことによって描ける。

図 5-24 のように，張出し梁に集中荷重 $P = 200 \text{ kN}$ と等分布荷重 $w = 60 \text{ kN/m}$ が作用するとき，反力 R_A，R_B を影響線を使って求めよ。

1 ● 反力の影響線

反力 R_A，R_B の影響線は，単純梁 AB の反力の影響線を張出し部分まで延長すればよい(図(b)，(c))。

2 ● 影響線の縦距の計算

● 集中荷重下の影響線の縦距

点 E における反力 R_A，R_B の影響線の縦距 y_E，y'_E は，式(5-3)，(5-4)より，

$$y_E = 1 - \frac{(-x)}{l} = 1 - \frac{(-2)}{10} = 1.2$$

$$y'_E = \frac{(-x)}{l} = \frac{(-2)}{10} = -0.2$$

● 等分布荷重下の影響線で囲まれた面積

点 F，D における反力 R_A，R_B の影響線の縦距は，式(5-5)，(5-6)より，それぞれ，

$$y_F = 0.5, \quad y'_F = 0.5, \quad y_D = -0.4, \quad y'_D = 1.4$$

と求まる。したがって，FD 間における基準線と反力の影響線とで囲まれる面積 A，A' は，次のようになる。

$A = (\text{FB 間の面積}) + (\text{BD 間の面積})$ ❶

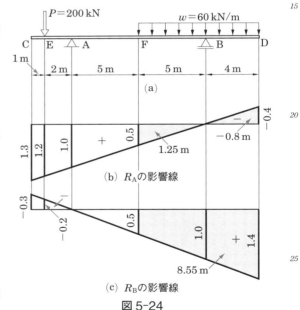

図 5-24

❶ 影響線より上側の面積は，縦距が負であるからその値は負となる。

$$= \frac{0.5 \times 5}{2} + \frac{(-0.4) \times 4}{2} = 1.25 + (-0.8) = 0.45 \,\text{m}$$

$A' = (\text{FD 間の台形の面積})$

$$= (0.5 + 1.4) \times \frac{9}{2} = 8.55 \,\text{m}$$

3 ● 反力の計算

反力 R_A，R_B は，それぞれ次のようになる。

$$R_A = y_E P + Aw = 1.2 \times 200 + 0.45 \times 60 = \textbf{267 kN}$$

$$R_B = y'_E P + A'w = (-0.2) \times 200 + 8.55 \times 60 = \textbf{473 kN}$$

| 問8 | 図 5-25 の張出し梁の 反力を影響線を使って 求めよ。 |

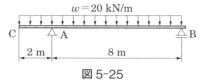

図 5-25

2　せん断力の影響線

図 5-26(a) の張出し梁において，AB 間の点 i に生じるせん断力 S_i の影響線を求める。

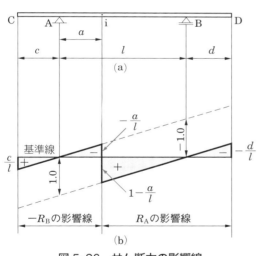

図 5-26　せん断力の影響線

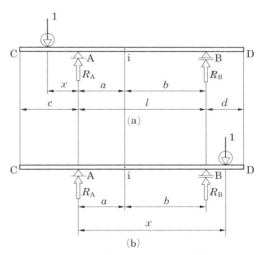

図 5-27　点 i におけるせん断力

図 5-27(a) のように，単位荷重 1 が CA 間に作用するとき，点 i に生じるせん断力 S_i は，

$$S_i = -1 + R_A = -R_B$$

また，図(b) のように，単位荷重 1 が BD 間に作用するときは，

$$S_i = R_A$$

であり，これらはいずれも単純梁のせん断力と同じ式である。

さらに，単位荷重が AB 間に作用する場合も単純梁と同じであるので，張出し梁のせん断力の影響線は，図 5-26(b)のように，**単純梁 AB のせん断力の影響線を張出し部分まで延長することによって描ける。**

例題 4　図 5-28 の張出し梁の点 i のせん断力を，影響線を使って求めよ。

解答

1 ● せん断力の影響線

単純梁 AB におけるせん断力の影響線を，左右の張出し部分まで延長すると，図(b)のようになる。

2 ● 影響線の縦距の計算

●集中荷重下の影響線の縦距

点 E の影響線の縦距 y_E は，

$$y_E = \frac{x}{l} = -\frac{(-2)}{10} = 0.2$$

となる。

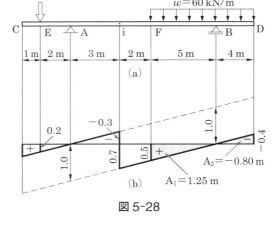

図 5-28

●等分布荷重下の影響線で囲まれた面積

iD 間は反力 R_A の影響線を張出し部分まで延長したものなので，点 F, D の縦距は式(5-1)より，

$$y = 1 - \frac{x}{l} = 1 - \frac{x}{10}$$

に，$x = 5\,\text{m}$, 14 m を代入して，$y_F = 0.5$, $y_D = -0.4$ となる。

したがって，区間 FD における基準線と影響線とで囲まれる面積 A は，区間 FB における面積 A_1 と区間 BD における面積 A_2 を合計したものである。

$$A = A_1 + A_2 = \frac{0.5 \times 5}{2} + \frac{(-0.4) \times 4}{2}$$

$$= 1.25 + (-0.80) = 0.45\,\text{m}$$

3 ● せん断力の計算

以上より，せん断力 S_i は，次のようになる。

$$S_i = y_E P + Aw = 0.2 \times 200 + 0.45 \times 60 = \mathbf{67\,kN}$$

問 9　図 5-29 の張出し梁において，CA 上の点 i および，BD 上の点 i′ におけるせん断力の影響線を描け。

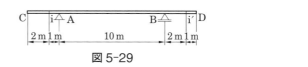

図 5-29

図 5-30(a)の張出し梁において，AB 間の点 i に生じる曲げモーメントの影響線を求める。

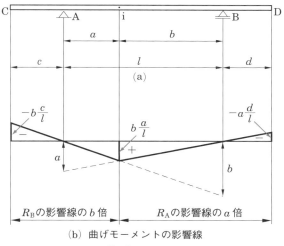

(a)

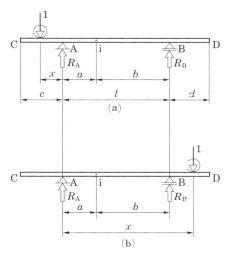

（b）曲げモーメントの影響線

図 5-30　曲げモーメントの影響線

図 5-31　点 i における曲げモーメント

図 5-31(a)のように，CA 間に単位荷重 1 が作用するときは，点 i の右側の釣合いより，　　　　　$M_i = R_B b$

図 5-31(b)のように，単位荷重 1 が BD 間に作用するときは，点 i の左側の釣合いより，　　　　　$M_i = R_A a$

となり，単純梁と同じ式になる。AB 間に単位荷重が作用するときも同様である。したがって張出し梁の曲げモーメントの影響線は，図 5-30(b)のように，**単純梁 AB の曲げモーメントの影響線を張出し部分まで延長することによって描ける。**

図 5-32 の張出し梁の点 i の曲げモーメントを，影響線を使って求めよ。

解答

1 ● 曲げモーメントの影響線

単純梁 AB における曲げモーメントの影響線を，左右の張出し部分まで延長すると，図(b)のようになる。

2 ● 影響線の縦距の計算

●集中荷重下の影響線の縦距

点 E の影響線の縦距は，

$$y_E = b \frac{x}{l} = 7 \times \frac{(-2)}{10} = -1.4 \,\text{m}$$

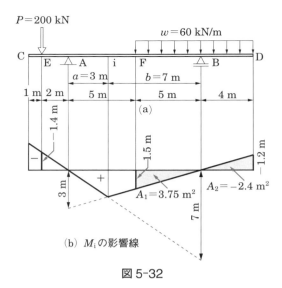

図 5-32

● 等分布荷重下の影響線で囲まれた面積

点 F, D の縦距は, 次のようになる。

$$y_F = a\left(1 - \frac{x}{l}\right) = 3 \times \left(1 - \frac{5}{10}\right) = 1.5 \text{ m}$$

$$y_D = a\left(1 - \frac{x}{l}\right) = 3 \times \left(1 - \frac{14}{10}\right) = -1.2 \text{ m}$$

したがって, 区間 FD における基準線と影響線とで囲まれる面積 A は, 区間 FB における面積 A_1 と区間 BD における面積 A_2 を合計したものであり, 次のようになる。

$$A = A_1 + A_2 = \frac{1.5 \times 5}{2} + \frac{(-1.2) \times 4}{2}$$

$$= 3.75 + (-2.4) = 1.35 \text{ m}^2$$

3 ● 曲げモーメントの計算

以上より, 曲げモーメント M_i は次のようになる。

$$M_i = y_E P + Aw = (-1.4) \times 200 + 1.35 \times 60$$

$$= -199 \text{ kN·m}$$

問10 図 5-33 の張出し梁の点 i に生じるせん断力 S_i, 曲げモーメント M_i および反力 R_A, R_B を影響線を使って求めよ。

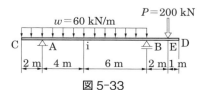

図 5-33

4 ゲルバー梁の影響線

すでに学んだように，ゲルバー梁は張出し梁と単純梁の組合せであるので，その影響線も張出し梁と単純梁の組合せである。

図5-34のゲルバー梁の反力（R_A，R_B），点 i のせん断力（S_i），曲げモーメント（M_i）の影響線を求める。

単位荷重1がGC間の張出し梁部分にあるときの影響線は，張出し梁の影響線と同じである。CD間に単位荷重1があるときは，張出し梁部分の点Cに CD 間を単純梁と考えたときの反力 R_C が伝達される。このとき反力 R_A は，$\Sigma R_{(B)} = 0$ から，

$$R_A \times 10 + R_C \times 2 = 0$$

よって，$R_A = -0.2 R_C$

したがって，CD間を単純梁と考えたときの反力 R_C の影響線を -0.2 倍すればよく，これは，張出し梁の点Cにおける影響線の縦距と一致する。よって反力 R_A の影響線は，点Cの縦距から点Dで0になるように直線で描けばよい。R_B の影響線も同様にして求めることができる。

せん断力 S_i，曲げモーメント M_i の影響線は，単位荷重1がCD間に作用するとき，次のようになる。

$$S_i = R_A = -0.2 R_C, \quad M_i = R_A \times 3 = -0.6 R_C$$

どちらも点 i では，張出し梁の縦距と一致し，点Dで0となる。

したがって，ゲルバー梁の影響線は，図(b)〜(e)となる。

また，DF間に単位荷重1が作用するときは，CD間の単純梁部分における反力 R_C はつねに0であり，張出し梁部分GCへの影響はないので，R_A，R_B，S_i，M_i はいずれも0である。

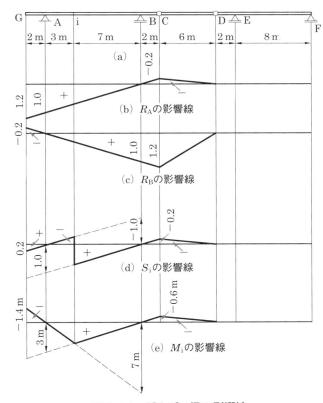

図5-34 ゲルバー梁の影響線

例題 6

図5-35(a)のように，$P_1 = 200$ kN，$P_2 = 200$ kN，$w = 60$ kN/m がゲルバー梁に作用するとき，R_B，S_i，M_i を影響線を使って求めよ。

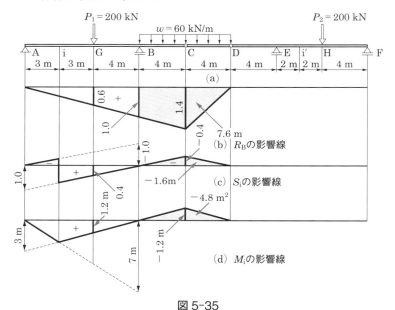

図 5-35

解答

影響線は，張出し梁部分 AC，単純梁部分 CD の影響線の組合せであり，図(b)，(c)，(d)のようになる。点 G，B，C の影響線の縦距は，反力 R_B については，

$$y_G = \frac{6}{10} = 0.6, \quad y_B = 1.0, \quad y_C = \frac{14}{10} = 1.4$$

せん断力 S_i については，

$$y_G = 1 - \frac{6}{10} = 0.4, \quad y_C = 1 - \frac{14}{10} = -0.4$$

曲げモーメント M_i については，

$$y_G = 3 \times \left(1 - \frac{6}{10}\right) = 1.2 \text{ m}, \quad y_C = 3 \times \left(1 - \frac{14}{10}\right) = -1.2 \text{ m}$$

となる。

したがって，反力 R_B，せん断力 S_i，曲げモーメント M_i は，

$R_B = 0.6 \times 200 + 7.6 \times 60 = \mathbf{576\ kN}$ ❶

$S_i = 0.4 \times 200 + (-1.6) \times 60 = \mathbf{-16\ kN}$ ❷

$M_i = 1.2 \times 200 + (-4.8) \times 60 = \mathbf{-48\ kN \cdot m}$ ❸

❶R_B の影響線における BD 間の面積。
❷S_i の影響線における BD 間の面積。
❸M_i の影響線における BD 間の面積。

問11 図5-35の点 i′ に生じるせん断力 $S_{i'}$，曲げモーメント $M_{i'}$ を影響線を使って求めよ。

5 片持梁の影響線

片持梁は梁のどちらか一端で支持される。したがって，鉛直反力は単位荷重1の作用位置に無関係につねに1である。すなわち，図5-36(a)，図5-37(a)の反力は，

$R_B = 1,\qquad R_A' = 1$ となる。

せん断力，曲げモーメントは自由端側での釣合いを考えれば容易に求めることができる。

図5-36(a)，図5-37(a)のように，単位荷重1がAi間またはiB′間を移動するとき，単位荷重が作用する点を自由端からxとすると，点iに生じるせん断力S_iと曲げモーメントM_iは，図5-36(a)より，

$$S_i = -1,\qquad M_i = (-1)\times(a-x) = x-a$$

図5-37(a)より

$$S_i = 1,\qquad M_i = (-1)\times(b-x) = x-b$$

となる。

単位荷重がiB間またはA′i間に作用する場合は，

$$S_i = 0,\qquad M_i = 0$$

となる。したがって，影響線は図5-36，図5-37において，図(b)，(c)，(d)のようになる。[1]

❶反力のモーメントの影響線は，i点が支点部分に移動したときの曲げモーメントの影響線と同じになる。

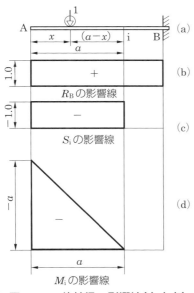

図5-36 片持梁の影響線（右支点）

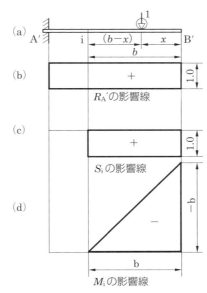

図5-37 片持梁の影響線（左支点）

1. 図 5-38 の単純梁の反力・点 i のせん断力・曲げモーメントを，影響線を使って求めよ。

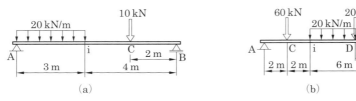

図 5-38

2. 図 5-39 の張出し梁の点 i のせん断力，曲げモーメントを，影響線を使って求めよ。

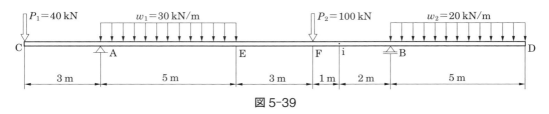

図 5-39

3. 図 5-40 の点 i のせん断力と曲げモーメントを，影響線を使って求めよ。

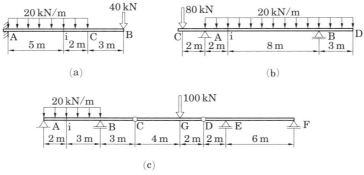

図 5-40

4. 図 5-41 のように，単純梁に連行荷重が作用すると
き，点 i の最大せん断力と最大曲げモーメントを求
めよ。また，梁 AB の絶対最大せん断力と絶対最大
曲げモーメントを求めよ。

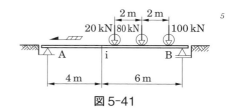

図 5-41

第6章

梁に生じる応力

梁の載荷実験

　日常生活のなかで，私たちはものづくりを通していろいろな経験を生かしている。

　たとえば，これまで学んだ梁部材を考えると，その断面積を大きくしたり，または同じ断面積でも，形状を横長ではなく縦長にしたほうが曲がりにくくなり，大きな荷重を支えることができることを知っている。すなわち，部材断面の大きさや形状は，その部材の強度や変形に大きくかかっていることがわかる。

　ここでは，より安全性・経済性が求められる構造物を設計するうえで，たいへん重要となる梁部材断面のもつ諸性質について学び，さらに，おもに曲げモーメントやせん断力の作用を受ける梁部材の断面に生じる応力の計算方法と，その応力に対して安全となる断面の基本的な設計方法について学ぶ。

● 断面の大きさや形状は，何に影響するのだろうか。

● 断面のもつ特徴は，何で表されるのだろうか。

● 部材として理想的な断面とは，どのようなものだろうか。

● 梁に荷重が作用すると，内部にはどのような応力が生じるのだろうか。

● 安全な梁の断面の決定は，どのような手順で行うのだろうか。

1 梁部材断面の性質

ここでは，梁部材の曲げに対する強さや変形に関する断面の性質について学ぶ。

1 断面一次モーメントと図心

構造物に使われる部材断面には，いろいろな形状のものがある。それら断面形状の中心を求めることは，部材断面の諸性質を知るための基本となる。

ここでは，おもに土木構造物に多い長方形を組み合わせた断面形状の中心の求め方について学ぶ。

1 断面一次モーメント

図 6-1 のように，面積 A の断面を n 個の微小面積に分割し，分割された任意の微小面積を a_i とする。

ここで，直交軸 x, y を任意に選び，微小面積 a_i の座標を (x_i, y_i) とする。このとき，$a_i y_i$ を $i = 1$ から n まで求め，それらを合計したものを，x 軸に関する**断面一次モーメント**❶という。

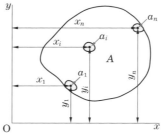

図 6-1　断面一次モーメント

同様に，$a_i x_i$ を $i = 1$ から n まで合計したものを，y 軸に関する断面一次モーメントという。すなわち，断面一次モーメントは，

$$（\text{断面一次モーメント}）＝｜（\text{断面積}）×（\text{座標値}）|❷ \text{ の和}$$

と定義され❸，x 軸に関する断面一次モーメントを Q_x, y 軸に関する断面一次モーメントを Q_y で表すと，Q_x, Q_y, A は，次のようになる。

$$\left.\begin{aligned}
Q_x &= a_1 y_1 + a_2 y_2 + \cdots\cdots + a_i y_i + \cdots + a_n y_n = \sum_{i=1}^{n} a_i y_i \\
Q_y &= a_1 x_1 + a_2 x_2 + \cdots\cdots + a_i x_i + \cdots + a_n x_n = \sum_{i=1}^{n} a_i x_i \\
A &= a_1 + a_2 + \cdots\cdots\cdots + a_i + \cdots\cdots + a_n = \sum_{i=1}^{n} a_i
\end{aligned}\right\} \quad (6\text{-}1)$$

❶geometrical moment of area;

モーメントとは，「ある物理量と，基準点からその物理量の作用位置までの距離との積」と定義される。物理量が力であれば，第 1 章で学んだ力のモーメントである。ここでは，その物理量を面積として断面一次モーメントとよんでいる。一次とは，距離をそのまま掛け合わせていることを意味する。

❷座標値は，微小面積の正負を考えた中心から軸までの距離である。

❸単位は mm³, m³ などである。

単純な形の組合せによる断面の断面一次モーメントは，中心があきらかな断面に分割し，それぞれの断面一次モーメントを求めて，足し合わせればよい。

例題1 図6-2のような断面の x 軸，y 軸に関する断面一次モーメント Q_x，Q_y を求めよ。

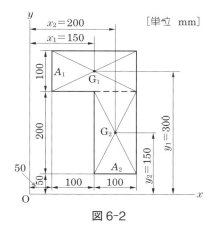

図6-2

解答 図6-2のように，断面を A_1，A_2 に分割する。

A_1 について，

断面積 $A_1 = 200 \times 100 = 2 \times 10^4 \ \text{mm}^2$

x 軸から A_1 の中心までの距離 $y_1 = 300 \ \text{mm}$

y 軸から A_1 の中心までの距離 $x_1 = 150 \ \text{mm}$

A_2 について，

断面積 $A_2 = 100 \times 200 = 2 \times 10^4 \ \text{mm}^2$

x 軸から A_2 の中心までの距離 $y_2 = 150 \ \text{mm}$

y 軸から A_2 の中心までの距離 $x_2 = 200 \ \text{mm}$

したがって，Q_x，Q_y は次のようになる。

$Q_x = A_1 y_1 + A_2 y_2$

$\quad = 2 \times 10^4 \times 300 + 2 \times 10^4 \times 150 = \mathbf{9 \times 10^6 \ \text{mm}^3}$

$Q_y = A_1 x_1 + A_2 x_2$

$\quad = 2 \times 10^4 \times 150 + 2 \times 10^4 \times 200 = \mathbf{7 \times 10^6 \ \text{mm}^3}$

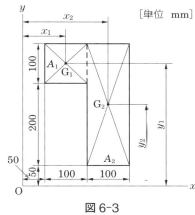

図6-3

問1 図6-3は，例題1で計算した断面と同じである。このとき，断面を図6-3のように分割したときの断面一次モーメントを求め，その値が例題1の結果と等しいことを確かめよ。❶

❶断面一次モーメントの値は，分割のしかたに影響されない。

2 図心

図6-4のような，断面積 A の任意の断面において，直交軸 x，y を図のようにとったとき，x 軸に関する断面一次モーメントが Q_x，y 軸に関する断面一次モーメントが Q_y であるとする。このとき，次式を満たす x_0，y_0 を，この断面の**図心**という。❷

❷centroid

図心 $$x_0 = \frac{Q_y}{A}, \quad y_0 = \frac{Q_x}{A} \tag{6-2}$$

例題 2

図 6-2 の断面の図心 x_0, y_0 を求めよ。

解答

例題 1 の結果より，x 軸，y 軸に関する断面一次モーメント
は，

$$Q_x = 9 \times 10^6 \,\mathrm{mm}^3, \quad Q_y = 7 \times 10^6 \,\mathrm{mm}^3$$

また，断面積 A は，

$$A = A_1 + A_2 = 2 \times 10^4 + 2 \times 10^4 = 4 \times 10^4 \,\mathrm{mm}^2$$

したがって図心 x_0, y_0 は，

$$x_0 = \frac{Q_y}{A} = \frac{7 \times 10^6}{4 \times 10^4} = 175 \,\mathrm{mm}$$

$$y_0 = \frac{Q_x}{A} = \frac{9 \times 10^6}{4 \times 10^4} = 225 \,\mathrm{mm}$$

図心 x_0, y_0 は，座標 $\mathrm{G}(x_0, \, y_0)$ で表す。また，この図心
を通る直交軸 nx, ny を **図心軸** という。

図 6-4 における，任意断面の図心軸 nx, ny に関する断
面一次モーメントを求めてみよう。

図心の座標を $\mathrm{G}(x_0, \, y_0)$ とすると，微小面積 a_i の図心軸
nx, ny に対する座標は，$(x - x_0, \, y - y_0)$ と表すことが
できるので，断面積 A の図心軸 nx, ny に関する断面一
次モーメント Q_{nx}, Q_{ny} は，式(6-1) より，次のようになる。

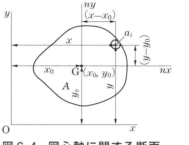

図 6-4　図心軸に関する断面一次モーメント

$$Q_{nx} = a_1(y_1 - y_0) + a_2(y_2 - y_0) + \cdots$$
$$+ a_i(y_i - y_0) + \cdots + a_n(y_n - y_0)$$
$$= (a_1 y_1 + a_2 y_2 + \cdots + a_i y_i + \cdots + a_n y_n)$$
$$- (a_1 + a_2 + \cdots + a_i + \cdots + a_n)y_0$$
$$= Q_x - Ay_0$$
$$Q_{ny} = a_1(x_1 - x_0) + a_2(x_2 - x_0) + \cdots$$
$$+ a_i(x_i - x_0) + \cdots + a_n(x_n - x_0)$$
$$= (a_1 x_1 + a_2 x_2 + \cdots + a_i x_i + \cdots + a_n x_n)$$
$$- (a_1 + a_2 + \cdots + a_i + \cdots + a_n)x_0$$
$$= Q_y - Ax_0$$

ここで，式(6-2) より，$Q_x = Ay_0$，$Q_y = Ax_0$ であるから，

$$Q_{nx} = 0, \quad Q_{ny} = 0$$

となる。

したがって，図心は，**断面一次モーメントがともに 0 となる直交
軸の交点** といえる。

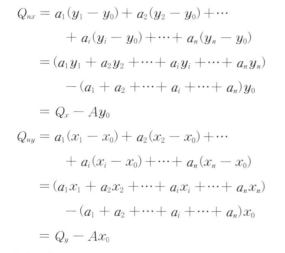

例題 3

図 6-5 の I 形断面の図心 $G(x_0, y_0)$ を求めよ。

解答

図のように x-x 軸, y-y 軸を選び, 三つの断面に分割して考える。y-y 軸に関しては左右対称であるから y-y 軸自身が図心軸 ny-ny となり $x_0 = 0\,\text{mm}$ である。

各断面に関する数値は, 表 6-1 のようになる。

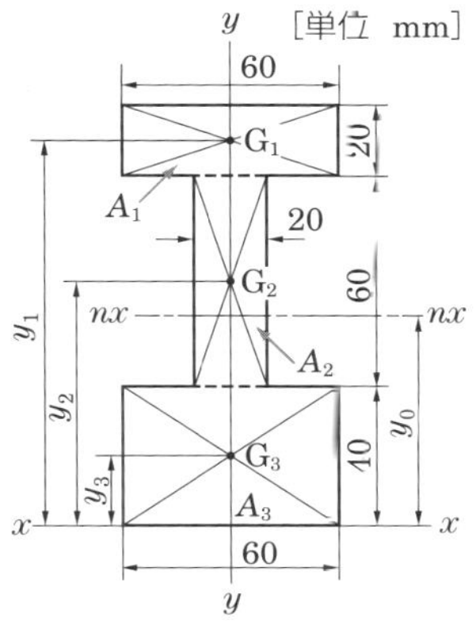

表 6-1

断面	寸法[mm×mm]	A_i[mm^2]	y_i[mm]	$A_i y_i$ [mm^3]
A_1	60×20	1200	110	13.2×10^4
A_2	20×60	1200	70	8.4×10^4
A_3	60×40	2400	20	4.8×10^4
合　計		$A = 4800$	$Q_x = 2.64 \times 10^5$	

x 軸から I 形断面の図心 G までの距離 y_0 は, 式(6-2)より,

$$y_0 = \frac{Q_x}{A} = \frac{2.64 \times 10^5}{4800} = 55\,\text{mm}$$

となる。したがって, 図心は, $G(0, 55)$ となる。

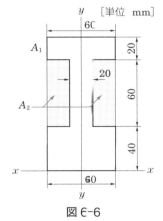
図 6-5

例題 4

図 6-6 は例題 3 と同じ寸法の断面である。このとき, 長方形 A_1(60 mm × 120 mm)から網のかかった部分 A_2($2 \times 20\,\text{mm} \times 60\,\text{mm}$)が, くり抜かれたものとして, 図心 $G(x_0, y_0)$ を求めよ。

解答

x-x 軸, y-y 軸を図のように選び, くり抜かれた面積 A_2 を負の面積と考える。各断面に関する数値は, 表 6-2 となる。

表 6-2

断面	寸法[mm×mm]	A_i[mm^2]	y_i[mm]	$A_i y_i$ [mm^3]
A_1	60×120	7200	60	4.32×10^5
A_2	$2 \times 20 \times 60$	-2400	70	-1.68×10^5
合　計		$A = 4800$	$Q_x = 2.64 \times 10^5$	

したがって, A, Q_x は例題 3 と同じ結果であるので, 図心 $G(0, 55)$ が求まる。断面の分割のしかたは, 計算しやすいようにくふうするとよい。

図 6-6

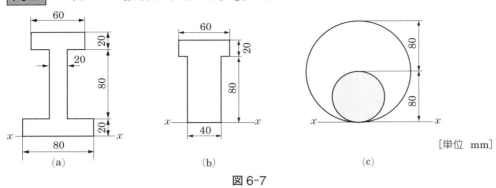

[単位 mm]

図 6-7

　断面の図心を求めるときには，例題 3，4 のように，図心があきらかな断面に分割して計算をする場合が多い。図 6-8 に，代表的な断面形状の図心を示す。

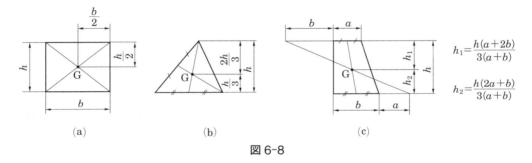

$$h_1 = \frac{h(a+2b)}{3(a+b)}$$

$$h_2 = \frac{h(2a+b)}{3(a+b)}$$

図 6-8

身近な道具を使った図心の求め方

計算では求めにくい形状をもつ断面の図心を，身近な道具を使って求めてみよう。

まず，図 6-9(a)のように，適当な形に切った厚紙を用意する。次に，ある端点 O に画びょうで穴を開け，そこに 2 本の糸を結ぶ。そのうちの 1 本の糸の端におもりをつけ，もう 1 本の糸を手でもって厚紙をつり下げる。このとき，おもりをつけた糸が，厚紙の縁と交わる端点 M に鉛筆で印をつけ，端点 O と M とを結んでできる直線を定規を使って厚紙にかき入れる。さらに，図(b)のように，別の端点 O′ を選び，同じ作業をする。この作業の結果，厚紙にかかれた 2 本の直線の交わる点が，図心 G となる。

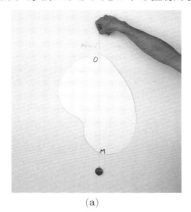 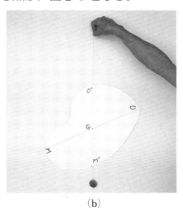

(a)   (b)

図 6-9　図心を求める

2 断面二次モーメント

一般に，部材は断面積が大きくなるとともに変形しにくくなる。

一方，同じ断面積でもその形状によって部材の性質は異なる。とくに曲げ作用に対しては断面形状の影響が大きい。

ここでは，おもに部材断面の形状寸法がもつ特性について学ぶ。

1 断面二次モーメント

図 6-10 のように，面積 A の断面を n 個の微小面積に分割し，分割された任意の微小面積を a_i とする。

ここで，直交軸 x，y を任意に選び，微小面積 a_i の座標を (x_i, y_i) とする。このとき，$a_i y_i^2$ を $i = 1$ から n まで求め，それらを合計したものを，x 軸に関する**断面二次モーメント**❶という。同様に $a_i x_i^2$ を $i = 1$ から n まで合計したものを，y 軸に関する断面二次モーメントという。すなわち，断面二次モーメントは，

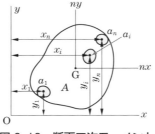

図 6-10　断面二次モーメント

$$(\text{断面二次モーメント}) = \{(\text{断面積}) \times (\text{座標値})^2\} \text{ の和}$$

と定義され，x 軸に関する断面二次モーメントを I_x，y 軸に関する断面二次モーメントを I_y で表すと，I_x，I_y，A は，次のようになる。

$$
\left.
\begin{aligned}
I_x &= a_1 y_1^2 + a_2 y_2^2 + \cdots + a_i y_i^2 + \cdots + a_n y_n^2 = \sum_{i=1}^{n} a_i y_i^2 \\
I_y &= a_1 x_1^2 + a_2 x_2^2 + \cdots + a_i x_i^2 + \cdots + a_n x_n^2 = \sum_{i=1}^{n} a_i x_i^2 \\
A &= a_1 + a_2 + \cdots\cdots\cdots + a_i + \cdots\cdots + a_n = \sum_{i=1}^{n} a_i
\end{aligned}
\right\} \quad (6\text{-}3)
$$

また，断面二次モーメントの値は軸の選び方に関係なく，つねに正（＋）である。部材断面の性質を考える場合，図心軸に関する断面二次モーメントの大きさが多くの場合に重要となる。

❶geometrical moment of inertia;

距離の二乗を面積にかけることから，断面二次モーメントという。

断面二次モーメントは，曲げに対する強さを表す。値が大きいほど，その部材は曲がりにくい。

❷単位は mm⁴，m⁴ などである。

2 単純な断面の断面二次モーメント

図6-11は，長方形の図心軸 nx-nx，ny-ny に関する断面二次モーメントと，三角形，円の図心軸 nx-nx に関する断面二次モーメントを表したものである。

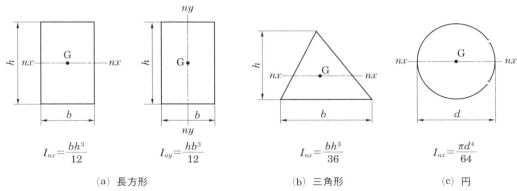

$$I_{nx} = \frac{bh^3}{12}$$

$$I_{ny} = \frac{hb^3}{12}$$

$$I_{nx} = \frac{bh^3}{36}$$

$$I_{nx} = \frac{\pi d^4}{64}$$

(a) 長方形 　　　　　　(b) 三角形 　　　　(c) 円

図6-11　単純な断面の断面二次モーメント

5 図6-11(a)の長方形の断面二次モーメントを表す式を使って，図6-12のような断面寸法をもつ長方形の図心軸 nx-nx，ny-ny に関する断面二次モーメントを求めてみよう。

図心軸 nx-nx に関する断面二次モーメントは，

$$I_{nx} = \frac{bh^3}{12} = \frac{60 \times 120^3}{12} = 8.64 \times 10^6 \text{ mm}^4$$

10 図心軸 ny-ny に関する断面二次モーメントは，

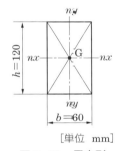

[単位　mm]

図6-12　長方形

$$I_{ny} = \frac{hb^3}{12} = \frac{120 \times 60^3}{12} = 2.16 \times 10^6 \text{ mm}^4$$

となる。この結果からもわかるように，同じ断面でも図心軸の違いにより断面二次モーメントの値は異なる。

ここで，図6-13のように，図6-12の断面寸法をもつ部材を二と
15 おりの置き方で支点の上に置き，部材の真ん中に同じ大きさの力を加えてみる。このとき，図6-13(a)のように，断面が縦長になるように置いたものよりも，図(b)のように，断面を横長に置いたもののほうが，たくさん曲がる。これは，図心軸に関する断面二次モーメントが大きな断面であるほど，曲げに対する抵抗が大きいことが
20 わかる。

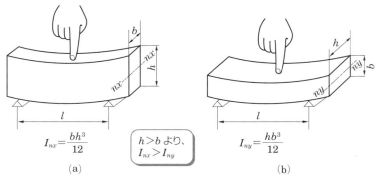

$$I_{nx} = \frac{bh^3}{12}$$

$h > b$ より、
$I_{nx} > I_{ny}$

$$I_{ny} = \frac{hb^3}{12}$$

(a)　　　　　　　　　　　　　　　　(b)

図 6-13　曲げ作用に対する断面二次モーメントの影響

問3　図 6-14 の断面の図心軸に関する断面二次モーメントを求めよ。

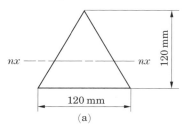

120 mm

120 mm

(a)

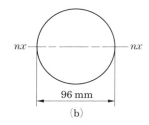

96 mm

(b)

図 6-14

　次に，図 6-15 のように，図心軸 nx-nx に関する断面二次モーメント I_{nx} と，図心軸から y_e 離れた位置の x-x 軸に関する断面二次モーメント I_x の関係を求めてみよう。

　面積 A の断面を n 個の微小面積に分割する。分割された微小面積を a_i とすると，微小面積 a_i の x 軸に関する断面二次モーメント I_{xi} は，

$$\Delta I_{xi} = a_i(y_i + y_e)^2$$

となる。これを $i = 1$ から n まで合計すると，断面 A の x 軸に関する断面二次モーメント I_x が求まる。

図 6-15　x 軸に関する断面二次モーメント

$$\begin{aligned}
I_x &= \sum_{i=1}^{n} \Delta I_x = \sum_{i=1}^{n} a_i(y_i + y_e)^2 \\
&= \sum_{i=1}^{n} a_i y_i^2 + \sum_{i=1}^{n} 2y_e a_i y_i + \sum_{i=1}^{n} y_e^2 a_i \\
&= \sum_{i=1}^{n} a_i y_i^2 + 2y_e \sum_{i=1}^{n} a_i y_i + y_e^2 \sum_{i=1}^{n} a_i
\end{aligned}$$

ここで，前式の各項は，次のように表される。

$\sum\limits_{i=1}^{n} a_i y_i^2 = I_{nx}$（図心軸に関する全断面の断面二次モーメント）

$\sum\limits_{i=1}^{n} a_i y_i = Q_{nx} = 0$（図心軸に関する断面一次モーメント）

$\sum\limits_{i=1}^{n} a_i = A$（断面積）

5　したがって，I_{nx} と I_x の関係は，式(6-4)，(6-5)のようになる。

$$I_x = I_{nx} + A y_e^2 \tag{6-4}$$

$$I_{nx} = I_x - A y_e^2 \tag{6-5}$$

式(6-4)からもわかるように，図心軸 nx-nx に関する断面二次モーメントが最小である。

10　**問4**　図 6-16 の長方形断面の x-x 軸に関する断面二次モーメントを求めよ。

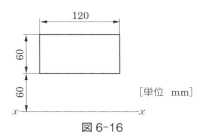

［単位　mm］

図 6-16

3　組合せ断面の断面二次モーメント

15　図 6-17 のような二つの長方形を組み合わせた断面の，図心軸 nx-nx に関する断面二次モーメント I_{nx} は，次の手順で求める。

1●図心があきらかな単純な断面に分割し（A_1，A_2），断面積を求める。

2●任意に基準軸 $x-x$ を定め，その軸に関する各断面の断面一次モーメント（$A_i y_i$）を計算し，合計する（Q_x）。
20

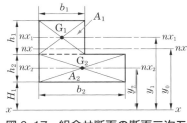

図 6-17　組合せ断面の断面二次モーメント

3●各断面の図心軸に関する断面二次モーメント $\left(\dfrac{bh^3}{12}\right)$ を計算し，式(6-3)より $x-x$ 軸に関する断面二次モーメントを求め，それらを合計する（I_x）。

4●断面一次モーメント Q_x から，組合せ断面の図心位置 y_0 を次式より求める。
25

$$y_0 = \frac{Q_x}{A} \quad ただし，\ A = A_1 + A_2$$

5●図心軸 nx-nx に関する断面二次モーメント I_{nx} を式(6-5)より求める。

例題
5

図 6-18 の T 形断面の図心軸 nx-nx に関する断面二次モーメントを求めよ。

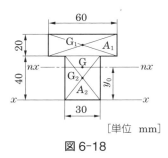

［単位 mm］

図 6-18

解答

断面を A_1, A_2 に分割し，x-x 軸を図のように選ぶと，表 6-3 のように，x-x 軸に関する断面一次モーメント，断面二次モーメントが計算できる。

表 6-3

断面	寸法 [mm×mm]	断面積 A_i [mm²]	x 軸からの距離 y_i [mm]	断面一次モーメント $A_i y_i$ [mm³]	断面二次モーメント [mm⁴]		
					$bh^3/12$	$A_i y_i^2$	I_x
A_1	60 × 20	1 200	50	6.0×10^4	$\dfrac{60 \times 20^3}{12} = 4.0 \times 10^4$	3.0×10^6	3.04×10^6
A_2	30 × 40	1 200	20	2.4×10^4	$\dfrac{30 \times 40^3}{12} = 1.6 \times 10^5$	4.8×10^5	6.4×10^5
合　計		$A = 2400$		$Q_x = 8.4 \times 10^4$			$I_x = 3.68 \times 10^6$
手順	**1** ●		**2** ●			**3** ●	

図心軸 nx-nx の位置は表から，

$$y_0 = \frac{Q_x}{A} = \frac{8.4 \times 10^4}{2400} = 35 \,\text{mm} \qquad （手順 \;\; \boxed{4} \;●）$$

したがって，図心軸 nx-nx に関する断面二次モーメント I_{nx} は式(6-5)から，

$$I_{nx} = I_x - A y_0^2 = 3.68 \times 10^6 - 2400 \times 35^2$$
$$= 7.40 \times 10^5 \,\text{mm}^4 \qquad （手順 \;\; \boxed{5} \;●）$$

となる。

問 5

図 6-19 の断面の図心軸 nx-nx に関する断面二次モーメント I_{nx} を求めよ。

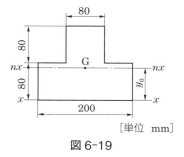

［単位 mm］

図 6-19

例題 6

図 6-20 の各断面の図心軸 nx-nx に関する断面二次モーメントは等しいことを確かめよ。

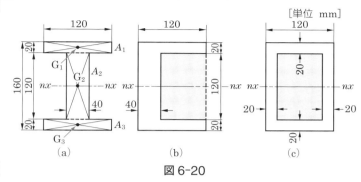

図 6-20

解答

いずれの断面も上下対称断面であるから，図心軸 nx-nx の位置は高さの中央である。

断面 (a) については，図のように，A_1，A_2，A_3 に分割する。それぞれの断面の図心軸 $nx - nx$ に関する断面二次モーメントを I_{nx1}，I_{nx2}，I_{nx3} とすると，

$$I_{nx1} = \frac{120 \times 20^3}{12} + (120 \times 20) \times 70^2 = 1.184 \times 10^7 \text{ mm}^4 = I_{nx3}$$

$$I_{nx2} = \frac{40 \times 120^3}{12} = 5.76 \times 10^6 \text{ mm}^4$$

となり，断面 (a) の図心軸に関する断面二次モーメント I_{nxa} は，

$$I_{nxa} = I_{nx1} + I_{nx2} + I_{nx3}$$

$$I_{nxa} = 1.184 \times 10^7 \times 2 + 5.76 \times 10^6 = \mathbf{2.944 \times 10^7} \text{ mm}^4$$

となる。

断面 (b)，(c) については，いずれの断面も中空断面であり，外形断面 $A_1(120 \times 160)$ から内形断面 $A_2(80 \times 120)$ を差し引いた形で計算する。A_1，A_2 の図心軸 nx-nx に関する断面二次モーメントを I_{nx1}，I_{nx2} とすると，

$$I_{nx1} = \frac{120 \times 160^3}{12} = 4.096 \times 10^7 \text{ mm}^4$$

$$I_{nx2} = \frac{80 \times 120^3}{12} = 1.152 \times 10^7 \text{ mm}^4$$

であり，断面 (b)，(c) の図心軸 nx-nx に関する断面二次モーメント I_{nxb}，I_{nxc} は，

$$I_{nxb} = I_{nxc} = I_{nx1} - I_{nx2}$$

$$= 4.096 \times 10^7 - 1.152 \times 10^7 = \mathbf{2.944 \times 10^7} \text{ mm}^4$$

したがって，図 6-20(a)，(b)，(c) の図心軸 nx-nx に関する断面二次モーメントは等しい。❶

❶図 6-20(a)，(b)，(c) は，縦の部分 (A_2) を図心軸 nx-nx に平行に断面を移動しても断面二次モーメントの値は変わらないので，計算が簡単になるように断面をくふうすればよい。

曲げ作用を受けるいろいろな部材断面

図 6-21 のような鋼桁橋では，曲げモーメントの大きさに合わせて，上下端の部材断面（フランジ面）を変化させ，材料の節約をはかるなどのくふうがなされている。

図 6-21　鋼桁橋

橋梁の断面は，橋梁に作用する断面力に効率よく抵抗するため，使用される材料の特性や安全性および経済性を考慮し，図 6-22 のように，いろいろな断面形状がある。

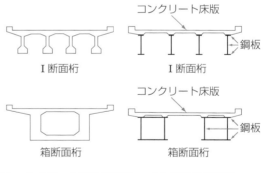

（a）　　　　　（b）コンクリート桁橋の断面　　　（c）鋼桁橋の断面

図 6-22

3 断面係数

前項では，曲げ作用に対する抵抗を表す断面二次モーメントについて学んだ。ところで，断面の形状や寸法は，曲げ変形だけではなく，部材の強さにも大きくかかわっている。

ここでは，部材の強さを表す断面係数について学ぶ。

1 断面係数

図心軸に関する断面二次モーメントを，その軸から垂直に上下それぞれの断面最遠端までの距離で割った値を**断面係数**[1]という。

図6-23の任意断面において，図心軸に関する断面二次モーメントをI_{nx}，図心軸から最上縁または最下縁までの距離をy_c, y_tとすると，上縁，下縁の断面係数Z_c, Z_tは，式(6-6)で求められる。

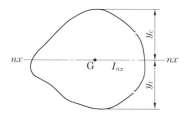

図6-23　任意断面の断面係数

[1]section modulus;
単位はmm^3, m^3である。

断面係数は，曲げにより生じる応力に対する強さを表す。p.136「1. 曲げ応力」参照。

$$\text{断面係数} \qquad Z_c = \frac{I_{nx}}{y_c}, \quad Z_t = \frac{I_{nx}}{y_t} \qquad (6\text{-}6)$$

2 単純な断面の断面係数

図6-24(a) ～ (c)に示す各断面の断面係数を求めてみよう。

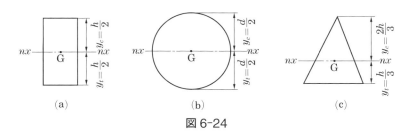

(a)　　　　　　(b)　　　　　　(c)

図6-24

長方形断面の断面二次モーメントは$I_{nx} = \dfrac{bh^3}{12}$であり，図心軸$nx$-$nx$から上下縁までの距離は等しく，$y_c = y_t = \dfrac{h}{2}$である。したがって，上下縁の断面係数は等しい。

$$Z = Z_c = Z_t = \frac{I_{nx}}{y} = \frac{bh^3/12}{h/2} = \frac{bh^2}{6}$$

円形断面の断面二次モーメントは，$I_{nx} = \dfrac{\pi d^4}{64}$であり，図心軸

nx-nx から上下縁までの距離は等しく，$y_c = y_t = \dfrac{d}{2}$ である。した

がって，上下縁の断面係数は等しい。

$$Z = Z_c = Z_t = \frac{I_{nx}}{y} = \frac{\pi d^4/64}{d/2} = \frac{\pi d^3}{32}$$

三角形の断面二次モーメントは，$I_{nx} = \dfrac{bh^3}{36}$ であり，図心軸 nx-

nx から上縁までの距離 $y_c = \dfrac{2h}{3}$，下縁までの距離 $y_t = \dfrac{h}{3}$ である。

したがって，三角形の上下縁の断面係数は，次のようになる。

$$Z_c = \frac{I_{nx}}{y_c} = \frac{bh^3/36}{2h/3} = \frac{bh^2}{24}$$

$$Z_t = \frac{I_{nx}}{y_t} = \frac{bh^3/36}{h/3} = \frac{bh^2}{12}$$

問6 図 6-25(a) ～ (c)に示す各断面の上下縁の断面係数を求めよ。

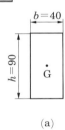 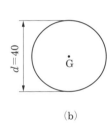 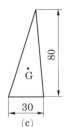

(a)　　　　　　　(b)　　　　　　　(c)　　　[単位 mm]

図 6-25

例題7 図 6-26(a) ～ (c)に示すように，60 mm × 120 mm の長方形断面を，おのおのはり合わせて一体化した断面の断面係数を求め，それらの値を比較せよ。

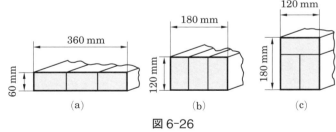

(a)　　　　　　　(b)　　　　　　　(c)

図 6-26

図(a)，(b)，(c)の断面係数を Z_a，Z_b，Z_c とすると，

$$Z_a = \frac{bh^2}{6} = \frac{360 \times 60^2}{6} = 2.16 \times 10^5 \ \text{mm}^3$$

$$Z_b = \frac{bh^2}{6} = \frac{180 \times 120^2}{6} = 4.32 \times 10^5 \ \text{mm}^3 (= 2Z_a)$$

$$Z_c = \frac{bh^2}{6} = \frac{120 \times 180^2}{6} = 6.48 \times 10^5 \ \text{mm}^3 (= 3Z_a)$$

したがって，図(a)を基準とすると，図(b)は2倍，図(c)は3倍曲げ作用に対して強い断面といえる。[1]

このように，同一材料，同一断面積でも形状によって部材の強さは異なる。[2]

❶詳しくはp.136以降で学ぶ。
❷各長方形断面を一体となるようにしなければならない。

3 組合せ断面の断面係数

組合せ断面の断面係数は，図心軸 nx-nx に関する断面二次モーメントを求め，式(6-6)を適用すればよい。

例題 8

図6-27のT形断面の上下縁の断面係数を求めよ。

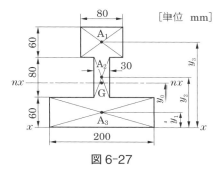

図6-27

解答

断面を図のように分割し，断面二次モーメントを計算すれば表6-4のようになる。

最下縁を x-x 軸とすると，図心位置 y_0 は，

$$y_0 = \frac{Q_x}{A} = \frac{1.42 \times 10^6}{1.92 \times 10^4} = 74.0 \, \text{mm}$$

であり，図心軸 nx-nx に関する断面二次モーメント I_{nx} は，次のように求まる。

$$I_{nx} = I_x - Ay_0^2 = 1.80 \times 10^8 - 1.92 \times 10^4 \times 74.0^2$$
$$= 7.49 \times 10^7 \, \text{mm}^4$$

図心軸 nx-nx から上下縁までの距離は，$y_c = 126$ mm，$y_t = 74$ mm であり，断面係数は，式(6-6)より次のようになる。

$$Z_c = \frac{I_{nx}}{y_c} = \frac{7.49 \times 10^7}{126} = 5.94 \times 10^5 \, \text{mm}^3$$

$$Z_t = \frac{I_{nx}}{y_t} = \frac{7.49 \times 10^7}{74.0} = 1.01 \times 10^6 \, \text{mm}^3$$

表6-4

断面	寸法 [mm×mm]	断面積 A_i [mm²]	x軸からの距離 y_i [mm]	断面一次モーメント $A_i y_i$ [mm³]	断面二次モーメント [mm⁴]		
					$bh^3/12$	$A_i y_i^2$	I_x
A_1	80 × 60	4800	170	8.16×10^5	1.44×10^6	1.39×10^8	1.40×10^8
A_2	30 × 80	2400	100	2.40×10^5	1.28×10^6	2.40×10^7	2.53×10^7
A_3	200×60	1.2×10^4	30	3.60×10^5	3.60×10^6	1.08×10^7	1.44×10^7
合 計		1.92×10^4		$Q_x = 1.42 \times 10^6$			$I_x = 1.80 \times 10^8$

問7 p.131 例題6(図6-20)の上下縁の断面係数を求めよ。

2 梁に生じる曲げ応力

　ここでは，梁に曲げモーメントが作用したときの，曲げ応力の発生のしくみと，曲げ応力の分布状態について考える。

1 曲げ応力

　図6-28(a)のように，荷重が単純梁に作用するとき，単純梁のCD間は曲げモーメントのみの作用を受ける[1]。このとき，梁の断面の上側には圧縮力が，下側には引張力が生じ，梁は下に凸の変形をする（図(b)）。CD間のうち，微小区間 dx の変形を考えると，図(c)のように，上側は圧縮力により縮み，下側は引張力によって伸びる。

　変形が微小である場合，変形前に平面かつ N-N 軸に垂直であった梁の断面は，変形後も平面を保ち，かつ変形後の N-N 曲線に垂直であると考えてよいので変形は直線的となる[2]。したがって，上側と下側の中間に圧縮応力や引張応力を受けない面がある。この面を**中立面**[3]といい，N-N で表す。中立面は曲げモーメントの作用によって伸縮しない。また，梁の断面と中立面の交線を**中立軸**[4]といい，n-n で表す。

[1] 単純曲げ（simple bending）の状態という。

[2] ベルヌーイ・オイラーの仮定といい，一般には平面保持の法則とよばれる。
[3] neutral plane
[4] neutral axis

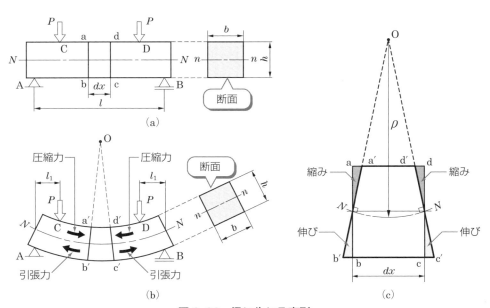

図6-28　梁に生じる変形

部材断面には，変形(ひずみ)に比例した応力が生じる。図 6-28 (b)の単純梁は，曲げモーメント M により区間 dx が図(c)のように曲率半径ρで下に凸に変形する。このとき，部材の弾性係数を E とし，曲げモーメント M と中立軸から距離 y の部材断面に生じる応力 σ との関係を求めよう。

❶変形後の梁のロ立面を円弧と考えた場合，その円の半径である。

図 6-29(b)において，中立軸 n-n から y の位置の微小直方形の面積 a_i に応力 σ が生じたと考えると，$a_i\sigma$ は微小面積 a_i に生じた内力であり，中立軸 n-n に関する力のモーメント$\Delta M = (a_i\sigma)y$ を生じる。この力のモーメントを全断面にわたって合計したものが，曲げモーメントによって生じた偶力のモーメントに等しい。したがって，次式がなりたつ。

$$M = \Sigma \Delta M_i = \Sigma a_i\sigma y \tag{6-7}$$

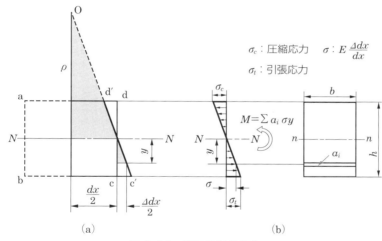

σ_c：圧縮応力　　$\sigma : E\dfrac{\Delta dx}{dx}$

σ_t：引張応力

$M = \Sigma a_i\,\sigma y$

(a)　　　　　(b)

図 6-29　梁に生じる応力

図 6-29(a)において，網掛けをした二つの三角形は相似であり，フックの法則から次の式がなりたつ。

$$\sigma = E\varepsilon = E\frac{\Delta dx}{dx} = E\frac{y}{\rho} \tag{6-8}$$

式(6-8)を式(6-7)に代入すると，

$$M = \Sigma a_i\sigma y = \Sigma a_i\left(E\frac{y}{\rho}\right)y = \frac{E}{\rho}\Sigma a_iy^2 = \frac{EI}{\rho} \tag{6-9}$$

となる。式(6-8)と式(6-9)から ρ を消去すれば，

$$M = \frac{EI}{\rho} = \frac{EI}{Ey/\sigma}$$

となり，中立軸から y の位置の応力を求める次式が得られる。

❷ $\rho : y = \dfrac{dx}{2} : \dfrac{\Delta dx}{2}$

$\dfrac{\Delta dx}{dx} = \dfrac{y}{\rho}(=\varepsilon)$

❸詳しくは，p.154 で学ぶ。

❹I は中立軸に関する断面二次モーメントであり，$\Sigma a_iy^2 = I$ である。

$$\sigma = \frac{M}{I}y \qquad (6\text{-}10)$$

式(6-10)からわかるように，応力 σ は中立軸からの距離 y に比例し，梁の上下縁で最大となる。この上下縁の応力を**縁応力**といい，曲げモーメントによって生じる曲げ応力は一般にこの縁応力をいう。

圧縮側の縁応力 σ_c，引張側の縁応力 σ_t は次式で求められる。

$$\left.\begin{aligned}\sigma_c &= -\frac{M}{I}y_c = -\frac{M}{Z_c} \\[2mm] \sigma_t &= \frac{M}{I}y_t = \frac{M}{Z_t}\end{aligned}\right\} \qquad (6\text{-}11)❸$$

したがって，**断面係数** Z_c，Z_t **が大きな断面ほど縁応力** σ_c，σ_t **が小さくなる**ことがわかる。

また，中立軸に対して上下対称断面の場合，$Z = Z_c = Z_t$ であるから，次のようになる。

$$\sigma = -\sigma_c = \sigma_t = \frac{M}{Z}$$

❶extreme fiber stress

❷bending stress intensity

❸一般に，圧縮応力 σ_c は負（−），引張応力 σ_t は正（＋）とするが，曲げ圧縮，曲げ引張が明確にわかっているときは，正負の符号を省略する。

例題 9　図 6-30 の長方形断面に，曲げモーメント $M = 8.32 \times 10^8\,\text{N·mm}$ が作用するとき，縁応力を求めよ。

解答　断面係数 Z は，

$$Z = \frac{bh^2}{6} = \frac{300 \times 600^2}{6}$$

$$= 1.80 \times 10^7\,\text{mm}^3$$

であり，縁応力 σ は，上下対称断面であるので，次のようになる。

$$\sigma = -\sigma_c = \sigma_t = \frac{M}{Z}$$

$$= \frac{8.32 \times 10^8}{1.80 \times 10^7} = \mathbf{46.2\,N/mm^2}$$

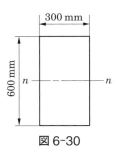
図 6-30

問 8　図 6-31 の断面に曲げモーメント $M = 8.0 \times 10^6\,\text{N·mm}$ が作用するとき，縁応力を求めよ。

(a)　　(b)　　[単位　mm]

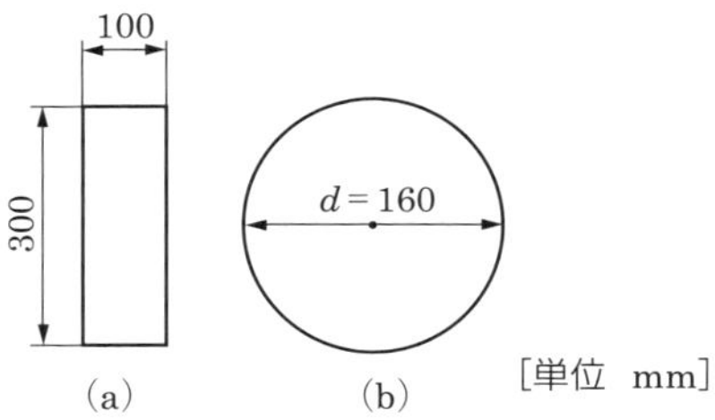

図 6-31

図 6-32 のような，三角形断面に，$M = 2.25 \times 10^7\,\mathrm{N\cdot}$
mm の曲げモーメントが作用するとき，縁応力を求めよ。

三角形の中立軸に関する断面二次モーメント I_n
は，

$$I_n = \frac{bh^3}{36} = \frac{300 \times 300^3}{36} = 2.25 \times 10^8\,\mathrm{mm}^4$$

であり，上縁，下縁の断面係数はそれぞれ，

$$Z_c = \frac{I_n}{y_c} = \frac{2.25 \times 10^8}{200} = 1.125 \times 10^6\,\mathrm{mm}^3$$

$$Z_t = \frac{I_n}{y_t} = \frac{2.25 \times 10^8}{100} = 2.25 \times 10^6\,\mathrm{mm}^3$$

となる。したがって，上縁，下縁の応力は，

$$\sigma_c = \frac{M}{Z_c} = \frac{2.25 \times 10^7}{1.125 \times 10^6} = 20\,\mathrm{N/mm}^2$$

$$\sigma_t = \frac{M}{Z_t} = \frac{2.25 \times 10^7}{2.25 \times 10^6} = 10\,\mathrm{N/mm}^2$$

となる。

このように，中立軸に関して対称でない断面では，上下縁の
応力が異なることに注意する必要がある。

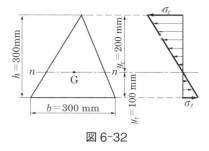

図 6-32

問9 図 6-33 の断面に，$M = 2.96 \times 10^5\,\mathrm{N\cdot mm}$ の曲
げモーメントが作用するとき，上下縁の応力およ
び断面幅が変化するところの応力 σ_c' を求めよ。

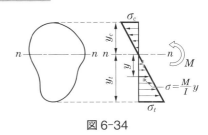

図 6-33

2　曲げ応力の分布

前項の図 6-28(b) でみたように，部材の軸方向の変形は
直線的であった。フックの法則から，それにともなって生
じる応力も変形の大きさに比例して変化する。

すなわち，図 6-34 のように，曲げモーメント M が作用
する任意の断面に生じる曲げ応力の分布図は，式(6-10)か
ら，中立軸を原点として，高さ y に関する直線となる。

図 6-34

　図 6-35 のように，同じ断面積 $A = 2.4 \times 10^4 \, \mathrm{mm^2}$ をも
つ 3 種類の断面に，$M = 8.0 \times 10^6 \, \mathrm{N \cdot mm}$ の曲げモーメ
ントが作用するとき各断面に生じる縁応力（最大応力）を求
めよ。また，各断面の曲げモーメントに対する強さを比較
せよ。

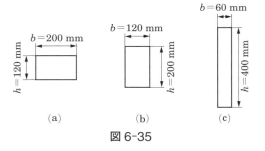

図 6-35

　図 (a)，(b)，(c) の断面の断面係数 Z_a，Z_b，Z_c は，次のよう
になる。

$$Z_a = \frac{bh^2}{6} = \frac{200 \times 120^2}{6} = 4.8 \times 10^5 \, \mathrm{mm^3}$$

$$Z_b = \frac{bh^2}{6} = \frac{120 \times 200^2}{6} = 8.0 \times 10^5 \, \mathrm{mm^3}$$

$$Z_c = \frac{bh^2}{6} = \frac{60 \times 400^2}{6} = 1.6 \times 10^6 \, \mathrm{mm^3}$$

　したがって，それぞれの断面の縁応力 σ_a，σ_b，σ_c は，

$$\sigma_a = \frac{M}{Z_a} = \frac{8.0 \times 10^6}{4.8 \times 10^5} = \mathbf{16.7 N/mm^2}$$

$$\sigma_b = \frac{M}{Z_b} = \frac{8.0 \times 10^6}{8.0 \times 10^5} = \mathbf{10.0 N/mm^2}$$

$$\sigma_c = \frac{M}{Z_c} = \frac{8.0 \times 10^6}{1.6 \times 10^6} = \mathbf{5.0 N/mm^2}$$

であり，$Z_a < Z_b < Z_c$ のとき，$\sigma_a > \sigma_b > \sigma_c$ となる。

　この結果から，同じ断面積でも断面係数が大きくなる縦長の
断面のほうが，横長の断面より縁応力が小さくなり，曲げ作用
に対して強い断面といえる。

3 梁に生じるせん断応力

　単純梁に荷重が作用すると，梁には曲げモーメントのほかにせん断力が生じる。ここでは，このせん断力の作用によるせん断応力の発生のしくみと，その分布状態について考える。

1 せん断応力

　図6-36(a)，(a′)のように，鉛直方向と水平方向にブロック分けした梁に荷重が作用すると，図(b)，(b′)のように，梁にずれが生じる[1]。次にそれぞれのブロックを接着した場合は，図(c)のように，梁にはずれが生じない。このとき，接着面にはブロック分けした部分どうしをずれさせようとするせん断応力が作用している。このせん断応力には，図(c)のように，鉛直方向にずれさせようとする垂直せん断応力 τ と，水平方向にずれさせようとする水平せん断応力 τ' とがある。これら2種類のせん断応力の関係を求めてみよう。

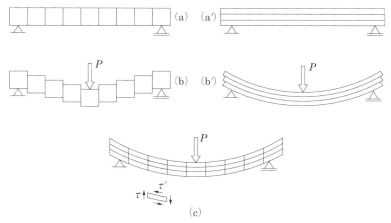

図6-36　梁に生じるせん断応力

　図6-37(a)の単純梁の，微小部分($dx \times dy \times 1$)に生じるせん断応力のようすを図(b)に示す[2]。垂直せん断応力 τ による偶力のモーメント M_V（時計まわり）[3]は，

$$M_V = \tau(dy \times 1) \times dx = \tau dxdy$$

であり，水平せん断応力 τ' による偶力のモーメント M_H（反時計まわり）は，

●厚紙・アクリル樹脂などの変形しやすい材料を3枚重ねて，実際に図6-36(b′)のようこなるか確かめてみよう。

❷せん断力が王の部分であるため，せん断応力 τ，τ' の方向を図6-37(b)ようにとる。

❸($dx \times dy$)面に垂直な z 軸に関して考える。

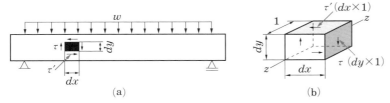

図6-37　梁の微小部分に生じるせん断応力

$$M_H = -\tau'(dx \times 1) \times dy = -\tau' dx dy$$

となる。微小部分 $dx \times dy \times 1$ では，これらの偶力のモーメントが釣り合う必要がある。すなわち，

$$\Sigma M = M_V + M_H = \tau dx dy + (-\tau' dx dy) = 0$$

より，

$$\tau = \tau'$$

となる。したがって，**垂直せん断応力 τ と水平せん断応力 τ' の大きさは等しい**ことがわかる。

次に，せん断応力の値について考える。

図6-38(a)のように，単純梁に等分布荷重が作用する場合について考えてみよう。

第3章で学んだせん断力のみ作用する場合のせん断応力は，断面に一様に作用したが，曲げ作用を受ける梁の場合は，せん断力以外に曲げモーメントの影響も考慮しなければならない。

支点 A から x の位置のせん断力を S，曲げモーメントを M とする。支点 A から $x + dx$ の位置の曲げモーメント $M + dM$ は，dx 区間の右側断面における力のモーメントの釣合いを考えると，

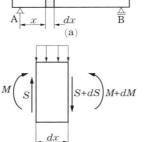

図6-38　せん断力と曲げ
モーメント

$$M + S \times dx - w dx \times \frac{dx}{2} - (M + dM) = 0$$

より，
$$M + dM = M + S dx - \frac{w(dx)^2}{2}$$
$$= M + S dx$$

として求められる。❶

❶ dx がひじょうに小さいときは，$\dfrac{w(dx)^2}{2}$ は無視できる。

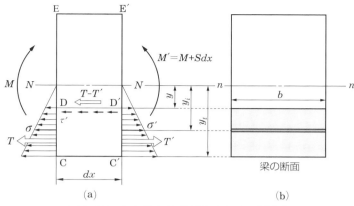

図6-39　梁に生じる曲げ応力とせん断応力

　図6-39は，図6-38の dx 区間を拡大し，その応力の作用状態を示したものである。ここで，中立軸 n-n から y の位置の水平せん断応力 τ' $(=\tau)$ を求めてみよう。

　図(b)のように，dx 部分の網掛けで示した両側の曲げ応力による水平力 T と T' の差$(T-T')$が y の位置の水平せん断力となる。

　ここで，図(a)の面 CD，面 C′D′ において，

　T は面 CD に作用する曲げ応力の合計であり，$T=\Sigma\,(a_i\sigma)$

　T' は面 C′D′ に作用する曲げ応力の合計であり，$T'=\Sigma\,(a_i\sigma')$

となる。

　また，図(a)の面 DD′ に作用する水平せん断力は，その面に作用する水平せん断応力の合計であり，図(b)において，y の位置の断面積は $A=dxb$ であることから，$\tau A=\tau dxb$ として求められる。

　中立軸からの距離 y より外側部分(CDD′C′)は，釣合いの状態にあることから，$\Sigma H=0$ より次式がなりたつ。

$$-\,T+T'-\tau'\,(dxb)=0$$

$$\tau'dxb=T'-T=\Sigma\,(a_i\sigma')-\Sigma\,(a_i\sigma) \qquad (6\text{-}12)$$

　ここで，図(b)の断面の中立軸 n-n に関する断面二次モーメントを I とすると，中立軸からの距離 y_i における σ，σ' は式(6-11)より，

$$\sigma=\frac{M}{I}\,y_i,\quad \sigma'=\frac{M+dM}{I}\,y_i=\frac{M+Sdx}{I}\,y_i$$

であるので，この σ，σ' を式(6-12)に代入すると，

$$\tau' dx b = \Sigma \left\{ a_i \left(\frac{M + Sdx}{I} y_i \right) \right\} - \Sigma \left\{ a_i \left(\frac{M}{I} y_i \right) \right\}$$

$$= \frac{M + Sdx}{I} \Sigma (a_i y_i) - \frac{M}{I} \Sigma (a_i y_i) \qquad (6\text{-}13)$$

となる。また，式(6-1)より，$\Sigma (a_i y_i)$ は図 6-39(b)の網掛けで示した断面の中立軸 n-n に関する断面一次モーメントであり，これを Q とすると，式(6-13)は，

$$\tau' dx b = \frac{M + Sdx}{I} Q - \frac{M}{I} Q = \frac{Sdx}{I} Q$$

となる。ここで，両辺を dxb で割れば，せん断力とせん断応力の関係を表す次式が求められる。

$$\tau = \tau' = \frac{SQ}{Ib} \qquad (6\text{-}14)$$

例題 12　図 6-40 の長方形断面の梁に $S = 1200\,\text{N}$ のせん断力が作用するとき，中立軸の位置でのせん断応力を求めよ。

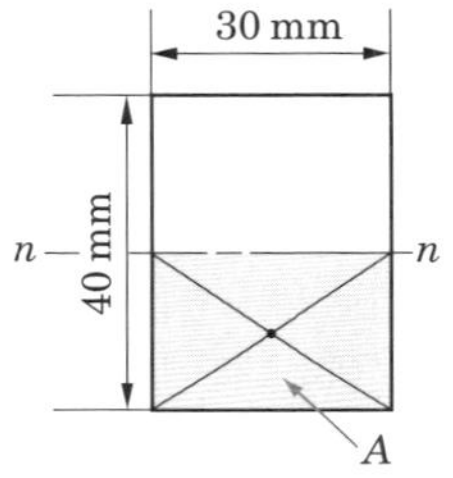

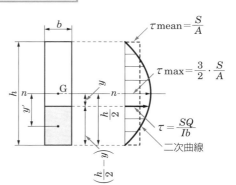
図 6-40

解答　中立軸に関する断面二次モーメント I は，

$$I = \frac{bh^3}{12} = \frac{30 \times 40^3}{12} = 1.6 \times 10^5 \,\text{mm}^4$$

中立軸より下の断面における，中立軸に関する断面一次モーメント Q は，

$$Q = Ay' = (30 \times 20) \times 10 = 6\,000 \,\text{mm}^3$$

したがって，中立軸位置におけるせん断応力 τ は，次のようになる。

$$\tau = \frac{SQ}{Ib} = \frac{1200 \times 6\,000}{1.6 \times 10^5 \times 30} = 1.5 \,\text{N/mm}^2$$

2 せん断応力の分布

図 6-41 のような，幅 b，高さ h の長方形断面のせん断応力の分布図を考えてみよう。

中立軸に関する断面二次モーメント I は，

$$I = \frac{bh^3}{12}$$

であり，中立軸 n-n に関する網掛け部分の断面一次モーメント Q は，

図 6-41　梁に生じるせん断応力の分布

$$Q = Ay' = \left(b \times \frac{h - 2y}{2}\right) \times \left(\frac{h/2 - y}{2} + y\right)$$

$$= \frac{b}{2}(h - 2y) \times \frac{1}{4}(h + 2y)❶ = \frac{b}{8}(h^2 - 4y^2)$$

となる。式(6-14)に，上式の断面二次モーメント I と断面一次モーメント Q を代入すると，

$$\tau = \frac{SQ}{Ib} = \frac{S\{b(h^2 - 4y^2)/8\}}{(bh^3/12)\,b} = \frac{3S}{2} \cdot \frac{h^2 - 4y^2}{bh^3} \tag{6-15}$$

となり，せん断応力の分布は，中立軸からの距離 y に関する二次曲線となる。上下縁 $\left(y = \dfrac{h}{2}\right)$ では $\tau = 0$ となり，中立軸の位置 $(y = 0)$ では $\tau = \dfrac{3S}{2bh} = \dfrac{3S}{2A}$ となり，最大である $\left(\tau_{\max} = \dfrac{3S}{2A}\right)$。

また，平均せん断応力は，

$$\tau_{\text{mean}} = \frac{S}{A} \tag{6-16}$$

で求められ，長方形断面の最大せん断応力は平均せん断応力の 1.5 倍である。

> **例題 13** 図 6-42(a) の I 形断面に，$S = 36\,\text{kN}$ のせん断力が作用するとき，最大せん断応力 $\tau_{\max}$ と平均せん断応力 τ_{mean}，および I 形断面の幅が変化する点の上下面におけるせん断応力 τ_1，τ_2 を求め，せん断応力の分布図を描け。

❶ $\dfrac{h/2 - y}{2} + y$

$= \dfrac{h - 2y}{4} + y$

$= \dfrac{h - 2y + 4y}{4}$

$= \dfrac{1}{4}(h + 2y)$

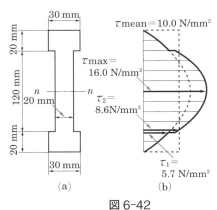

図 6-42

解答

中立軸に関する断面二次モーメント I は，

$$I = \frac{30 \times 160^3}{12} - \frac{10 \times 120^3}{12} = 8.8 \times 10^6 \, \mathrm{mm}^4$$

である。中立軸に関する下フランジ(A_1)の断面一次モーメント Q_1，中立軸より下側の断面$(A_1,\ A_2)$の断面一次モーメント Q_2 はそれぞれ，次のようになる。

$Q_1 = A_1 y_1 = 600 \times 70 = 4.2 \times 10^4 \, \mathrm{mm}^3$

$Q_2 = A_1 y_1 + A_2 y_2 = 600 \times 70 + 1\,200 \times 30 = 7.8 \times 10^4 \, \mathrm{mm}^3$

　最大せん断応力は，式(6-14)に，$I = 8.8 \times 10^6 \, \mathrm{mm}^4$，$Q = Q_2 = 7.8 \times 10^4 \, \mathrm{mm}^3$，$b = 20 \, \mathrm{mm}$，$S = 36 \times 10^3 \, \mathrm{N}$ を代入して，

$$\tau_{\max} = \frac{SQ}{Ib} = \frac{36 \times 10^3 \times 7.8 \times 10^4}{8.8 \times 10^6 \times 20} = \mathbf{16.0 \, N/mm^2}$$

　接合部の下部側のせん断応力は，式(6-14)に，$I = 8.8 \times 10^6 \, \mathrm{mm}^4$，$Q = Q_1 = 4.2 \times 10^4 \, \mathrm{mm}^3$，$S = 36 \times 10^3 \, \mathrm{N}$，$b = 30 \, \mathrm{mm}$ を代入して，

$$\tau_1 = \frac{SQ}{Ib} = \frac{36 \times 10^3 \times 4.2 \times 10^4}{8.8 \times 10^6 \times 30} = \mathbf{5.7 \, N/mm^2}$$

　接合部の上部側のせん断応力は，式(6-14)に，$I = 8.8 \times 10^6 \, \mathrm{mm}^4$，$Q = Q_1 = 4.2 \times 10^4 \, \mathrm{mm}^3$，$S = 36 \times 10^3 \, \mathrm{N}$，$b = 20 \, \mathrm{mm}$ を代入して，

$$\tau_2 = \frac{SQ}{Ib} = \frac{36 \times 10^3 \times 4.2 \times 10^4}{8.8 \times 10^6 \times 20} = \mathbf{8.6 \, N/mm^2}$$

　平均せん断応力は，$S = 36 \times 10^3 \, \mathrm{N}$，$A = 2 \times 30 \times 20 + 120 \times 20 = 3\,600 \, \mathrm{mm}^2$ であるから，

$$\tau_{\mathrm{mean}} = \frac{S}{A} = \frac{36 \times 10^3}{3\,600} = \mathbf{10.0 \, N/mm^2}$$

となり，せん断応力の分布図は，図(b)となる。❶

問10　図 6-43 の T 形断面に，$S = 24$ kN のせん断力が作用するとき，せん断応力の分布図を描け。

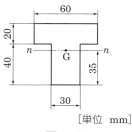

[単位　mm]

図 6-43

❶部材の接合部のせん断応力$(\tau_1,\ \tau_2)$に著しい差があるのはなぜか考えてみよう。

5

10

15

20

25

4 梁の設計

梁に荷重が作用すると，部材断面には曲げ応力およびせん断応力が生じる。ここでは，それらの応力に対し，安全な断面を設計する方法について学ぶ。

1 梁の設計の考え方

梁が安全であるためには，断面に作用する応力がその断面で耐えられる応力(許容応力度)[1]以下でなければならない。すなわち，

$$\left.\begin{array}{l} \sigma \leqq \sigma_a(許容曲げ応力度) \\ \tau \leqq \tau_a(許容せん断応力度) \end{array}\right\} \tag{6-17}$$

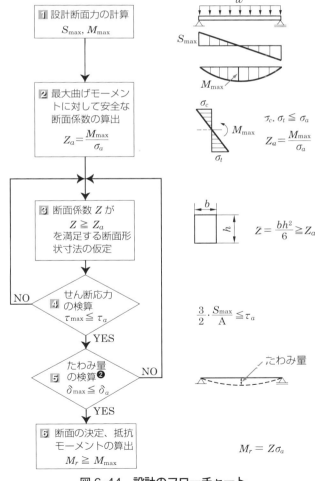

梁に作用する曲げモーメントとせん断力では，曲げモーメントの影響のほうが大きいので，多くの梁では，曲げモーメントに対して安全な断面を設計すれば，せん断力に対してもじゅうぶん安全である。

しかし，支間がひじょうに短い梁(2〜3m)に，自動車荷重のような大きな集中荷重が作用する場合には，曲げモーメントに対して安全であっても，せん断力に対して安全でない場合があるので，注意を要する。

梁の基本的な設計手順は，次のとおりである。

1 ● 最大せん断力と最大曲げモーメントを求める。

2 ● 最大曲げモーメントに対して安全な断面係数を求める。

式(6-17)，式(6-11)から必要な断面係数 Z_a を，次のようにして求める。$\sigma \leqq \sigma_a$ より，

● 詳しくは，第7章で学ぶ。
❷ 詳しくは，第10章で学ぶ。

1 設計断面力の計算 $S_{\max}, M_{\max}$

2 最大曲げモーメントに対して安全な断面係数の算出 $Z_a = \dfrac{M_{\max}}{\sigma_a}$

3 断面係数 Z が $Z \geqq Z_a$ を満足する断面形状寸法の仮定

4 せん断応力の検算 $\tau_{\max} \leqq \tau_a$ — NO

YES

5 たわみ量の検算❷ $\delta_{\max} \leqq \delta_a$ — NO

YES

6 断面の決定、抵抗モーメントの算出 $M_r \geqq M_{\max}$

$\tau_c, \sigma_t \leqq \sigma_a$

$Z_a = \dfrac{M_{\max}}{\sigma_a}$

$Z = \dfrac{bh^2}{6} \geqq Z_a$

$\dfrac{3}{2} \cdot \dfrac{S_{\max}}{A} \leqq \tau_a$

たわみ量

$M_r = Z\sigma_a$

図6-44 設計のフローチャート

$$\frac{M}{Z} \leqq \sigma_a \text{ したがって，} Z \geqq \frac{M}{\sigma_a} = Z_a$$

3 ● 断面係数 Z が，$Z \geqq Z_a$ を満足する範囲内で，できるだけ小さな断面を仮定する。❶

4 ● 仮定断面で $\tau \leqq \tau_a$ となることを確かめる。

5 ● たわみ量が制限値を超えないように注意する。❷

6 ● 断面を決定し，決定断面が耐えることのできる最大の曲げモーメント(**抵抗モーメント**❸といい，M_r で表す)を計算する。❹

❶条件を満足する範囲内で，できるだけ小さな断面積にすれば，少ない材料ですみ経済的となる。

❷たわみについては，第10章で学ぶ。

❸resisting moment

❹$M_r \geqq M_{\max}$ となる。

抵抗モーメント M_r は，決定断面の断面係数を Z とすれば次式で求められる。

$$M_r = Z\sigma_a \qquad (6\text{-}18)$$

これまでの設計手順を，図 6-44 にフローチャートとして示す。

問11 縁応力を求める式(6-11)から，式(6-18)がなりたつことを考察せよ。

2 梁の設計計算

前項で梁の基本的な設計手順を学んだが，ここでは，木材や鋼材を使用した簡単な断面形状の梁の設計計算を行う。

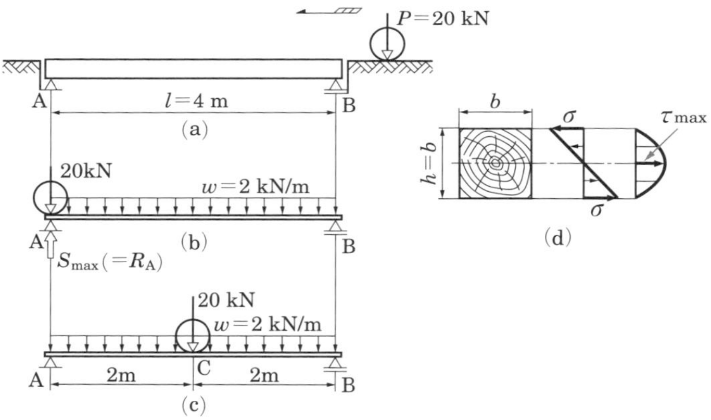

図 6-45

例題 14 図 6-45(a)のように，支間 4 m の単純梁(木材の正方形断面)に梁の自重を含めて $w = 2$ kN/m の等分布荷重と $P = 20$ kN の移動荷重が作用する場合の梁の断面寸法を設計せよ。ただし，木材の許容曲げ応力度を $\sigma_a = 10$ N/mm²，許容せん断応力度を $\tau_a = 1.0$ N/mm² とする。

解答

1 ● **設計断面力($S_{\max}$，$M_{\max}$)の計算**

最大せん断力 $S_{\max}$ は，P が支点 A 上にあるとき点 A に生じる。図(b)から，

$$S_{\max} = \frac{wl}{2} + P = \frac{2 \times 4}{2} + 20 = 24\text{ kN} = 24\,000\text{ N}$$

最大曲げモーメント $M_{\max}$ は，P が梁の中央点 C 上にあるとき，点 C に生じる。図(c)から，

$$M_{\max} = \frac{wl^2}{8} + \frac{Pl}{4} = \frac{2 \times 4^2}{8} + \frac{20 \times 4}{4} = 24\,\text{kN·m} = 2.4 \times 10^7\,\text{N·mm}$$

2 ● 必要断面係数(Z_a)の計算

$$Z_a = \frac{M_{\max}}{\sigma_a} = \frac{2.4 \times 10^7}{10} = 2.4 \times 10^6\,\text{mm}^3$$

3 ● 断面寸法の仮定

一辺 b［mm］の正方形断面と仮定すると，一辺 b の正方形断面の断面係数 Z は，

$$Z = \frac{bh^2}{6} = \frac{b^3}{6} \geqq 2.4 \times 10^6\,\text{mm}^3$$

ゆえに，$b \geqq \sqrt[3]{1.44 \times 10^7}$，$b \geqq 243\,\text{mm}$

したがって，$b = 250\,\text{mm}$ と仮定する。

4 ● せん断応力に対する検算

仮定断面の断面積 $A = b \times b = 250 \times 250 = 6.25 \times 10^4\,\text{mm}^2$，最大せん断力 $S_{\max} = 24\,000\,\text{N}$ であり，最大せん断応力 $\tau_{\max}$ は，

$$\tau_{\max} = \frac{3}{2} \cdot \frac{S_{\max}}{A} = \frac{3}{2} \times \frac{2.4 \times 10^4}{6.25 \times 10^4}$$

$$= 0.58\,\text{N/mm}^2 < \tau_a\,(= 1.0\,\text{N/mm}^2)$$

となり，最大せん断応力が許容せん断応力度より小さいので，せん断力に対して安全である。

5 ● たわみ量の検算　省略する。

6 ● 断面の決定，抵抗モーメントの算出　仮定どおり一辺 $b = 250\,\text{mm}$ の正方形断面に決定する。

決定断面の抵抗モーメント M_r は，次のようになる。

$$M_r = Z\sigma_a = \frac{bh^2}{6} \times \sigma_a = \frac{250 \times 250^2}{6} \times 10$$

$$= 2.6 \times 10^7\,\text{N·mm} > M_{\max}$$

問12　例題 14 において，一辺 25 cm の正方形断面に生じる曲げ応力 σ を求めよ。また，求めた曲げ応力 σ と許容曲げ応力度 σ_a とを比較せよ。

問13　例題 14 において，幅 b と高さ h が $1 : \sqrt{2}$ の長方形断面とするとき，b と h を求めよ。

断面係数の大きな断面

式(6-18)より，抵抗モーメントは断面係数に比例して大きくなることから，断面係数の大きな断面ほど，曲げに対して強い断面といえる。図6-46のような，直径dの丸太材から長方形の梁を加工する場合，最も断面係数が大きくなる断面とは，どのような断面であろうか。

いま，図6-46において，bとhはピタゴラスの定理より，$h^2 = d^2 - b^2$の関係がある。これを長方形断面の断面係数を求める式，$Z = bh^2/6$に代入すると，次のようになる。

$$Z = \frac{b(d^2 - b^2)}{6} \quad (0 < b < d)$$

この式はbに関する3次関数である。グラフに描くと，図6-47のようになり，Zの値を最大にするbの値は$\left(\dfrac{\sqrt{3}}{3}\right)d$である。

このとき高さhは，

$$h^2 = d^2 - b^2 = d^2 - \left(\frac{\sqrt{3}}{3}\right)^2 d^2 = d^2 - \frac{1}{3}d^2 = \frac{2}{3}d^2$$

よって，$h = \sqrt{\dfrac{2}{3}}\, d = \dfrac{\sqrt{6}}{3}d$

である。

したがって，最も断面係数が大きくなる断面は，幅と高さの比が，

$$b : h = \left(\frac{\sqrt{3}}{3}\right)d : \left(\frac{\sqrt{6}}{3}\right)d = 1 : \sqrt{2}$$

のときである。

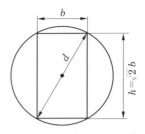

図6-46　円に内接する直方体

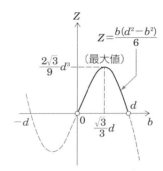

図6-47　断面係数Zと寸法 bとの関係

例題 15　図6-48の工形断面の鋼材は，どの程度の大きさの曲げモーメントとせん断力に耐えられるか求めよ。ただし，断面二次モーメントは$I = 2.36 \times 10^{10}$ mm^4，断面係数は$Z_c = 1.78 \times 10^7$ mm^3，$Z_t = 3.22 \times 10^7$ mm^3，で，許容曲げ応力度を$\sigma_a = 200$ N/mm^2，許容せん断応力度を$\tau_a = 100$ N/mm^{2}とする。

解答　圧縮側の抵抗モーメントをM_{rc}とすると，

$$M_{rc} = Z_c \sigma_a = 1.78 \times 10^7 \times 200 = 3.56 \times 10^9 \text{ N·mm}$$
$$= 3560 \text{ kN·m}$$

引張側の抵抗モーメントをM_{rt}とすると，

$$M_{rt} = Z_t \sigma_a = 3.22 \times 10^7 \times 200 = 6.44 \times 10^9 \text{ N·mm}$$
$$= 6440 \text{ kN·m}$$

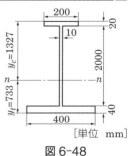

図6-48

[単位　mm]

このように，圧縮側と引張側の抵抗モーメントが異なる場合，小さいほうの値が，その断面の抵抗モーメントになる。

したがって，その抵抗モーメントを M_r とすれば，

$$M_r = 3560 \text{ kN·m}$$

となる。

次に，抵抗できる最大のせん断力 S_r は，中立軸におけるせん断応力が最大であることから，式(6-14)より，

$$\tau_a = \frac{S_r Q}{Ib}$$

よって，

$$S_r = \frac{\tau_a Ib}{Q}$$

上式に，$\tau_a = 100 \text{ N/mm}^2$，$b = 10 \text{ mm}$，$I = 2.36 \times 10^{10}$ mm^4，$Q = (40 \times 400) \times 713 + (693 \times 10) \times 346.5 = 1.38 \times 10^7$ mm^3 を代入すると，この断面が抵抗できるせん断力 S_r は，

$$S_r = \frac{\tau_a Ib}{Q} = \frac{100 \times 2.36 \times 10^{10} \times 10}{1.38 \times 10^7} = 1.71 \times 10^6 \text{ N}$$

$$= 1710 \text{ kN}$$

となる。

問14 例題15において，圧縮側と引張側の抵抗モーメントが大きく異なっているときは，経済的な断面といえない。この場合，経済的な断面とするためには，どうすればよいか考えよ。

問15 例題15において，なぜ抵抗モーメントは小さいほうを選ぶのか考えよ。

第6章 章末問題

1. 図 6-49 の各断面の図心 G(x_0, y_0) を求めよ。

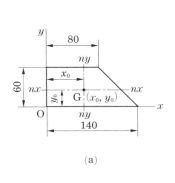

(a)

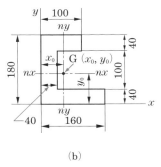

(b)

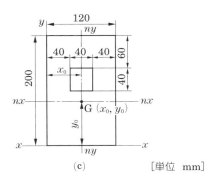

(c)

[単位 mm]

図 6-49

2. 図 6-50 の断面の図心を求め，図心軸 nx-nx に関する断面二次モーメントおよび上下縁の断面係数を求めよ。

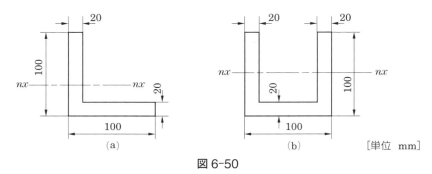

(a)　　　　　　(b)　　　　[単位　mm]

図 6-50

3. 図 6-51 の断面に，$M = 1.055 \times 10^7$ N·mm の曲げモーメントが作用するとき，上下縁の応力 σ_c，σ_t および上下フランジ接合部の応力 σ_c'，σ_t' を求めよ。

4. 図 6-51 の断面に，$S = 2.1 \times 10^4$ N のせん断力が作用するとき，せん断応力の分布図を描け。

5. 図 6-52 の断面の抵抗モーメントを求めよ。ただし，許容曲げ応力度 $\sigma_a = 140$ N/mm^2 とする。

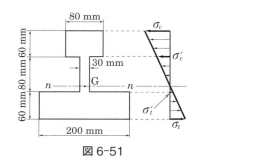

図 6-51

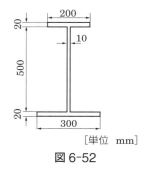

図 6-52

6. 支間 $l = 4$ m の単純梁（木製）に，$P = 40$ kN の移動荷重が作用するとき，梁の断面寸法を設計せよ。ただし，梁の断面は，幅 b と高さ h の比が $1 : \sqrt{2}$ の長方形とする。また，許容曲げ応力度 $\sigma_a = 12$ N/mm^2，許容せん断応力度 $\tau_a = 1.0$ N/mm^2 とし，木材の自重は $w = 1.0$ kN/m とする。

7. 図 6-53 の断面に，$M = 1.0 \times 10^6$ N·mm と $S = 6000$ N の力が作用するとき，縁応力 σ_c，σ_t と応力 σ_1，σ_2 およびせん断応力 τ_1，τ_2，$\tau_{\max}$ を求めよ。

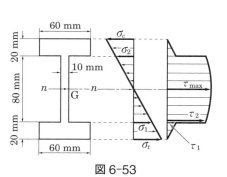

図 6-53

第**7**章

応力と材料の強さ

鋼桁模型の載荷実験

　各種の材料でつくられた部材に外力が作用すると，部材は変形し，その内部には応力が生じる。ここでは，この応力と変形の関係から，各種材料の力学的性質を調べ，構造部材として用いる場合の安全性を考慮した簡単な設計概念を学ぶ。

● 外力の作用によって部材の内部には，どのような力や変形が生じるのだろうか。
● 構造部材が安全であることを，どのように判断するのだろうか。
● 構造部材として用いられる材料にはどのようなものがあり，部材の強さは材料によってどのように違うのだろうか。

1 応力とひずみ

部材に外力が作用すると，部材内部には応力が生じ，部材の寸法や形状が変化する。すなわち，変形が生じる。

ここでは，応力と変形の関係を学ぶ。

1 軸方向応力とひずみ

(a)ひずみ　第3章で学んだように，断面積 A [m²] の部材に軸方向力 P [N] が作用するとき（図7-1(a)），部材内部に生じる軸方向応力 σ は，次式で求められた。[1]

$$\sigma = \frac{P}{A} \quad \text{[N/m}^2\text{]} \qquad (7\text{-}1)$$

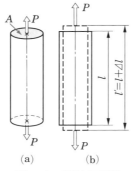

図7-1　部材の変形

このとき部材には，図(b)のような変形が生じている。部材のもとの長さ l に対する伸び量 Δl の割合をひずみ ε [2] といい，次式で求められる。

$$\text{ひずみ} \qquad \varepsilon = \frac{\Delta l}{l} \qquad (7\text{-}2)$$

[1] p.51 参照。

[2] strain：
p.158 で学ぶせん断応力によるひずみと区別するため，直ひずみ（normal strain）ということもある。
また，ひずみの単位は無次元である。

問1　長さ $l = 300$ mm の鋼棒を，ある力で引っ張ったところ，鋼棒は306 mm となった。このときの鋼棒のひずみを求めよ。

(b)フックの法則　一般に，部材に作用する力が大きくなればそれだけ変形も大きくなる。

各種実験によると，鋼材などでは軸方向応力とひずみには，ある範囲内で比例の関係が成立することが確かめられた。これを**フックの法則**という。[3] すなわち，図7-2のように，軸方向応力 σ とひずみ ε の関係は，一定の傾き E をもった直線となり，次式で表される。

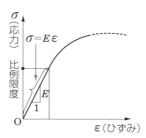

図7-2　応力とひずみの関係

[3] Robert Hooke が鉄のばねを用いて種々の実験を行い，この関係が成立することを確かめたので，フックの法則とよばれる。または，弾性の法則（law of elasticity）ともいう。

$$\sigma = E\,\varepsilon \qquad\qquad (7\text{-}3)$$

この比例定数 E を**弾性係数**❶といい，材料固有の値である。また，このフックの法則が成立する最大限の応力を**比例限度**❷という。

式(7-3)は，式(7-1)，(7-2)を代入すると，次のように表すことができる。

$$\frac{P}{A} = E\,\frac{\varDelta l}{l} \quad \text{すなわち，} \quad \varDelta l = \frac{Pl}{EA} \qquad\qquad (7\text{-}4)$$

式(7-4)から，材料の形状寸法(A, l)や作用する力(P)が同じならば，弾性係数(E)が大きい材料のほうが，変形量($\varDelta l$)は小さいことがわかる。また，EA を**伸び剛性**❸という。

例題 1　直径 20 mm，長さ 1 m の鋼材を 40 kN の力で引っ張ると，この鋼材の伸びはいくらになるか。ただし，比例限度の応力を 200 N/mm² とし，弾性係数を $E_S = 2.0 \times 10^5$ N/mm² とする。

解答　断面積　$A = \dfrac{\pi d^2}{4} = \dfrac{\pi \times 20^2}{4} = 314$ mm²

軸方向引張応力　$\sigma = \dfrac{P}{A} = \dfrac{4.0 \times 10^4}{314} = 127$ N/mm²（< 200 N/mm²）

したがって，比例限度内の応力であるからフックの法則が成立し，式(7-4)を用いることができる。

ここで，$E_S = 2.0 \times 10^5$ N/mm² であるから，伸び量 $\varDelta l$ は，

$$\varDelta l = \frac{Pl}{EA} = \frac{4 \times 10^4 \times 1000}{2.0 \times 10^5 \times 314} = \mathbf{0.637}\ \textbf{mm}$$

となる。

問 2　長さ 1.2 m，断面積 500 mm² の鋼材を 40.0 kN の力で引っ張ったとき，0.8 mm 伸びた。この鋼材の弾性係数 E はいくらか。ただし，鋼材に作用する軸方向引張応力は，比例限度内とする。

(c)ポアソン比　図 7-1 において，長さ l の部材を引っ張ると，軸方向に伸び量 $\varDelta l$ が生じることは学んだが，これと同時に，軸と直角方向に $\varDelta b$ の縮みも生じている（図 7-3）。

このときの軸方向のひずみ $\dfrac{\varDelta l}{l}$ ❹に対する，軸と直角方向のひずみ $\dfrac{\varDelta b}{b}$ ❺の割合に負号をつけた値を**ポアソン比**❻₌₁ という，次式で求められる。

❶modulus of elasticity；ヤング係数（Young's modulus）ともいう。
　本書では，鋼材の弾性係数を E_S，コンクリートの弾性係数を E_C と表す。
❷proportional limit

❸elongation stiffness

❹縦ひずみ（longitudinal strain）という。
❺横ひずみ（lateral strain）という。
❻Poisson's number；伸び量 $\varDelta l$ を正（＋），縮み量 $\varDelta b$ を負（−）として計算する。また，ポアソン比を正（−）で示すために負号をつけている。

$$\nu = -\frac{\varDelta b/b}{\varDelta l/l} \qquad (7\text{-}5)$$

b
P
l
l+Δl
b+Δb
P

図 7-3　横ひずみ

このポアソン比は，材料固有の値を示す。鋼材では$+\frac{1}{3}$～$+\frac{1}{4}$，コンクリートでは$+\frac{1}{6}$～$+\frac{1}{12}$程度の値である。

問 3　直径 20 mm，長さ 1 m の鋼材を引っ張ると，軸方向のひずみが 0.009 であった。ポアソン比 $\nu = 0.15$ とすると，軸と直角方向の変形量 $\varDelta b$ はいくらになるか。

2　各種材料の力学的性質

前項で，応力とひずみの関係は材料固有のものであることを学んだ。ここでは，構造物によく用いられる鋼とコンクリートにおいて，応力とひずみの関係を，それぞれ学ぶ。

1　鋼

図 7-4(a)のように，断面積 A，長さ l の鉄筋の試験片に軸方向引張力 P を作用させる。その引張力をしだいに大きくしていくとき，鉄筋に生じる応力 σ とひずみ ε の変化のようすは，図(b)のような曲線となる。この曲線を**応力－ひずみ曲線**[1]という。

[1] stress-strain curve

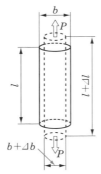

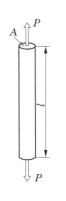

A
P
l
P
(a)
σ
U
Yᴜ
B
(破壊)
E
Yʟ
H
P
α
O
P′
ε
弾性域
塑性域
ひずみ硬化域
(点E，点H，点Uにおけるひずみの大きさは，それぞれ 0.1～0.2%程度，1～2%程度，15～20%程度となる。)
(b)
P：比例限度（応力とひずみが比例する限界）
E：弾性限度（弾性の性質を有する限界）
Yᴜ：上降伏点（急激にひずみが変化するはじまりの点）
Yʟ：下降伏点（急激にひずみが変化する終わりの点）
H：降伏伸び終了点（応力が変化せず，ひずみのみ増大する限度）
U：最大応力点（応力が最大となる点）
B：破壊点（材料が破壊する点）

図 7-4　鋼の応力－ひずみ曲線

1 ● 図(b)の曲線において，OP 間では，応力とひずみは比例し直

線となる。すなわち，この区間ではフックの法則がなりたち，このときの点 P を**比例限度**という。

2 ● PE 間では，ややカーブを描く。点 E で力を取り去ると，変形はもとに戻りひずみは残らない。このように，力を取り去るともとに戻る性質を**弾性**[1]といい，点 E を**弾性限度**[2]という。

3 ● EH 間では点 E を超えて応力を増加させると点 Y_U（<ruby>上降伏点<rt>じょうこうふくてん</rt></ruby>）[3]に達し，その後いったん応力が点 Y_L（<ruby>下降伏点<rt>かこうふくてん</rt></ruby>）[4]に下がる。点 Y_L から点 H まで応力はほぼ一定であるが，ひずみは増加する。

4 ● HU 間では，点 H を超えて応力を増加させると，ふたたびひずみも増加する。この現象は一般に，**ひずみ硬化**[5]という。さらに，応力を増加させると**最大応力点**[6] U にいたり，その後，**破壊点**[7] B に達する。

　なお，点 E を超えると，作用する力を取り去ってもひずみ（伸び）はもとの形には戻らず，試験片にひずみが残る。このように，力を取り去ってももとに戻らない性質を**塑性**[8]という。

　ただし，図(b)の曲線は，外力 P が増加しても試験片の断面積は，はじめの値と変らないものとして描いたものである。[9]

　また，**鋼材の強さは，一般に上降伏点 Y_U における応力を基準とする場合が多い。**

2 コンクリート

　図 7-5(a) のように，コンクリートの円柱形の試験体に軸方向圧縮力 P を作用させたとき，応力-ひずみ曲線を図(b)に示す。コンクリートの場合は，軸方向応力とひずみが比例するような直線区間はなく，外力 P を取り去ったあともひずみは残る。このようにコンクリートは塑性体的な挙動が強いが，軸方向応力が比較的小さい

[1] elasticity
[2] elastic limit
[3] upper yield point
[4] lower yield point

[5] strain hardening
[6] この点の応力を引張強さ（tensile strength），または極限強さ（ultimate strength）という。
[7] この点の応力を破壊強さ（breaking strength）という。
[8] plasticity

[9] 破断面の断面積が変わらないものとして計算した応力を公称応力（nominal stress）といい，断面積の変化を考慮して計算したものを真応力（actual stress）という。
　上記の極限強さと破壊強さはいずれも公称応力である。

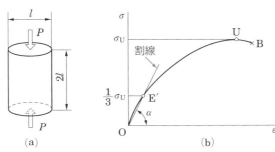

図 7-5　コンクリートの応力-ひずみ曲線

区間，すなわち点 U での最大圧縮応力（**圧縮強さ**という）の $\frac{1}{3}$ の点 E′ までは，フックの法則がなりたつ弾性体と考える場合が多い。したがって，コンクリートの弾性係数 E_C は，原点 O と点 E′ とを結ぶ割線 OE′ の勾配として求められる。

❶compressive strength

ところで，ここで学んだ鋼とコンクリートは，土木材料として最も重要なものである。それらの基本的な性質として，コンクリートは圧縮応力には強いが引張応力には著しく弱いという欠点がある。❷一方，鋼は圧縮応力と同様に引張応力にも強い。したがって，構造物を設計する場合，部材にどのような応力が作用するのかを考慮して，使用する材料を選定しなければならない。

❷圧縮応力の $\frac{1}{10}$ 以下の引張応力にしか抵抗できない。

▼ いろいろな材料実験

材料実験は，各種材料の特性・性質を知るためのたいせつな実験である。
図 7-6 は鉄筋の引張試験であり，鉄筋の降伏点，引張強さ，伸び量などを計測することにより，図 7-4 の応力−ひずみ曲線を描くことができる。
また，図 7-7 はコンクリートの圧縮強度試験であり，コンクリートの圧縮強さや縮み量などを計測することにより，図 7-5 の応力−ひずみ曲線を描くことができる。

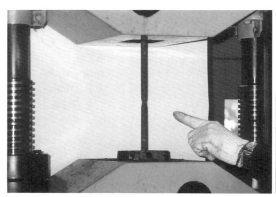

図 7-6　鉄筋の引張試験

図 7-7　コンクリートの圧縮強度試験

3　せん断応力とひずみ

図 7-8(a) のように，梁部材に荷重 P が作用しているとき，部材の微小部分 $\varDelta x$ を取り出して考えてみよう。

このとき，図 (b) のように，微小部分 $\varDelta x$ にはせん断力 S により変形量 $\varDelta y$ が生じている。この $\varDelta y$ と $\varDelta x$ の比，すなわち変形の割

合 γ（ガンマ）は，次式のように表される。

せん断ひずみ　　$$\gamma = \frac{\Delta y}{\Delta x} \qquad (7\text{-}6)$$

この γ を**せん断ひずみ**[1]という。せん断ひずみの符号は，変形前の水平軸（辺 AD）を基準とし，変形量 Δy に応じて生じる角度 ϕ（ファイ）[2]が時計まわりのときを正（＋），反時計まわりのときを負（−）とする。

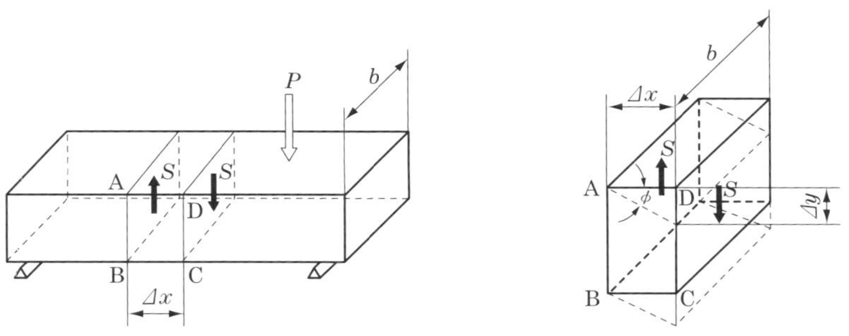

(a)　　(b)

図 7-8　梁に生ずるせん断ひずみ

❶ shear strain;
　せん断ひずみは単位長さあたりのずれの大きさと考えられる。
　また，梁のせん断ひずみは軸方向力によって生じるひずみに比べてたいへん小さいので，設計上無視されることが多い。

❷ この値はたいへん小さいものであり，このとき，ϕ をラジアン単位で表すと，

$$\gamma = \frac{\Delta y}{\Delta x} = \tan\phi = \phi$$

がなりたつ。

また，軸方向応力とひずみとの関係式 (7-3) のように，せん断応力 τ とせん断ひずみ γ との間には，次の関係式がなりたつ。

せん断弾性係数　　$$\frac{\tau}{\gamma} = G \qquad (7\text{-}7)$$

この G を**せん断弾性係数**[3]という。

❸ shear modulus

例題 2

図 7-9 のように，コンクリートの長方形部材の微小部分 $\Delta x = 100$ mm に，せん断応力 $\tau = 0.45$ N/mm² が作用するとき，変形量 Δy はいくらになるか。ただし，せん断弾性係数は $G = 1.2 \times 10^4$ N/mm² とする。

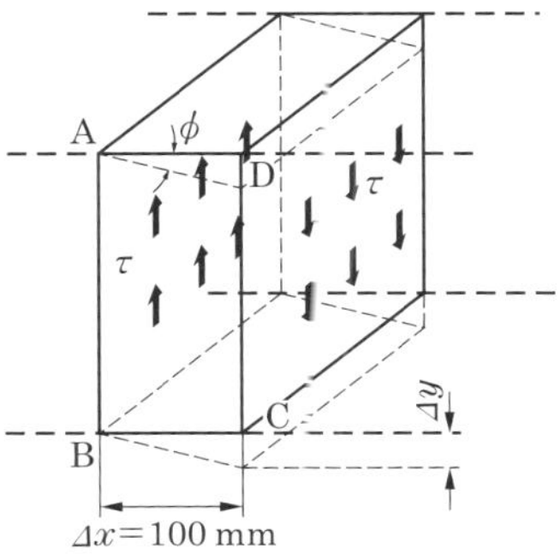

図 7-9

解答

式 (7-7) より，せん断ひずみ γ は，

$$\gamma = \frac{\tau}{G} = \frac{0.45}{1.2 \times 10^4} = 3.75 \times 10^{-5}$$

したがって，変形量 Δy は式 (7-6) より，次のようになる。

$$\Delta y = \gamma \Delta x = 3.75 \times 10^{-5} \times 100$$
$$= \mathbf{3.75 \times 10^{-3}}\ \text{mm}$$

2 許容応力度と安全率

　鋼材やコンクリートなどの材料で試験片をつくり，その試験片に軸方向力 P [N] を作用させ，その力をしだいに増加させていくと，試験片に生じる応力も増加する。さらに，その応力が，試験片が耐えられる限界の応力を超えると，ついには破壊する。

　したがって，それらの材料を構造用部材として使用する場合，つねに安全であるように，材質や断面形状に応じて部材内部に生じる応力 σ を制限する必要がある。この制限された最大限度の応力を**許容応力度**❶といい，σ_a [N/mm²] で表すと，部材が安全であるためには次式がなりたたなくてはならない。

$$\sigma \leqq \sigma_a \qquad (7\text{-}8)$$

　また，軸方向力 P [N] が作用する部材の面積を A [mm²] とすると，式(7-8)は式(7-1)を用い，次のように置き換えられる。

$$\frac{P}{A} \leqq \sigma_a \qquad (7\text{-}9)$$

　また，引張力を受ける材料の許容引張応力度は σ_{ta}，圧縮力を受ける材料の許容圧縮応力度は σ_{ca} で表される。

　ここで，鋼材の強度の基準は，図7-4 に示す上降伏点 Y_U の応力 σ_Y [N/mm²] で表され，この σ_Y と許容引張応力度 σ_{ta} [N/mm²] との比を**安全率**❷ S といい，次式で表される。

$$S = \frac{\sigma_Y}{\sigma_{ta}} \quad \text{または，} \quad \sigma_{ta} = \frac{\sigma_Y}{S} \qquad (7\text{-}10)$$

　また，圧縮力を受けるコンクリートの場合は，強度の基準を図7-5 に示す圧縮強さ σ_U として安全率を次式で表す。

$$S = \frac{\sigma_U}{\sigma_{ca}} \quad \text{または，} \quad \sigma_{ca} = \frac{\sigma_U}{S} \qquad (7\text{-}11)$$

　この安全率は，部材の構造上の重要度，材料の性質および作用する荷重の種類などによって異なるが，コンクリートは3程度，鋼材は1.7程度の値が用いられることが多い。

❶allowable stress；
　p. 175 表8-2 に，おもな鋼材の許容軸方向圧縮応力度を示す。

❷factor of safety

例題 3

直径 $d = 2\,\mathrm{mm}$ の鋼線を引張力 $P_0 = 500\,\mathrm{N}$ で引っ張るとき，この鋼線の安全性を判定せよ。ただし，鋼線の許容引張応力度を，$\sigma_{ta} = 140\,\mathrm{N/mm^2}$ とする。

解答

鋼線の断面積 A は，
$$A = \pi \left(\frac{d}{2} \right)^2 = \pi \left(\frac{2}{2} \right)^2 = 3.14\,\mathrm{mm^2}$$
である。このとき鋼線に生じる応力 σ は，
$$\sigma = \frac{P_0}{A} = \frac{500}{3.14} = 159\,\mathrm{N/mm^2}$$
となる。したがって，
$$\sigma > \sigma_{ta}(= 140\,\mathrm{N/mm^2})$$
であり，**この鋼線は安全ではない。**

問 4 例題 3 において，安全な鋼線の直径は，何 mm 以上必要か。

問 5 許容引張応力度が $140\,\mathrm{N/mm^2}$ である直径 16 mm の鉄筋の引張試験をしたところ，70 kN で上降伏点に達した。このときの鉄筋の安全率を求めよ。

安全率について

　一般的に，構造物に使用される材料の強度は，各種試験によって求められる。しかし，材料が使用される環境，突発的に加わる大きな荷重の作用（地震による荷重など），経年変化などのように，その材料が試験結果とは異なる強度になってしまう不確定な要因は数多くある。さらに，構造物全体を考えれば，構造物の重要度や，各部材に使用される材料の不具合が構造物全体に及ぼす影響の大きさなども考慮しなければならない。

　多くの人命にかかわる構造物にとっては，技術者が以上のような不確定な要因を正確に把握したうえで，適切な安全率を定めると同時に，これを必ず守ることが重要である。

　土木構造物の材料では，品質や使用環境の違いによりばらつきが大きく，1.2〜3.0 の安全率が多い。建築設備関係のエレベータを吊るすワイヤなどは，直接人命にかかわるため，建築基準法によって安全率 10 以上と定められている。一方，航空分野では，軽量化・信頼性・安全性が強く要求されるなかで，徹底した品質管理，解析技術の進歩などから不確定な要素を除く設計がなされており，使用される材料の安全率は 1.15〜1.25 ときわめて低い。

　さらに，一度の事故で多くの人命を損なう可能性が高い航空機では，材料の安全率とは別に，部品の損傷や破壊があっても，それが局所的にとどまり航空機自体の致命的な破壊にいたらないような構造とする設計思想（**フェイルセーフ**）も取り入れられている。

図 7-10

1. 直径 20 mm の鋼材を 50 kN の力で引っ張るとき，鋼材の直径は，何 mm 細くなるか。ただし，ポアソン比 $\nu = 0.3$，弾性係数 $E_S = 2.0 \times 10^5$ N/mm^2 とする。

2. 図 7-11 のように，$\phi 22$ の鋼棒を引っ張るとき，この鋼棒は何 kN の力まで安全といえるか。

ただし，鋼棒の許容引張応力度を 140 N/mm^2 とする。

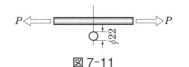

図 7-11

3. 図 7-12 のように，外力 P が，外径 200 mm，内径 180 mm の鋼管に加わるとき，その許容圧縮応力度を 180 N/mm^2 とすると，鋼管は P が何 kN まで耐えられるか。

4. 荷重 800 kN を受けるコンクリートの正方形断面の柱を設計するとき，この柱が安全であるためには，一辺が何 mm あればよいか。

ただし，コンクリートの許容圧縮応力度を 10 N/mm^2 とする。

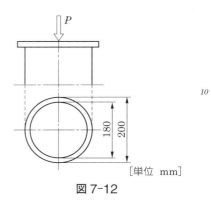

[単位 mm]

図 7-12

5. 前問において，断面が円形の場合，その直径は何 mm あればよいか。

6. 図 7-13 のように，一辺 300 mm の正方形断面で高さ 500 mm のコンクリート基礎に 500 kN の荷重を加えたとき，この基礎は安全かどうか調べよ。安全なときは何 mm 縮むか。

ただし，コンクリートの許容圧縮応力度 $\sigma_a = 9$ N/mm^2，弾性係数 $E_c = 2.8 \times 10^4$ N/mm^2 とする。

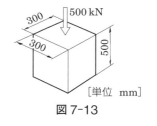

[単位 mm]

図 7-13

7. 高さ 500 mm のコンクリートの基礎(円形断面とする)の上に，1000 kN の荷重を載せようとするとき，このコンクリートの高さの変化量 Δh を 5 mm 以下におさえ，かつコンクリートが安全であるためには，この基礎の直径は，何 mm にすればよいか。ただし，$\sigma_a = 10$ N/mm^2，$E_c = 2.8 \times 10^4$ N/mm^2 とする。

柱

桁を支える橋脚

　これまでは，おもに曲げモーメントに抵抗する部材として，梁を学んだ。ここでは，橋脚などのように，おもに軸方向の圧縮力に対して抵抗する棒状部材としての柱について学ぶ。

●柱部材断面のもつ特徴は，何で表わされるのだろうか。

●柱の種類には，どのようなものがあるのだろうか。

●柱に荷重が作用すると，どのような応力や変形が生じるのだろうか。

●柱が安全であるための断面とは，どのようなものだろうか。

1 柱部材断面の性質

①柱は，おもに軸方向に圧縮力を受ける部材である。

ここでは，この柱部材の強さや変形に対する断面の性質について
学ぶ。

1 断面二次半径

図 8-1 のように，細長い部材の軸方向
に圧縮力が作用するとき，その力をしだ
いに大きくしていくと，押しつぶされる
より弱い力で突然折れ曲がって壊れる。
これを**座屈**②という。このとき，折れ曲が
りやすい方向を判断したり，部材が軸方
向圧縮力を受けたとき，部材の強さの計
算に用いられる係数を**断面二次半径**とい

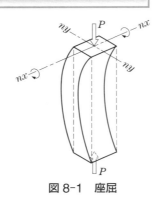

図 8-1　座屈

う。この断面二次半径は，**図心軸に関する断面二次モーメントを，
その断面積で割った値の平方根**と定義される。

したがって，図 8-2 のように，ある
断面の図心軸 nx-nx，ny-ny に関す
る断面二次モーメントを I_{nx}，I_{ny} とし，
断面積を A とすれば，その軸に関す
る断面二次半径 i_x，i_y は，式(8-1)で
求められる。④

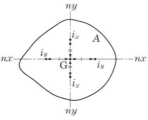

図 8-2　任意の断面の断面
二次半径

| 断面二次半径 | $i_x = \sqrt{\dfrac{I_{nx}}{A}}$ ，$i_y = \sqrt{\dfrac{I_{ny}}{A}}$ | (8-1) |

部材は，断面二次モーメントと同様に，この断面二次半径が小さ
い方向に座屈する。

例題 1　図 8-3 のような長方形断面の図心軸 nx-nx，ny-ny に
関する断面二次半径 i_x，i_y を求めよ。

②buckling;
　詳しくは p. 173 で学ぶ。

③radius of gyration of
area;
　回転半径ともいう。
　部材の座屈しにくさを
表す。値が大きいほど，
その部材は座屈しにくい。

④単位は mm, m などで
ある。

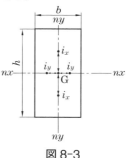

図 8-3

図心軸 nx-nx，ny-ny に関する断面二次半径は，式(8-1)より，

$$i_x = \sqrt{\frac{I_{nx}}{A}} = \sqrt{\frac{bh^3/12}{bh}} = \frac{\sqrt{3}\,h}{6}, \quad i_y = \sqrt{\frac{I_{ny}}{A}} = \sqrt{\frac{hb^3/12}{bh}} = \frac{\sqrt{3}\,b}{6}$$

となる。

問1 直径 d の円形断面の断面二次半径を求めよ。

2 核点

断面に軸方向力が作用する場合，その作用点が断面の中心付近であれば，部材には圧縮応力のみが生じる(図8-4(a)，(b))。

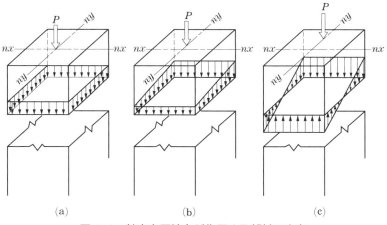

図8-4 軸方向圧縮力が作用する部材の応力

しかし，中心から外側に作用位置を徐々にずらしていくと，図(c)のように引張応力が生じるようになる。コンクリートのような引張強さの小さい材料でつくられた柱にとって，この引張応力は好ましくない。したがって，引張応力が生じない荷重作用範囲を知ることは設計上重要である。この範囲を**核**といい，その限界点を**核点**という。

❶core

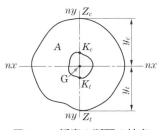

図8-5 任意の断面の核点

図8-5の任意な断面の核点 K_c，K_t は，図心軸 nx-nx に関する上下縁の断面係数を Z_c，Z_t とし，断面積を A とすると，次式によって求められる。

$$K_c = \frac{Z_t}{A}, \quad K_t = \frac{Z_c}{A} \tag{8-2}$$

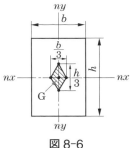

図 8-6

例題
2

図 8-6 の長方形断面の図心軸 nx-nx, ny-ny に関する核点を求めよ。

解答

上下左右対称の断面であるから，図心軸 nx-nx に関する核点は，式(8-2)より，

$$K_c = K_t = \frac{Z}{A} = \frac{bh^2/6}{bh} = \frac{h}{6}$$

図心軸 ny-ny に関する核点は，

$$K_c = K_t = \frac{Z}{A} = \frac{hb^2/6}{bh} = \frac{b}{6}$$

これらの核点を図示すると，図 8-6 のようになり，このような長方形断面の場合，核点を結んで得られた範囲(斜線部)が核である。❶

問2

図 8-7 の図心軸 nx-nx，ny-ny に関する核点を求めよ。

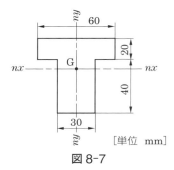

[単位 mm]

図 8-7

❶図 8-6 において直交軸以外の軸における核点は，直交軸の核点を結んだ直線上にある。

2 短柱

長さに比べて断面の大きな柱に軸方向圧縮力が作用するとき，その力をしだいに大きくしていくと，柱は材料の強度の限界を超え，図 8-8 のように，押しつぶされたように破壊する。このような柱を短柱❶といい，この破壊形態をとくに圧壊という。

ここでは，短柱の断面に軸方向圧縮力が作用するとき，その作用位置の違いによって，どのような応力状態になるのかを学ぶ。

 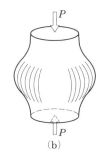

(a)   (b)

図 8-8 　短柱の破壊

1 　断面図心に軸方向圧縮力が作用する場合

図 8-9 のように，断面積 A の断面の図心に軸方向圧縮力 P が作用する場合，柱に生じる圧縮応力 σ_c は次式で求められる。❷

$$\sigma_c = -\frac{P}{A} \tag{8-3}$$

❷圧縮応力の符号は，あらかじめわかっているときは，その符号を省略するが，ここでは次項で学ぶ偏心荷重で正負が関係するので，負の符号をつける。

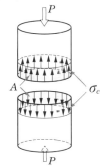

図 8-9 　圧縮応力

❸eccentric load
❹eccentric distance

問 3 　直径 150 mm，高さ 300 mm のコンクリートの円柱の試験体を用いて，軸方向の圧縮試験をしたところ，600 kN で破壊した。このときのコンクリートの圧縮応力（圧縮強度）を求めよ。

2 　偏心荷重が作用する場合

軸方向圧縮力が断面の図心からずれて作用する場合，その圧縮力を偏心荷重❸といい，図心からの距離を偏心距離❹という。

1 　断面の図心軸上に荷重が作用する場合

図 8-10(a)のように，図心 G から図心軸 x-x 軸上に距離 e だけずれた点 E に荷重 P が作用する場合を考えよう。このとき，短柱は

図 8-10(b)のように変形する。この変形は，図(c)のような荷重 P が断面の図心 G に作用した場合の変形Ⅰと，図(d)のような荷重 P と偏心距離 e による曲げモーメント $M = Pe$ の作用を受けて曲がる変形Ⅱとを重ね合わせたものである。

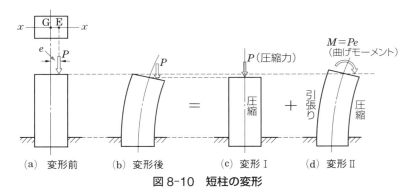

(a) 変形前 　 (b) 変形後 　 (c) 変形Ⅰ 　 (d) 変形Ⅱ

図 8-10　短柱の変形

　この変形の状態から偏心荷重を受ける短柱の応力を求めると，図 8-11 のように，式(8-3)の荷重 P による圧縮応力 σ_c(図(b))と，第 6 章で学んだ曲げモーメント M による曲げ引張応力 σ'_t，曲げ圧縮応力 σ'_c(図(c))を加えた応力(**合成応力**という)と考えることができる。

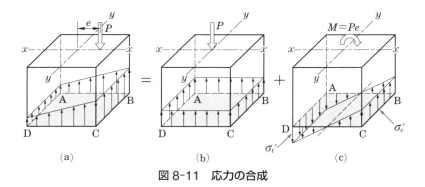

(a) 　 (b) 　 (c)

図 8-11　応力の合成

　したがって，AD，BC の縁の応力 σ_{AD}，σ_{BC} は，次式で求められる。

$$\left.\begin{array}{l} \sigma_{AD} = \sigma_c + \sigma'_t = -\dfrac{P}{A} + \dfrac{M}{Z_y} \\[2mm] \sigma_{BC} = \sigma_c + \sigma'_c = -\dfrac{P}{A} - \dfrac{M}{Z_y} \end{array}\right\} \qquad (8\text{-}4)$$

例題 3 図 8-12 のような断面の短柱の図心 G から，図心軸 x-x 軸上の偏心距離 $e = 100\,\mathrm{mm}$ の点 E に，$P = 120\,\mathrm{kN}$ の圧縮力が作用するとき，AD および BC の縁に生じる応力 σ_{AD}，σ_{BC} を求めよ。

解答 断面積 $\quad A = bh = 300 \times 400 = 1.2 \times 10^5\,\mathrm{mm}^2$

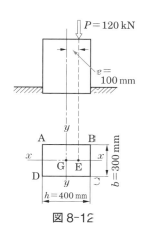

図 8-12

断面係数 $\quad Z_y = \dfrac{bh^2}{6} = \dfrac{300 \times 400^2}{6} = 8.0 \times 10^6\,\mathrm{mm}^3$

曲げモーメント $\quad M = Pe = 120\,000 \times 100 = 1.2 \times 10^7\,\mathrm{N \cdot mm}$

したがって，縁応力は式(8-4)より，次のようになる。

$$\sigma_{\mathrm{AD}} = -\frac{P}{A} + \frac{M}{Z_y} = -\frac{1.2 \times 10^5}{1.2 \times 10^5} + \frac{1.2 \times 10^7}{8.0 \times 10^6}$$

$$= 0.5\,\mathrm{N/mm}^2 \quad \textbf{(引張応力)}$$

$$\sigma_{\mathrm{BC}} = -\frac{P}{A} - \frac{M}{Z_y} = -\frac{1.2 \times 10^5}{1.2 \times 10^5} - \frac{1.2 \times 10^7}{8.0 \times 10^6}$$

$$= -2.5\,\mathrm{N/mm}^2 \quad \textbf{(圧縮応力)}$$

例題 3 からわかるように，偏心荷重が作用するときには，断面に引張応力が生じる場合がある。このことは前節で学んだように，作用点が核内か核外かで判断ができる。

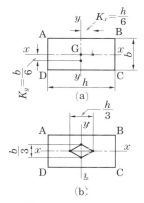

図 8-13 の長方形断面の核点は，$K_x = \dfrac{h}{6}$，$K_y = \dfrac{b}{6}$ であり，核は図(b)の網掛け部分である。このことを式(8-4)を利用して確かめてみよう。

図 8-13 核と核点

式(8-4)に，曲げモーメント $M = Pe$，断面係数 $Z = \dfrac{bh^2}{6}$ を代入すれば，縁 AD，BC に生じる応力は，

$$\sigma_{\mathrm{AD}} = -\frac{P}{A} + \frac{M}{Z_y} = -\frac{P}{bh} + \frac{Pe}{bh^2/6} = -\frac{P}{bh}\left(1 - \frac{6e}{h}\right)$$

$$\sigma_{\mathrm{BC}} = -\frac{P}{A} - \frac{M}{Z_y} = -\frac{P}{bh} - \frac{Pe}{bh^2/6} = -\frac{P}{bh}\left(1 + \frac{6e}{h}\right)$$

である。このとき，応力が正値(引張応力)になるのは，$1 - \dfrac{6e}{h} < 0$ のときで，偏心距離 e の範囲は，$e > \dfrac{h}{6} = K_x$ となる。

ここで，偏心距離 e および核点 K と縁 AD の応力 σ_{AD} との関係をまとめると，次のようになる。

$$e < K \quad \text{から} \quad \sigma_{\mathrm{AD}} < 0 \quad \text{(圧縮応力)}$$

$$e = K \quad \text{から} \quad \sigma_{\mathrm{AD}} = 0$$

$$e > K \quad \text{から} \quad \sigma_{\mathrm{AD}} > 0 \quad \text{(引張応力)}$$

y 軸方向についても同様な関係が得られる。

したがって，図8-13(b)のように，x 軸上では中央 $\dfrac{h}{3}$，y 軸上では中央 $\dfrac{b}{3}$ の範囲内に荷重が作用していれば，断面に引張応力が生じないことになる。この $\dfrac{h}{3}$，$\dfrac{b}{3}$ になる点を**中央三分点**という。

また，引張応力が生じるか生じないかは，**軸方向圧縮力 P の大きさに影響されない**ことに注意する必要がある。^❶

問4 例題3において，縁 AD に引張応力が生じないようにするには，偏心距離 e はいくらまでの範囲にあればよいか。

2 断面の図心軸外に偏心荷重が作用する場合

これまでは，偏心荷重が柱の断面の一つの図心軸上に偏心している場合について学んできたが，ここでは図8-14(a)のように，荷重の作用点が図心を通る x–x 軸，y–y 軸以外の点 E に作用する場合の応力を求めてみよう。

> ❶一般に，引張力に弱い材料を使う短柱の設計では，核内に軸方向圧縮力が作用するように，断面の形や大きさを決める。

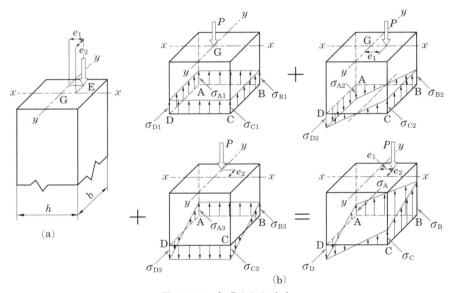

図8-14 合成された応力

考え方は，図8-11 と同様に，荷重 P が図心上に作用したときの圧縮応力と，x–x 軸上に偏心したときの曲げモーメント $M_1 = Pe_1$ による曲げ応力に，さらに，y–y 軸上に偏心したときの曲げモーメント $M_2 = Pe_2$ による曲げ応力を合成したものである。

図8-14(b)に荷重の作用点と応力の関係を示す。合成応力の大きさは四すみともそれぞれ異なり，次のようになる。

P による圧縮応力
$$\sigma_C = -\frac{P}{A}$$

M_1 による曲げ引張応力（縁 AD）
$$\sigma_{AD} = \frac{M_1}{Z_y}$$

　曲げ圧縮応力（縁 BC）
$$\sigma_{BC} = -\frac{M_1}{Z_y}$$

M_2 による曲げ圧縮応力（縁 AB）
$$\sigma_{AB} = -\frac{M_2}{Z_x}$$

　曲げ引張応力（縁 CD）
$$\sigma_{CD} = \frac{M_2}{Z_x}$$

ただし，Z_x，Z_y はそれぞれ x 軸，y 軸に関する断面係数である。

したがって，四すみの合成応力は各縁の応力を合成すればよく，次のようになる。

$$\left.\begin{aligned}
\sigma_A &= \sigma_{A1} + \sigma_{A2} + \sigma_{A3} = \sigma_C + \sigma_{AD} + \sigma_{AB} \\
\sigma_B &= \sigma_{B1} + \sigma_{B2} + \sigma_{B3} = \sigma_C + \sigma_{AB} + \sigma_{BC} \\
\sigma_C &= \sigma_{C1} + \sigma_{C2} + \sigma_{C3} = \sigma_C + \sigma_{BC} + \sigma_{CD} \\
\sigma_D &= \sigma_{D1} + \sigma_{D2} + \sigma_{D3} = \sigma_C + \sigma_{AD} + \sigma_{CD}
\end{aligned}\right\} \quad (8\text{-}5)$$

圧縮応力は，荷重 P の作用点に最も近い点 B で最大となり，最も遠い点 D では，引張応力を生じることがある。❶

例題 4

解答

図 8-15 のように，x-x 軸から 100 mm，y-y 軸から 150 mm 偏心した点 E に，$P = 200\,\text{kN}$ の荷重が作用するとき，点 A，B，C，D，の応力を求めよ。

断面積 A，偏心による曲げモーメント M_1，M_2 は，

$$A = 400 \times 600 = 2.4 \times 10^5\,\text{mm}^2$$

$$M_1 = Pe_1 = 2.0 \times 10^5 \times 150 = 3.0 \times 10^7\,\text{N·mm}$$

$$M_2 = Pe_2 = 2.0 \times 10^5 \times 100 = 2.0 \times 10^7\,\text{N·mm}$$

である。

y-y 軸に関する断面係数 Z_y は，

$$Z_y = \frac{bh^2}{6} = \frac{400 \times 600^2}{6} = 2.4 \times 10^7\,\text{mm}^3$$

x-x 軸に関する断面係数 Z_x は，

$$Z_x = \frac{hb^2}{6} = \frac{600 \times 400^2}{6} = 1.6 \times 10^7\,\text{mm}^3$$

荷重 P による圧縮応力 σ_C は，

$$\sigma_C = -\frac{P}{A} = -\frac{2.0 \times 10^5}{2.4 \times 10^5} = -0.83\,\text{N/mm}^2$$

である。縁 AB，CD に生じる応力 σ_{AB}，σ_{CD} は，

❶柱の設計において，これらの縁応力が，材料の許容応力よりも小さければ，安全といえる。

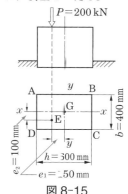

図 8-15

$$\sigma_{AB} = \frac{M_2}{Z_x} = \frac{2.0 \times 10^7}{1.6 \times 10^7} = 1.25 \text{ N/mm}^2$$

$$\sigma_{CD} = -\sigma_{AB} = -1.25 \text{ N/mm}^2$$

縁 BC, AD に生じる応力 σ_{BC}, σ_{AD} は,

$$\sigma_{BC} = \frac{M_1}{Z_y} = \frac{3.0 \times 10^7}{2.4 \times 10^7} = 1.25 \text{ N/mm}^2$$

$$\sigma_{AD} = -\sigma_{BC} = -1.25 \text{ N/mm}^2$$

となる。

したがって,式(8-5)から,各点の応力は次のようになる。

$$\sigma_A = -0.83 - 1.25 + 1.25 = \mathbf{-0.83} \text{ N/mm}^2$$

$$\sigma_B = -0.83 + 1.25 + 1.25 = \mathbf{1.67} \text{ N/mm}^2$$

$$\sigma_C = -0.83 + 1.25 - 1.25 = \mathbf{-0.83} \text{ N/mm}^2$$

$$\sigma_D = -0.83 - 1.25 - 1.25 = \mathbf{-3.33} \text{ N/mm}^2$$

3 短柱に作用するせん断力・曲げモーメントの計算

図 8-16 の短柱に作用するせん断力・曲げモーメントを計算して
みよう。短柱に作用するせん断力・曲げモーメントの計算は,図
8-17(a)のように,片持梁と考えて第4章と同様に解く。

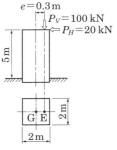

図 8-16　短柱

1 ● 反力の計算

$\Sigma V = 0$ から, $-100 + R_A = 0$　ゆえに, $R_A = 100 \text{ kN}$

$\Sigma H = 0$ から, $H_A - 20 = 0$　ゆえに, $H_A = 20 \text{ kN}$

$\Sigma M = 0$ から, $-20 \times 5 + 100 \times 0.3 + M_A = 0$

ゆえに, $M_A = 70 \text{ k N·m}$

2 ● せん断力の計算

AB 間に作用するせん断力を S_{AB}
とする。 $S_{AB} = -H_A = -20 \text{ kN}$

せん断力図は,図(b)のようにな
る。

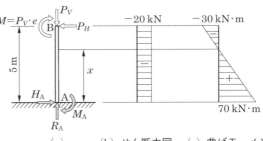

(a)　　(b) せん断力図　(c) 曲げモーメント図

図 8-17　短柱のせん断力図・曲げモーメント図

3 ● 曲げモーメントの計算

点 A から x の点の曲げモーメント M_x は,

$$M_x = M_A - H_A \cdot x = 70 - 20x \quad [\text{kN·m}]$$

となり, $M_x = 0$ となる点は, $x = \dfrac{70}{20} = 3.5\text{m}$ である。点 B
における曲げモーメント M_B は,

$$M_B = 70 - 20 \times 5 = -30 \text{ kN·m}$$

曲げモーメント図は,図(c)のようになる。

3 長柱

長さに比べ断面の小さい柱においては，軸方向圧縮力を増加させると，図 8-18 のように，突然折れ曲がって破壊する。この破壊形態を**座屈**といったが，そのときの荷重を**座屈荷重❶**という。座屈によって破壊する柱を**長柱❷**という。

ここでは，座屈荷重について調べ，鋼構造などの長柱の設計の考え方について学ぶ。

(a)　　　　　　　　　　(b)

図 8-18　長柱の破壊

1　柱の支持方法

❶buckling load
❷long column

柱の上下端の支持構造には，図 8-19 のような方法があり，同じ長さ，断面寸法の柱でも支持できる荷重が異なる。長柱の計算では l のかわりに l_r を用いて行う。この l_r を**換算長**（有効長さともいう）という。この値が大きいほど座屈しやすい。

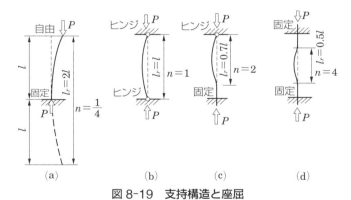

(a)　　　　　(b)　　　　　(c)　　　　　(d)

図 8-19　支持構造と座屈

支持方法が両端ヒンジの場合（図(b)）の l_r は l と同じであるが一端固定，他端自由（図(a)）では，$l_r = 2l$ となり，両端ヒンジに比べて座屈しやすい。また，両端固定（図(d)）の場合，$l_r = 0.5l$ となり，座屈しにくくなる。

座屈荷重を求めるときに，換算長を用いないで計算する場合は，荷重の支持構造によって定める係数 n を掛けなければならない。n

❸次項で学ぶオイラーの公式を使用する場合。

の値は両端ヒンジのものを1とすると, 図8-19のようになる。

このnの比をとってみると, 一端固定, 他端自由のnを基準とすると, 図8-19の支持構造の配列順序で1:4:8:16となり, 一端固定, 他端自由の支持方法の柱に比べ, 両端固定の柱では16倍の荷重を支えられることになる。

また, 換算長l_rと断面の最小断面二次半径iとの比$\dfrac{l_r}{i}$を**細長比**といい, 次項で学ぶ長柱公式に用いられる。

❶slenderness ratio

2 各種長柱公式

座屈荷重を求める長柱公式は多いが, ここでは, その代表的なものについて学ぶ。

(a) オイラーの公式❷ 一般に, $l_r/i > 100$ のときに適用する。

$$P_{cr} = \frac{n \pi^2 EI}{l^2} \tag{8-6}$$

❷フックの法則を適用し理論的に導かれた式で, 座屈応力が材料の比例限度内にあるとき, 実験結果とよく一致する。

または換算長を用いて $P_{cr} = \dfrac{\pi^2 EI}{l_r^2}$

P_{cr}:座屈荷重 [N], l:柱の長さ [mm], l_r:換算長 [mm],
n:支持方法によって定まる係数, E:弾性係数 [N/mm^2]

(b) テトマイヤーの公式❸ 一般に $l_r/i < 100$ のときに適用する。

$$\sigma_{cr} = a - b \left(\frac{l_r}{i} \right) \tag{8-7}$$

❸オイラーの公式に不適当な $\dfrac{l_r}{i} < 100$ の柱について, 実験から求められた式である。

σ_{cr}:座屈応力 [N/mm^2], i:断面の最小断面二次半径 [mm],
a, b:柱の材料の力学的性質によって定まる実験定数 [N/mm^2]

表8-1 テトマイヤーの定数

材料 定数	木材	鋳鉄	錬鉄	軟鋼	硬鋼
a	28.7	761.0	297.1	304.0	328.5
b	0.190	1.18	1.27	1.12	0.61
l_r/i	$l_r/i < 100$	$l_r/i < 80$	$l_r/i < 112$	$l_r/i < 105$	$l_r/i < 89$

(湯浅亀一著「材料力学」の数値を SI 単位に換算して作成)

（c）わが国の示方書で用いられている公式

わが国で用いられ

ている公式[1]は，表 8-2 による。この表は両端ヒンジの場合を基準に

している（ため，それ以外の長柱では，実際の支持状態に応じて換算

長を考慮しなければならない。

❶オイラーの公式やテト
マイヤーの公式などを参
考にし，安全率を 3 程度
にとって決めている。

表 8-2　鋼材の許容軸方向圧縮応力度 [N/mm²]

鋼種／応力の種類	SS400 SM400 SMA400W	SM490	SM490Y SM520 SMA490W	SM570 SMA570W
軸方向圧縮応力度（総断面積につき）（局部座屈を考慮しない場合） l：有効座屈長 [mm] i：断面二次半径 [mm]	$l/i \leq 18$ 140	$l/i \leq 16$ 185	$l/i \leq 15$ 210	$l/i \leq 18$ 255
	$18 < l/i \leq 92$ $140 - 0.82$ $\times \left(\dfrac{l}{i} - 18 \right)$	$16 < l/i \leq 79$ $185 - 1.2$ $\times \left(\dfrac{l}{i} - 16 \right)$	$15 < l/i \leq 75$ $210 - 1.5$ $\times \left(\dfrac{l}{i} - 15 \right)$	$18 < l/i \leq 67$ $255 - 2.1$ $\times \left(\dfrac{l}{i} - 18 \right)$
	$l/i > 92$ $\dfrac{1\,200\,000}{6\,700 + \left(\dfrac{l}{i} \right)^2}$	$l/i > 79$ $\dfrac{1\,200\,000}{5\,000 + \left(\dfrac{l}{i} \right)^2}$	$l/i > 75$ $\dfrac{1\,200\,000}{4\,400 + \left(\dfrac{l}{i} \right)^2}$	$l/i > 67$ $\dfrac{1\,200\,000}{3\,500 + \left(\dfrac{l}{i} \right)^2}$

注　この表は鋼材の板厚が 40 mm 以下の場合である。鋼種 SS 400 の最初の
S は steel，次の S は structure を表し，一般構造用圧延鋼材をいい，400
はこの鋼材の引張強さが 400 N/mm² 以上であることを示す。また，SM
の S は steel，M は marine を表し，溶接構造用圧延鋼材をいう。SMA の
S は steel，M は marine，A は atmospheric を表し，溶接構造用耐候性熱
間圧延鋼材をいう。SM 490，SM 570 などの鋼材は強度が大きいので，高
張力鋼という。なお，示方書では表中の i は r である。

（「道路橋示方書」より作成）

例題 5　図 8-20 のような H 形鋼（500 × 200）の柱が，600 kN の
軸方向圧縮力を受けたとき，安全かどうかを判定せよ。た
だし，鋼種は SS 400 とし，柱の長さは，$l = 5.5$m，支持
構造は両端ヒンジで，安全率 $S = 3$ とする。

解答　付録 1（p.234）から，H 形鋼の各値は次のとおりである。

断面二次半径　$i_x = 204$ mm

$i_y = 43.6$ mm

断面積　　　　$A = 11\,220$ mm²

断面二次モーメント　$I_x = 4.68 \times 10^8$ mm⁴

$I_y = 2.14 \times 10^7$ mm⁴

これより，$i_x > i_y$ なので，この H 形鋼は，図 8-21 のように，
y-y 軸を中心として，y-y 軸の左右いずれかに座屈する。細
長比は，断面二次半径の最小値 $i_y = 43.6$ mm を用いて次のよ
うになる。

$$\frac{l_r}{i_y} = \frac{5\,500}{43.6} = 126$$

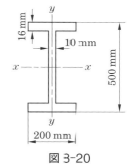

図 3-20

$l/i > 100$ であるから，オイラーの公式と，わが国の示方書の公式を用いて座屈荷重を求めてみよう。

1 ● オイラーの公式

断面二次モーメントは I_y を用い，弾性係数 $E = 2.0 \times 10^5 \, \text{N/mm}^2$ とすると，

$$P_{cr} = \frac{n\pi^2 EI}{l^2} = \frac{1 \times \pi^2 \times 2.0 \times 10^5 \times 2.14 \times 10^7}{5\,500^2}$$

$$= 1.40 \times 10^6 \, \text{N}$$

となり，安全率を 3 とすれば，許容座屈荷重 $P_{cr,a}$ は，

$$P_{cr,a} = \frac{P_{cr}}{3} = \frac{1.4 \times 10^6}{3} = 4.67 \times 10^5 \, \text{N}$$

$$= 467 \, \text{kN} < 600 \, \text{kN}$$

したがって，**安全ではない**。❶

2 ● 示方書の公式

$l/i > 92$，鋼種は SS 400 であるから，表 8-2 より，

$$\sigma_{cr,a} = \frac{1\,200\,000}{6\,700 + (l/i_y)^2}$$

$$= \frac{1\,200\,000}{6\,700 + (5\,500/43.6)^2} = 53 \, \text{N/mm}^2$$

ゆえに，座屈荷重 $P_{cr,a}$ は

$$P_{cr,a} = A\sigma_{cr,a}$$

$$= 11\,220 \times 53 = 5.95 \times 10^5 \, \text{N} = 595 \, \text{kN} < 600 \, \text{kN}$$

したがって，**いずれも安全ではない**。

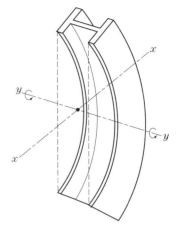

図 8-21　鋼材の座屈

❶長柱の設計では，座屈荷重が，軸方向圧縮力より大きくなるように断面を決定する。

3　長柱に作用するせん断力・曲げモーメントの計算

図 8-22 の両端ヒンジの長柱に作用するせん断力・曲げモーメントを計算してみよう。ただし，軸方向圧縮力 P_V は，座屈荷重 P_{cr} を上まわらないものとする。両端ヒンジの長柱に作用するせん断力・曲げモーメントの計算は，図 8-23(a)のように，単純梁と考えて第 4 章と同様に解く。

1 ● 反力の計算

$\Sigma M_B = 0$，$\Sigma M_A = 0$ から，

$$H_A = \frac{3}{10} P_H = \frac{3}{10} \times 30 = 9 \, \text{kN}$$

$$H_B = \frac{7}{10} P_H = \frac{7}{10} \times 30 = 21 \, \text{kN}$$

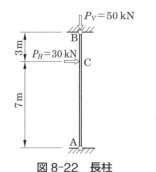

図 8-22　長柱

2 ● せん断力の計算

AC，CB 間に作用するせん断力を S_{AC}，S_{CB} とする。

$S_{AC} = H_A = 9\,\text{kN}$

$S_{CB} = H_A - P_H = 9 - 30 = -21\,\text{kN}$

せん断力図は，図(b)のようになる。

3 ● 曲げモーメントの計算

点 C における曲げモーメント M_C は，

$$M_C = H_A \times 7 = 9 \times 7 = 63\,\text{kN·m}$$

曲げモーメント図は，図(c)のようになる。

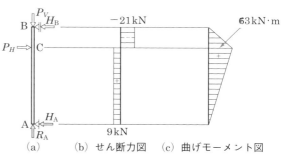

（a）　　（b）せん断力図　　（c）曲げモーメント図

図 8-23　長柱のせん断力図・曲げモーメント図

第8章　章末問題

1. 図 8-24 の円形・長方形の中空断面の断面係数・断面二次半径・核点を求めよ。

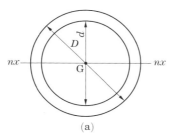

図 8-24

2. 図 8-25 の断面係数・断面二次半径・核点を求めよ。

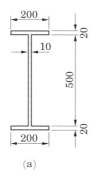 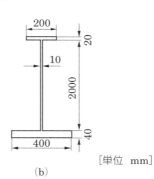

[単位　mm]

（a）　　　　　　　（b）

図 8-25

3. 図 8-26 の円形断面の短柱で，$P = 160 \, \text{kN}$ の軸方向圧縮力が点 E に作用するとき，A，B，C，D の各点に生じる応力を求めよ。

4. 図 8-27 のような高さ 7 m，幅 2 m，奥行き 1 m の短柱の図心 G に軸方向圧縮力 $P_V = 500 \, \text{kN}$，点 E に水平方向の荷重 $P_H = 180 \, \text{kN}$ が作用するとき，縁 AD および縁 BC に生じる応力 σ_{AD}，σ_{BC} を求めよ。また，縁 BC に引張応力が生じないようにするには，短柱の幅を何 m にすればよいか。

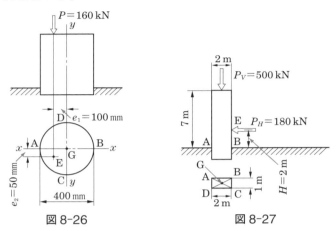

図 8-26　　　　　　　　図 8-27

5. 長さ 5 m，両端ヒンジの長柱が，軸方向に $P = 550 \, \text{kN}$ の圧縮力を受けるとき，安全な H 形鋼の断面を設計せよ。ただし，$E = 2.0 \times 10^5 \, \text{N/mm}^2$，安全率 $S = 3$ とし，オイラーの公式を用いるものとする。

第9章

トラス

トラス橋（与島橋）

　川幅が広く，橋脚の数も制限されるような場所で橋をかける場合，長い支間が必要になるが，これに有利な構造の一つとして，写真のように，棒状の部材を組み合わせてつくったトラス橋がある。静定構造のトラスの場合，部材の内力を求める計算は比較的容易である。

●トラスは，どのような構造になっているのだろうか。
●トラスは，なぜ長い支間に有利なのだろうか。
●トラスには，どのような種類があるのだろうか。
●トラスの部材内力の計算は，どのように行うのだろうか。

1 トラスの種類と分類

トラス[1]は，図9-1のように，細長いまっすぐな部材を三角形状に組み合わせ，この基本形をいくつも連結して荷重に抵抗するようにつくられた構造物をいう。

[1]truss

第3章「梁の内力」の計算で学んだように，梁に荷重が作用すると，部材内部にはせん断力や曲げモーメントが生

図9-1　トラス

じる。梁の支間が長くなると，曲げモーメントの影響は大きくなるが，せん断力の影響は曲げモーメントほど大きくはならない。

梁の曲げ応力は，梁の上下縁で最大となり，中立面上では0となる。また，せん断応力は中立面上で最大となる。そこで，図9-2のような，I形断面の梁について考えてみると，中央部の腹板はせん断力に抵抗できる部材だけを残し，上下フランジに相当する部材で曲げ応力に抵抗するようにして，網掛け部分の不要部分を取り除き，各部材の交点をヒンジ構造とすると，図9-1のようなトラス構造となる。

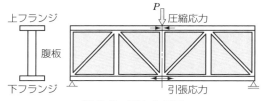

図9-2　梁とトラス

一般に，支間の長い橋では梁の断面が大きくなるが，トラス橋の場合，図9-2のように不要部分を取り除くことができるため，材料を節約した軽くて経済的な橋となる。

トラスを構成する三角形の枠は，力学的にも安定しており，この基本形を連結した構造のトラスでは，各部材に生じる内力が軸方向の引張力・圧縮力のみと考えて簡単に計算できる。

ここでは，このような考え方でつくられたトラスについて，その種類や各部の名称，そして，各部材に生じる内力の大きさなどについて調べる。

1 トラス各部の名称と種類

トラスを構成する部材および外力が，同一平面内にあるものを平

面トラス，同一平面内にないものをここでは，**立体トラス**という。実際に使用されるトラスは，図9-3(a)のように，ほとんどが立体トラスであるが，設計計算では，図(b)のように，橋の両側の平面トラスである主構部分に分解して考えるので，ここでは平面トラスについて学ぶ。

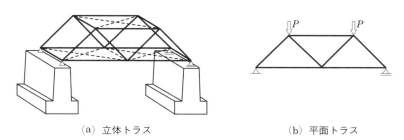

(a) 立体トラス   (b) 平面トラス

図9-3　立体トラスと平面トラス

1 トラス各部の名称

トラスを構成している各部の名称は，図9-4のとおりである。

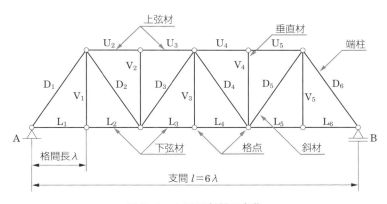

図9-4　トラス各部の名称

(a)弦材❶　　トラスの上側，下側の部材

　　①**上弦材**❷　上側の弦材(U_2, U_3 など)❸

　　②**下弦材**❹　下側の弦材(L_2, L_3 など)

(b)腹材❺　　上下弦材を連結する部材

　　①**垂直材**❻　鉛直な部材(V_4, V_5 など)

　　②**斜材**❼　傾斜している部材(D_4, D_5 など)

(c)端柱❽　　両端の部材(D_6 など)

(d)格点❾　　部材の交点で，節点ともいう。図示する場合にヒンジ記号○印をはぶくことが多い。

(e)格間長❿　弦材の格点間の長さ(λ)

❶chord member
❷upper chord member
❸U，V，L，D は，部材内部に生じる応力を示す記号にも用いる。
❹lower chord member
❺web member
❻verticals
❼diagonals
❽end post
❾panel point
❿panel length

（f）支点　　両端の支点（A，B）

（g）支間　　両支点間の長さ（*l*）

2 トラスの種類

トラスは，形状によって，図9-5のように分類される。

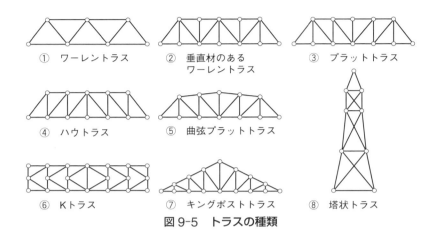

① ワーレントラス　　② 垂直材のある　　③ プラットトラス
　　　　　　　　　　　ワーレントラス

④ ハウトラス　　⑤ 曲弦プラットトラス

⑥ Kトラス　　⑦ キングポストトラス　　⑧ 塔状トラス

図9-5　トラスの種類

（a）直弦トラス❶　　上下の弦材が平行なトラス（図9-5の①，②，③，④，⑥）。

❶parallel chord truss

（b）曲弦トラス❷　　弦材が多角形をしているトラスであるが，1本1本の部材はまっすぐである（図9-5の⑤，⑦）。

❷curved chord truss

このようにトラスには，部材の構成によっていろいろな名称がつけられている。

2　トラスの安定と静定

1 トラスの安定と不安定

すでに学んだ静定梁のように，構造物が外力の作用を受けても静止状態を保つとき，この構造物は**安定である**という。

トラスの安定には外部的安定と内部的安定がある。外部的安定とは，図9-6（a）のように，外力の作用を受けても回転支点があるため水平移動せずに，トラス全体が静止していることをいい，外部的不安定とは，図（b）のように，支点がすべて可動支点のため外力により移動する状態をいう。

内部的安定とは，図（a）のトラスのように，各部材が三角形を構成していて，形が大きく変形しないことをいう。図（c）のトラスのように，形が大きく変形する場合は，内部的不安定という。トラス

(a) 外部的安定, 内部的安定
外部的静定, 内部的静定

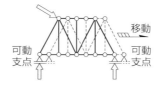

(b) 外部的不安定

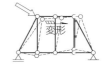

(c) 内部的不安定

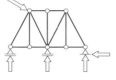

(d) 外部的不静定

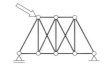

(e) 内部的不静定

図9-6　トラスの安定と静定

は外部的にも内部的にも安定となるよう設計しなければならない。

2 トラスの静定と不静定

　反力や部材の内力を，$\Sigma H = 0$，$\Sigma V = 0$，$\Sigma M = 0$ の三つの釣合い条件式のみで求められるトラスを**静定トラス**という。

5 　図9-6(a)のように反力の数が三つの場合は，釣合いの条件式のみで反力を求めることができる。このようなトラスを外部的静定であるという。図(d)のように反力数が4個以上になると，釣合いの条件式だけでは反力を求めることはできない。このようなトラスを外部的不静定であるという。

10 　また，図(a)のトラスは，部材の内力を釣合いの3条件のみで求めることができるので，内部的静定であるという。それに対し，図(e)のように複雑な構造のトラスになると，釣合いの3条件だけで部材の内力を求めることができないので，このようなトラスを内部的不静定であるという。

2 トラスの部材力の計算

外力によりトラスの部材に生じる内力を計算する場合には，一般に，次のような仮定を設ける。

① 各部材は摩擦のないヒンジで結合されていて，各格点で自由に回転できる。❶

② 各部材は直線部材であり，各格点の中心を結ぶ直線は部材の軸と一致する。

③ 外力はすべて格点だけに作用する。格点間に外力が作用した場合は，すでに学んだ間接荷重として格点に伝達される。

④ すべての外力の作用線は，トラスを含む一平面内にある。

これらのことにより，**トラスの各部材には，せん断力や曲げモーメントは生じず，すべて引張か圧縮の軸力（軸方向力）だけが生じる**ことになる。これを**部材力**という。

トラスの部材力を求める方法には，次のように各種のものがある。

$$\left\{ \begin{array}{l} 解\ 析\ 法 \\ 図式解法❷ \end{array} \right. \left\{ \begin{array}{l} 格\ \ 点\ \ 法 \\ 断\ \ 面\ \ 法 \end{array} \right. \left\{ \begin{array}{l} クルマン法（せん断力法） \\ リッター法（モーメント法） \end{array} \right.$$

図9-7のようなトラスの各部材力を求めるには，まずトラスを支える両支点の反力を計算しなければならない。反力の計算は，トラス全体を一つの単純梁とみなして，第2章で学んだように計算すればよい。

図9-7において，R_A，R_B は次のようになる。

$$R_A = \frac{P_1 \times 3\lambda + P_2 \times 2\lambda + P_3 \times \lambda}{l}$$

$$R_B = \Sigma P - R_A$$

問1 図9-7において，$P_1 \sim P_3 = 100\ \text{kN}$ のときの反力 R_A，R_B を求めよ。

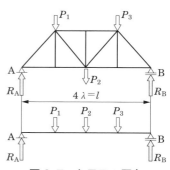

図9-7 トラスの反力

❶実際のトラスの格点の構造は，ヒンジ結合ではなく，複数のボルトや溶接によって結合されているので，その違いにより，内力の大きさに若干の差が生じる。しかし，この値は無視できる程度であるので，通常はヒンジ結合として計算する。

❷図式解法は本書では取り扱わない。

1 格点法

　トラスが安定を保ち破壊しないということは，各格点において，外力と部材力が釣り合っているので，以下の釣合いの条件式がなりたつ。

$$\Sigma V = 0, \ \ \Sigma H = 0, \ \ \Sigma M = 0 \qquad (9\text{-}1)$$

　各格点において$\Sigma V = 0$，$\Sigma H = 0$を利用して未知の部材力を求める方法を**格点法❶**という。

　格点法による考え方は，次のとおりである。

❶節点法ともいう。

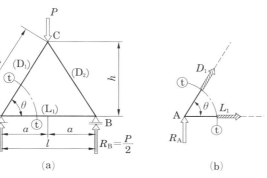

図9-8　格点法

1 ● 図9-8(a)のようなトラスにおいて，AC部材の部材力D_1とAB部材の部材力L_1を求めるために，両部材が関係する格点Aの部分を切断面 ⓣ−ⓣ で仮想的に切断する。

2 ● 両部材には引張力が生じていると仮定し，図(b)のように，格点Aに対して引っ張る向きに矢印をつける❷。

3 ● トラスが安定しているので，格点Aに作用する反力R_Aと部材力D_1およびL_1は釣り合っていて，$\Sigma V = 0$，$\Sigma H = 0$がなりたつ。

4 ● 斜めの力を鉛直分力と水平分力に分け，**符号は上向きと右向きを正（＋），下向きと左向きを負（−）として計算を行う**。結果が負であれば，求める部材力は仮定と反対の圧縮力となる。

5 ● 次の格点に移動し，同じ計算を繰り返す。求めた部材力が圧縮力であっても，それを使って次の部材力を求める場合は，やはり引張力と仮定し，格点から遠ざかる向きに矢印をつけて釣合い式をつくる。計算の過程で既知の部材力の値を代入するときに圧縮力なら負（−）の符号をつけて計算を行う。

❷本章では，部材力をD_1，L_1のように記号で書き，矢印は図9-9のように表す。

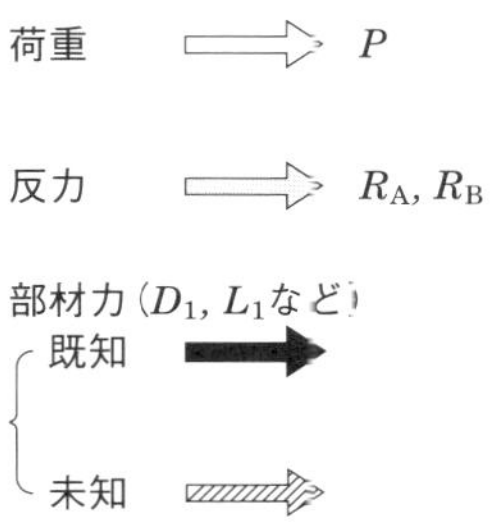

荷重　⟹　P

反力　⟹　R_A, R_B

部材力（D_1, L_1など）
┌ 既知　▬▶
│
└ 未知　▭▭▷

図9-9　力の矢印

以上の順序に従って，図 9-8 のトラスについて，D_1，L_1 を求めてみよう。

図(b)において，格点 A を中心に $\Sigma V = 0$，$\Sigma H = 0$ を考えると，鉛直方向の力は，R_A と D_1 の鉛直分力の 2 力であり，水平方向の力は，D_1 の水平分力と L_1 の 2 力となる。

$\Sigma V = 0$ から，

$$R_A + D_1 \sin\theta = 0$$

ここで，構造，荷重とも左右対称なので，$R_A = \dfrac{P}{2}$ を使うと，

$$D_1 = -\frac{R_A}{\sin\theta} = -\frac{P/2}{h/d} = -\frac{Pd}{2h} \quad (\text{圧縮力})\ ❶$$

$\Sigma H = 0$ から，

$$D_1 \cos\theta + L_1 = 0$$

ゆえに，$L_1 = -D_1\cos\theta = -\left(-\dfrac{Pd}{2h}\right) \times \dfrac{a}{d} = \dfrac{Pa}{2h}$ （引張力）

❶（　）内の表示は，部材力の計算結果が圧縮力，引張力のどちらであるかを示している。

この計算において，図 9-10 のように，D_1 を引張力と仮定すると，$\Sigma V = 0$，$\Sigma H = 0$ の式をつくるときは，鉛直分力は上向き，水平分力は右向きなので，いずれも正(＋)である。計算の結果，$\Sigma V = 0$ から求めた D_1 は負(圧縮力)となるので，L_1 を求める計算のなかで負(−)の値を代入する。D_2 については，トラスが左右対称であるから，$D_2 = D_1$ となる。

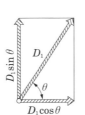

図 9-10
D_1 の分力

例題 1 図 9-11 のトラスの部材力を求めよ。

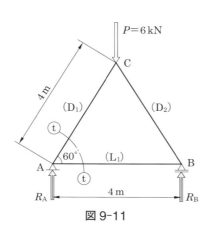

図 9-11

1● 反力の計算

反力 R_A，R_B は $\Sigma M_{(B)} = 0$ から，

$$R_A \times 4 - 6 \times 2 = 0$$

ゆえに，$R_A = \dfrac{1}{4} \times 12 = 3\,\text{kN}$

$\Sigma V = 0$ から，

$$R_B = \Sigma P - R_A = 6 - 3 = 3\,\text{kN}$$

2● 格点 A の計算

図 9-12 の格点 A の部分において，

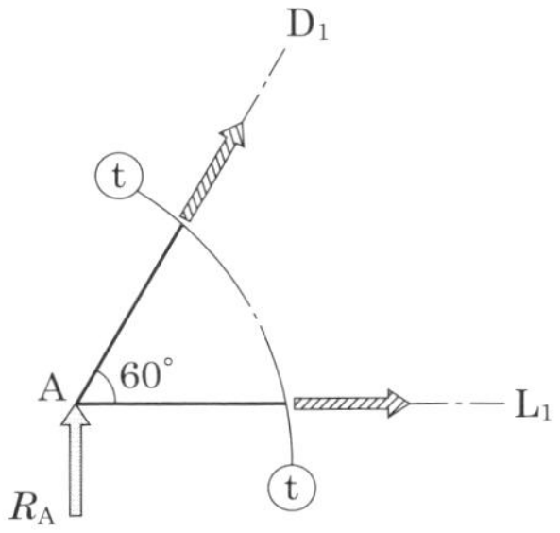

$\Sigma V = 0$ から，

$$R_A + D_1 \sin 60° = 0$$

ゆえに，$D_1 = -\dfrac{R_A}{\sin 60°}$

$$= -\dfrac{3}{\sin 60°}$$

$$= -3.46\,\text{kN}（圧縮力）$$

$\Sigma H = 0$ から，

$$D_1 \cos 60° + L_1 = 0$$

ゆえに，$L_1 = -D_1 \cos 60°$

$$= -(-3.46)\cos 60° = 1.73\,\text{kN} \quad （引張力）$$

D_2 については，トラスが左右対称であるから，$D_2 = D_1$ となる。

図 9-12

例題 2

図 9-13(a) のような構造物の点 C に，荷重 $P = 10\,\text{kN}$ が作用した場合，AC 部材と BC 部材の部材力 U_1 と D_1 を求めよ。

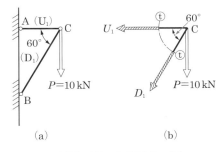

(a)　　　　　(b)

図 9-13　トラスの一種

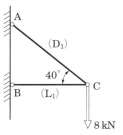

解答　図9-13(a)は，2本の部材と壁面で三角形を構成するので，トラスの一種といえる。

図(b)において，格点Cの力の釣合いを考える。

$\Sigma V = 0$ から，　$-P - D_1 \sin 60° = 0$

ゆえに，$D_1 = -\dfrac{10}{\sin 60°} = -11.55 \text{ kN}$　（圧縮力）

$\Sigma H = 0$ から，　$-U_1 - D_1 \cos 60° = 0$

ゆえに，$U_1 = -D_1 \cos 60°$

$= -(-11.55)\cos 60° = 5.78 \text{ kN}$　（引張力）

問2　図9-14の構造物について，部材力 D_1，L_1 を求めよ。

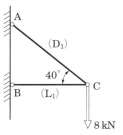

図9-14　トラスの一種

次に，図9-15のトラスについて，未知の部材力を求めていく格点の順番について，考えてみよう。

格点Aを中心に釣合いを考えれば，図(a)のように，D_1，L_1 が計算でき，解くことができるが，その次に格点Cの釣合いを考えた場合どうなるだろうか。

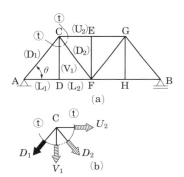

図9-15　ワーレントラス

図(b)について，ⓣ—ⓣ断面で切断したとすると，未知の部材力は3個になる。

$\Sigma V = 0$ から，

$$-D_1 \sin\theta - V_1 - D_2 \sin\theta = 0$$

$\Sigma H = 0$ から，

$$-D_1 \cos\theta + D_2 \cos\theta + U_2 = 0$$

二式に対し3つの未知の部材力が残るから解けない。しかし，格点A→格点D→格点Cの順に解けば，D_1 と V_1 が既知となるので，この二つの式を解くことができる。すなわち，**格点法では，未知の部材力が二つ以下になるように格点を順次選んで計算していけばよい。**❶

❶格点法は，力の作用線がすべて格点を通るため，格点ではつねに $\Sigma M = 0$ となる。したがって，未知の部材力を求める条件式として使えるのは，$\Sigma H = 0$，$\Sigma V = 0$ の二つになるので，未知の部材力は二つ以下でなければならない。

問3 図 9-15 のトラスの釣合いを考えていく格点の順序を示せ。

例題 3 図 9-16 のワーレントラスの部材力を求めよ。

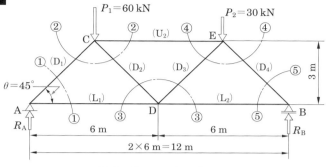

図 9-16　ワーレントラス

解答

1 ● 反力の計算

反力 R_A, R_B は，$\Sigma M_{(B)} = 0$ から，

$$R_A \times 12 - 60 \times 9 - 30 \times 3 = 0$$

ゆえに，$R_A = \dfrac{1}{12} \times (540 + 90) = 52.5 \, \text{kN}$

$\Sigma V = 0$ から，

$$R_B = \Sigma P - R_A$$
$$= 90 - 52.5 = 37.5 \, \text{kN}$$

2 ● 格点 A の計算

図 9-17 の格点 A の部分において，$\Sigma V = 0$ から，

$$R_A + D_1 \sin \theta = 0$$

ゆえに，$D_1 = -\dfrac{R_A}{\sin \theta} = -\dfrac{52.5}{\dfrac{1}{\sqrt{2}}}$

$$= -52.5\sqrt{2} = \mathbf{-74.2 \, kN} \quad \text{（圧縮力）}$$

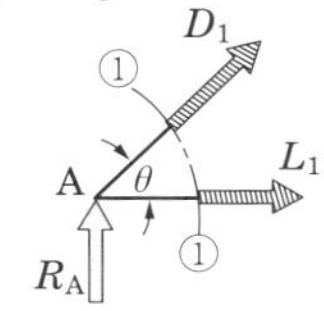

図 9-17　格点 A

$\Sigma H = 0$ から，

$$D_1 \cos \theta + L_1 = 0$$

ゆえに，$L_1 = -D_1 \cos \theta$

$$= -(-52.5\sqrt{2}) \times \dfrac{1}{\sqrt{2}} = \mathbf{52.5 \, kN} \quad \text{（引張力）}$$

3 ● 格点 C の計算

図 9-18 の格点 C の部分において，$\Sigma V = 0$ から，

$$-D_1 \sin \theta - D_2 \sin \theta - P_1 = 0$$

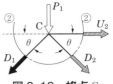

図 9-18　格点 C

$$\text{ゆえに, } D_2 = \frac{1}{\sin\theta}(-D_1\sin\theta - P_1)$$

$$= \sqrt{2} \times \left\{ -(-52.5\sqrt{2}) \times \frac{1}{\sqrt{2}} - 60 \right\}$$

$$= -7.5\sqrt{2} = -10.6\,\text{kN} \quad (\text{圧縮力})$$

$\Sigma H = 0$ から,

$$-D_1\cos\theta + D_2\cos\theta + U_2 = 0$$

ゆえに, $U_2 = D_1\cos\theta - D_2\cos\theta$

$$= (-52.5\sqrt{2}) \times \frac{1}{\sqrt{2}} - (-7.5\sqrt{2}) \times \frac{1}{\sqrt{2}}$$

$$= -45\,\text{kN} \quad (\text{圧縮力})$$

④● 格点 D の計算

図 9-19 の格点 D の部分において,

$\Sigma V = 0$ から,

$$D_2\sin\theta + D_3\sin\theta = 0$$

ゆえに, $D_3 = -D_2 = -(-7.5\sqrt{2})$

$$= 7.5\sqrt{2} = 10.6\,\text{kN} \quad (\text{引張力})$$

$\Sigma H = 0$ から,

$$-L_1 - D_2\cos\theta + D_3\cos\theta + L_2 = 0$$

ゆえに, $L_2 = L_1 + D_2\cos\theta - D_3\cos\theta$

$$= 52.5 + (-7.5\sqrt{2}) \times \frac{1}{\sqrt{2}} - (7.5\sqrt{2}) \times \frac{1}{\sqrt{2}}$$

$$= 37.5\,\text{kN} \quad (\text{引張力})$$

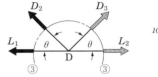

図 9-19　格点 D

⑤● 格点 E の計算

図 9-20 の格点 E の部分において,

$\Sigma V = 0$ から,

$$-D_3\sin\theta - D_4\sin\theta - P_2 = 0$$

ゆえに, $D_4 = \frac{1}{\sin\theta}(-D_3\sin\theta - P_2)$

$$= \sqrt{2} \times \left\{ (-7.5\sqrt{2}) \times \frac{1}{\sqrt{2}} - 30 \right\}$$

$$= -37.5\sqrt{2} = -53.0\,\text{kN} \quad (\text{圧縮力})$$

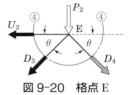

図 9-20　格点 E

⑥● 格点 B の計算(検算)

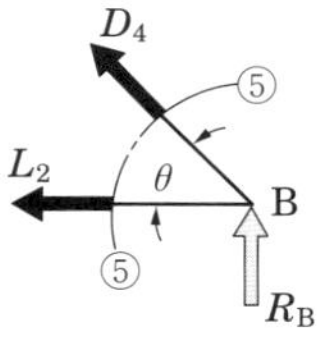

図 9-21 の格点 B の部分において, $\Sigma V = 0$ から,

$$D_4\sin\theta + R_\text{B} = 0$$

ゆえに, $D_4 = -\dfrac{R_\text{B}}{\sin\theta} = -37.5\sqrt{2}$

$$= -53.0\,\text{kN} \quad (\text{圧縮力})$$

図 9-21　格点 B

$\Sigma H = 0$ から，

$$-L_2 - D_4 \cos\theta = 0$$

ゆえに，$L_2 = -D_4 \cos\theta = -(-37.5\sqrt{2}) \times \dfrac{1}{\sqrt{2}}$

$$= 37.5\,\mathrm{kN} \quad \text{(引張力)}$$

L_2，D_4 とも，すでに求めた値と一致する。

計算結果の部材力をまとめると，図 9-22 のように
なる（圧縮材は太線，引張材は細線で示す）。

図 9-22 ワーレントラスの部材力

ここで，格点法によるトラスの各部材力の計算順序をまとめると，
次のようになる。

格点法によるトラスの部材力の計算順序

1● トラスを一つの単純梁と考え，反力を求める。

2● 2 本の部材が結合している格点から計算をはじめる。

3● 部材力は，格点部分を仮想的に切断し，各部材に引張力が生じていると仮定して，
$\Sigma V = 0$，$\Sigma H = 0$ から計算する。

4● 未知の部材力が二つ以下になるよう格点を順次選んで計算する。

5● 検算をする。

6● 部材力をまとめて図示する。

例題 4 図 9-23 のようなプラットトラスの部材力を求めよ。

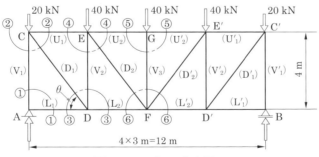

図 9-23 プラットトラス

解答 計算順序に従って，計算を進める。荷重，構造とも左右対称
であるから，反力，部材力とも左右対称となるので，片側半分
について解けばよい。

1● 反力の計算

$$R_A = R_B = \frac{\Sigma P}{2} = \frac{160}{2} = 80\,\mathrm{kN}$$

② ● 格点 A の計算

図 9-24 の格点 A の部分において，$\Sigma V = 0$ から，

$$V_1 + R_A = 0$$

ゆえに，

$$V_1 = - R_A = - 80\,\text{kN} \quad (\textbf{圧縮力})$$

$\Sigma H = 0$ から，

$$L_1 = 0,$$

ゆえに，$L_1 = \textbf{0 kN}$

図 9-24　格点 A

③ ● 格点 C の計算

図 9-25 の格点 C の部分において，$\Sigma V = 0$ から，

$$- V_1 - D_1 \sin \theta - 20 = 0$$

ゆえに，$D_1 = \dfrac{1}{\sin \theta}(- V_1 - 20)$

$$= \dfrac{5}{4} \times |- (-80) - 20| = 75\,\text{kN} \quad (\textbf{引張力})$$

$\Sigma H = 0$ から，

$$U_1 + D_1 \cos \theta = 0$$

ゆえに，$U_1 = - D_1 \cos \theta$

$$= - 75 \times \dfrac{3}{5} = - 45\,\text{kN} \quad (\textbf{圧縮力})$$

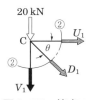

図 9-25　格点 C

④ ● 格点 D の計算

図 9-26 の格点 D の部分において，

$\Sigma V = 0$ から，

$$D_1 \sin \theta + V_2 = 0$$

ゆえに，$V_2 = - D_1 \sin \theta$

$$= - 75 \times \dfrac{4}{5} = - 60\,\text{kN} \quad (\textbf{圧縮力})$$

$\Sigma H = 0$ から，

$$- L_1 - D_1 \cos \theta + L_2 = 0$$

ゆえに，$L_2 = L_1 + D_1 \cos \theta$

$$= 0 + 75 \times \dfrac{3}{5} = 45\,\text{kN} \quad (\textbf{引張力})$$

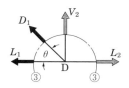

図 9-26　格点 D

⑤ ● 格点 E の計算

図 9-27 の格点 E の部分において，

$\Sigma V = 0$ から，

$$- V_2 - D_2 \sin \theta - 40 = 0$$

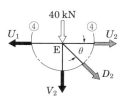

図 9-27　格点 E

ゆえに，$D_2 = \dfrac{1}{\sin\theta}(-V_2 - 40)$

$$= \dfrac{5}{4} \times \{-(-60) - 40\} = \textbf{25 kN} \quad \textbf{(引張力)}$$

$\Sigma H = 0$ から，

$$-U_1 + D_2\cos\theta + U_2 = 0$$

ゆえに，$U_2 = U_1 - D_2\cos\theta$

$$= -45 - 25 \times \dfrac{3}{5} = \textbf{-60 kN} \quad \textbf{(圧縮力)}$$

6 ● 格点 G の計算

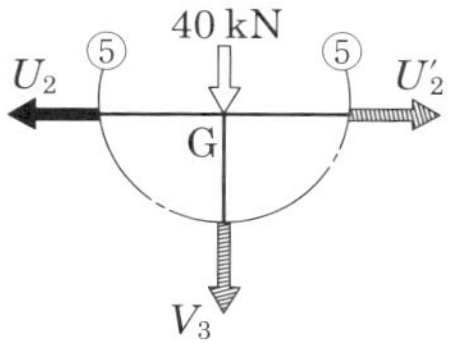

図 9-28 の格点 G の部分において，$\Sigma V = 0$ から，

$$-V_3 - 40 = 0$$

ゆえに，$V_3 = \textbf{-40 kN} \quad \textbf{(圧縮力)}$

$\Sigma H = 0$ から，

$$-U_2 + U'_2 = 0$$

ゆえに，$U_2 = U'_2$ [●1]（対称部材）

図 9-28　格点 G

7 ● 格点 F の計算（検算）

荷重，構造とも左右対称なので，

$$L_2 = L'_2, \quad D_2 = D'_2$$

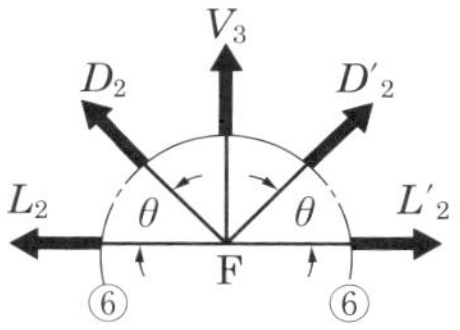

図 9-29 の格点 F の部分において，$\Sigma V = 0$ から，[●2]

$$D_2\sin\theta + V_3 + D'_2\sin\theta = 0$$

ゆえに，$V_3 = -D_2\sin\theta - D'_2\sin\theta$

$$= -25 \times \dfrac{4}{5} - 25 \times \dfrac{4}{5} = \textbf{-40 kN}$$

図 9-29　格点 F

[●1] 斜材のない格点で，その格点の荷重が鉛直荷重のみの場合は，全体の荷重が左右対称でなくても $U_2 = U'_2$ となる。

[●2] $\Sigma H = 0$ については，左右対称で部材力の水平成分は，打ち消し合うため，条件式としては使えない。

計算結果の部材力をまとめると，図 9-30 のようになる。

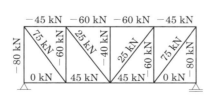

図 9-30　プラットトラスの部材力

問4　トラスの解法のうち，格点法の計算順序を述べよ。

　前項で学んだ格点法は，格点に作用する外力と部材力が釣り合うと考えて解いた。それに対し，未知の部材力が三つ以下の任意の断面でトラスを切断したと仮定し，切断面の部材力と，2分割されたトラスの片側の外力とが釣り合っていると考えて，各部材力を求める方法を**断面法❶**という。

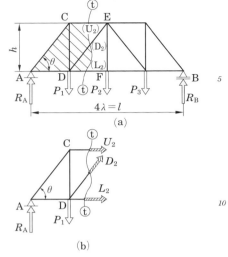

図9-31　断面法

　図9-31（a）のようなトラスにおいて，いま ⓣ—ⓣ 断面で切断したと仮定する。切断面の左側（図の斜線部分）を考えると，図（b）に示すように，外力 R_A，P_1 と釣り合うように，部材力 U_2，D_2，L_2 が生じていて，トラスが安定していると考えればよい。すなわち，切断面の左側に関係する力 R_A，P_1，U_2，D_2，L_2 について，釣合いの条件式がなりたつ。❷

$$\Sigma V = 0, \quad \Sigma H = 0, \quad \Sigma M = 0 \qquad (9\text{-}2)$$

　釣合いの条件式のうち，$\Sigma V = 0$ から未知の部材力を求める方法を**クルマン法**といい，$\Sigma M = 0$ から求める方法を**リッター法**という。❸

1 クルマン法の計算

　図9-32において，D_2 を求めると，次のようになる。$\Sigma V = 0$ から，

$$R_A - P_1 + D_2 \sin \theta = 0$$

ゆえに，

$$D_2 = -\frac{1}{\sin \theta}(R_A - P_1) = -\frac{S_{DF}}{\sin \theta}$$

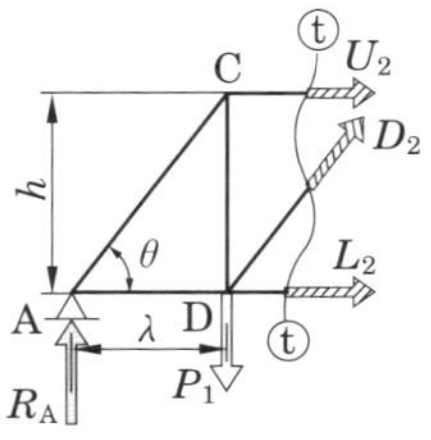

図9-32
クルマン法

　この式の $R_A - P_1$ は，トラスを単純梁と考えたときの切断面（DF 間）のせん断力 S_{DF} に等しく，これに $-\dfrac{1}{\sin \theta}$ を掛けた値として D_2 を求めることができる。

　この場合，未知の部材力の矢印の向きは，格点法と同様に引張力と仮定し，せん断力 S_{DF} の符号は，単純梁の計算の約束に従えばよい。

❶切断法ともいう。
❷$\Sigma V = 0$ は単純梁において，切断面のせん断力とその左側の外力が釣り合っていることと同じで，$\Sigma M = 0$ は切断面の曲げモーメントと外力による力のモーメントが釣り合っていることと同じである。
❸クルマン法では，切断面における未知の斜材部材力が一つであること，また，リッター法では，切断面における未知の部材力が三つ以下であることが必要である。

2 リッター法の計算

図9-33において，切断面における未知の部材力は，U_2，D_2，L_2の三つであるが，このうちU_2を求める場合，ほかのD_2，L_2による力のモーメントが0になる格点Dにおいて力のモーメントの釣合いを考えればよい。

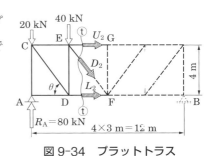

図9-33
リッター法

すなわち，$\Sigma M_{(D)} = 0$から，

$$R_A \lambda + P_1 \times 0 + U_2 h + D_2 \times 0 + L_2 \times 0 = 0$$

となり，未知の部材力U_2だけを含んだ式ができる。これから，

$$U_2 = -\frac{1}{h}(R_A \lambda)$$

となる。この式の$R_A \lambda$は，トラスを単純梁と考えたときの格点Dの位置の曲げモーメントM_Dであり，これに$-\frac{1}{h}$を掛けた値として，U_2を求めることができる。

$$U_2 = -\frac{M_D}{h} \quad❶$$

❶この式は，3節トラスの影響線（p.198）で用いる。

切断面の外側であるが，格点Eの位置における力のモーメントの釣合いからL_2を求めると，$\Sigma M_{(E)} = 0$から，

$$R_A \times 2\lambda - P_1 \lambda - L_2 h = 0$$

ゆえに，$L_2 = \dfrac{1}{h}\left(R_A \times 2\lambda - P_1 \lambda\right) = \dfrac{M_E}{h}$

例題5において，格点法で求めた図9-23のプラットトラスのU_2，D_2，L_2の部材力を断面法で計算せよ。

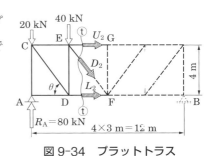

図9-34　プラットトラス

解答

図9-34のように，ⓣ—ⓣ断面で切断する。

$\Sigma V = 0$から，

$$R_A - 20 - 40 - D_2 \sin\theta = 0$$

ゆえに，$D_2 = \dfrac{1}{\sin\theta}(R_A - 20 - 40)$

$$= \frac{5}{4} \times (80 - 20 - 40) = \textbf{25 kN} \quad (\textbf{引張力})$$

$\Sigma M_{(E)} = 0$から，

$$R_A \times 3 - 20 \times 3 - L_2 \times 4 = 0$$

ゆえに，$L_2 = \dfrac{1}{4} \times (R_A \times 3 - 20 \times 3)$

$$= \frac{1}{4} \times (80 \times 3 - 20 \times 3)$$

$$= 45 \text{ kN} \quad \textbf{(引張力)}$$

$\Sigma M_{(\text{F})} = 0$ から，

$$R_\text{A} \times 6 - 20 \times 6 - 40 \times 3 + U_2 \times 4 = 0$$

ゆえに，$U_2 = \dfrac{1}{4} \times (- R_\text{A} \times 6 + 120 + 120)$

$$= \frac{1}{4} \times (- 80 \times 6 + 120 + 120)$$

$$= - 60 \text{ kN} \quad \textbf{(圧縮力)}$$

　例題 5 のように，**断面法では，部材力を順次計算しなくても，求**
めようとする部材力が直接計算できる。ここで，断面法によるトラ
スの各部材力の計算順序をまとめると，次のようになる。

断面法によるトラスの部材力の計算順序

1 ● トラスを一つの単純梁と考え，反力を求める。

2 ● 求めようとする部材を含めて 3 部材以下の断面で切断し，各部材に引張力が生じていると仮定して，2 分割された片側のトラスについて釣合いの計算をする。$\Sigma V = 0$，$\Sigma M = 0$ を計算するときは，ほかの部材力による鉛直分力や力のモーメントが 0 になるように釣合いの条件式の適用を考える。

3 ● 部材力をまとめて図示する。

例題 6 　図 9-35 のような，垂直材のある曲弦ワーレントラスの U_2，D_2，L_2 の部材力を求めよ。

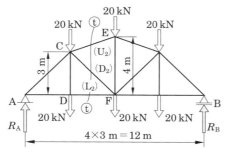

図 9-35　垂直材のある曲弦ワーレントラス

解答 計算の順序に従って，反力から計算する。荷重は対称荷重であるから，

$$R_\mathrm{A} = R_\mathrm{B} = \frac{\Sigma P}{2} = \frac{120}{2} = 60 \ \mathrm{kN}$$

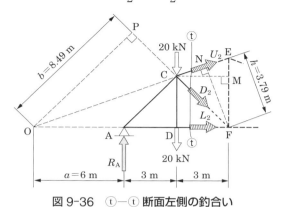

図 9-36　ⓣ—ⓣ 断面左側の釣合い

図 9-36 において，ⓣ—ⓣ 断面で U_2 を求めるには，

$\Sigma M_{(\mathrm{F})} = 0$ から，

$$R_\mathrm{A} \times 6 - (20 + 20) \times 3 + U_2 \times h\overset{❶}{} = 0$$

ゆえに，$U_2 = \dfrac{1}{h}(- R_\mathrm{A} \times 6 + 120)$

$$= \frac{1}{3.79} \times (-360 + 120)$$

$$= -63.3 \ \mathrm{kN} \quad (\text{圧縮力})$$

D_2 を求めるには，U_2，L_2 の力のモーメントが 0 になる点 O の釣合いを考えればよい。

$\Sigma M_{(\mathrm{O})} = 0$ から，

$$- R_\mathrm{A} a + (20 + 20) \times (a + 3) + D_2 b\overset{❷}{} = 0$$

ゆえに，$D_2 = \dfrac{1}{b} \{R_\mathrm{A} a - 40 \times (a + 3)\}$

$$= \frac{1}{8.49} \{60 \times 6 - 40 \times (6 + 3)\}$$

$$= \frac{1}{8.49} \times (360 - 360)$$

$$= 0 \ \mathrm{kN}$$

L_2 を求めるには，格点 C の釣合いを考え，$\Sigma M_{(\mathrm{C})} = 0$ から，

$$R_\mathrm{A} \times 3 - L_2 \times 3 = 0$$

ゆえに，$L_2 = \dfrac{1}{3}(R_\mathrm{A} \times 3) = \dfrac{1}{3}(60 \times 3)$

$$= 60 \ \mathrm{kN} \quad (\text{引張力})$$

❶ h を求めるには，格点 C から EF におろした垂線の足を M，格点 F から CE におろした垂線の足を N とすると，

$\triangle \mathrm{CEM} \backsim \triangle \mathrm{FEN}$

$\overline{\mathrm{CE}} : \overline{\mathrm{CM}} = \overline{\mathrm{EF}} : \overline{\mathrm{FN}}$

ゆえに，

$$\overline{\mathrm{FN}} = \frac{\overline{\mathrm{CM}} \times \overline{\mathrm{EF}}}{\overline{\mathrm{CE}}}$$

$$= \frac{3 \times 4}{\sqrt{1^2 + 3^2}}$$

$$= 3.79 \ \mathrm{m} = h$$

❷ a，b の長さは，

$\triangle \mathrm{COD} \backsim \triangle \mathrm{ECM}$

$\triangle \mathrm{FPO} \backsim \triangle \mathrm{FDC}$

から求まる。

問5　断面法の計算順序を述べよ。

問6　格点法と断面法の相違点をあげよ。

3 トラスの影響線

いままで学んだトラスの解法は，荷重がいずれも静止荷重であったが，トラスに移動荷重が作用する場合は，影響線を用いるのが便利である。とくに，腹材の部材力は荷重の位置によって引張力となったり，圧縮力となったりする**交番応力**となるので，荷重位置による影響がよく把握できる。

alternating stress

トラスの影響線を描く場合の考え方は，第5章で学んだ梁の影響線と同じである。ここでは，プラットトラスに移動荷重が作用する場合の影響線について学ぶが，ほかの種類のトラスについても，これらと同様に考えれば求められる。

1 プラットトラス

1 反力の影響線

図9-37(a)のプラットトラスの反力 R_A，R_B の計算は，単純梁の場合と同じであるから，反力を求める影響線も，図(b)のように単純梁とまったく同じである。

2 弦材の影響線

図9-37(a)のように②—②断面で切断して部材力 U_2 と L_3 を求めるには，リッター法を用いると，次のようになる。

$$弦材の部材力 \quad U_2 = -\frac{M_F}{h}, \quad L_3 = \frac{M_E^{❷}}{h} \quad (9\text{-}3)$$

p.195 のリッター法の計算参照。

ここで，M_F，M_E は断面法で学んだようにそれぞれ格点F，格点Eの曲げモーメントであるから，U_2，L_3 を求める影響線は，トラスを単純梁と考えた場合の M_F，M_E の影響線にそれぞれ $-\frac{1}{h}$，$\frac{1}{h}$ を掛けた図となる❸。部材力は，荷重作用位置の影響線の縦距に荷重の大きさを掛ければ求められる。ほかの弦材についても同様に考えればよい。

3 斜材の影響線

図9-37(a)のように，③—③断面で切断して部材力 D_3 を求めるには，クルマン法を用いると，次のようになる。

実際に作図するときは，図(c)，(d)のように描く。単純梁では，支点A上にとる縦距を 2λ および支点B上にとる縦距を 4λ とするが，その代わりに，$-2\lambda/h$ または $2\lambda/h$ および $-4\lambda/h$ または $4\lambda/h$ として描けばよい。

| 第9章 トラス

斜材の部材力　　　　$$D_3 = \frac{S_{FH}^{\;❶}}{\sin\theta} \qquad (9\text{-}4)$$

ここで，S_{FH} はトラスを単純梁と考えた場合の FH 間のせん断力であるから，D_3 を求める影響線は，単純梁の S_{FH} の影響線に $\dfrac{1}{\sin\theta}$ を掛ければよい。

このとき，FH 間，すなわち格点間に荷重が作用した場合は間接荷重となるので，D_3 を求める影響線は，図 9-37(e) のように FH 間を直線で結んだ形になる❷。ほかの斜材についても同様に考えればよい。

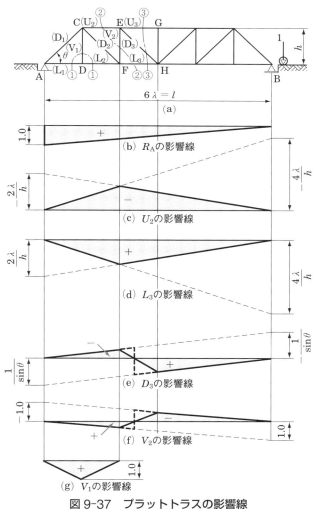

図 9-37　プラットトラスの影響線

図 9-37(a)のように，②—②断面で切断して部材力 V_2 を求める
には，クルマン法を用いると，次のようになる。

垂直材の部材力 $\qquad V_2 = - S_{\text{FH}} \qquad$ (9-5)

したがって，単純梁の S_{FH} の影響線の符号を逆にすればよく，図
(f)のようになる。FH 間の考え方については，D_3 の影響線と同様
にすればよい。

また，V_1 を求める影響線については，格点 D を中心に①—①断
面で切断し，格点法から V_1 を求めると，次のようになる。

単位荷重 1 が格点 D 上に作用するとき，$V_1 = 1$

単位荷重 1 が格点 A 上または格点 F 上に作用するとき，$V_1 = 0$

これにより作図すると，V_1 を求める影響線は図(g)のようになる。

例題 7

前輪 30 kN，後輪 60 kN のトラックが，図 9-39(a)のプ
ラットトラスを往復するとき，R_{A}，D_2，L_2，V_2，U_3 の各
最大値を影響線を用いて求めよ。

解答

R_{A} の影響線およびその値が最大になる荷重位置は，図(b)
のようになる。

$$R_{\text{A max}} = y_1 \times 60 + y_2 \times 30$$

ここで，$y_1 = 1$，$y_2 = \dfrac{14}{18}$ ❶ なので，

$$R_{\text{A max}} = 60 + \frac{14}{18} \times 30 = \mathbf{83.3\ kN}$$

①—①断面から，$D_2 = \dfrac{S_{\text{DF}}}{\sin\theta}$ となり，影響線を描くと，図

(c)のようになって，交番応力が生じる。したがって，引張力，
圧縮力にそれぞれ最大値があり，荷重位置は図に示したように
なる。

$$D_{2\max}(引張力) = y_4 \times 60 + y_5 \times 30,\quad D_{2\max}(圧縮力) = y_3 \times 60$$

$$y_3 = \frac{-1.25 \times 3}{18} = -\frac{3.75}{18},\quad y_4 = \frac{1.25 \times 12}{18} = \frac{15}{18}$$

$$y_5 = \frac{1.25 \times 8}{18} = \frac{10}{18}$$

ゆえに，$D_{2\max}(引張力) = \dfrac{15}{18} \times 60 + \dfrac{10}{18} \times 30 = \mathbf{66.7\ kN}$

$$D_{2\max}(圧縮力) = \left(\frac{-3.75}{18}\right) \times 60 = \mathbf{-12.5\ kN}$$

❶ y_2 は図 9-38 より，比
例計算で求める。

$$1 : 18 = y_2 : 14$$
$$18 \times y_2 = 1 \times 14$$
$$y_2 = \frac{14}{18}$$

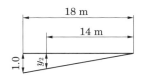

図 9-38 影響線の縦距

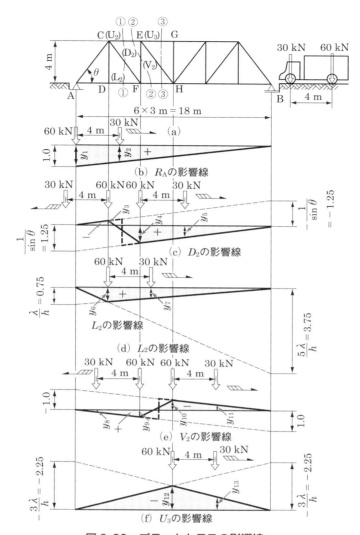

図 9-39　プラットトラスの影響線

同様に①−①断面から，$L_2 = M_C/h$ となり，影響線および
最大になる荷重の位置は，図(d)のようになる。

$$L_{2\max}(\text{引張力}) = y_6 \times 60 + y_7 \times 30$$

$$y_6 = \frac{0.75 \times 15}{18} = \frac{11.25}{18}, \quad y_7 = \frac{0.75 \times 11}{18} = \frac{8.25}{18}$$

ゆえに，$L_{2\max}(\text{引張力}) = \dfrac{11.25}{18} \times 60 + \dfrac{8.25}{18} \times 30$

$$= 51.3\,\text{kN}$$

②−②断面から，$V_2 = -S_{FH}$ となり，影響線および最大に
なる荷重の位置は，図(e)のようになる。

$$V_{2\max}(\text{引張力}) = y_9 \times 60 + y_8 \times 30,$$

$$V_{2\max}(\text{圧縮力}) = y_{10} \times 60 + y_{11} \times 30,$$

$$y_8 = \frac{2}{18}, \quad y_9 = \frac{6}{18}, \quad y_{10} = -\frac{9}{18}, \quad y_{11} = -\frac{5}{18}$$

ゆえに，$V_{2\max}$（引張力）$= \dfrac{6}{18} \times 60 + \dfrac{2}{18} \times 30 = \mathbf{23.3\,kN}$

$$V_{2\max}（圧縮力）= \left(-\frac{9}{18}\right) \times 60 + \left(-\frac{5}{18}\right) \times 30$$

$$= \mathbf{-38.3\,kN}$$

最後に③—③断面から，$U_3 = -M_\mathrm{H}/h$ となり，影響線およ
び最大になる荷重の位置は，図(f)のようになる。

$$U_{3\max}（圧縮力）= y_{12} \times 60 + y_{13} \times 30$$

$$y_{12} = \frac{-2.25 \times 9}{18} = -\frac{20.25}{18}, \quad y_{13} = \frac{-2.25 \times 5}{18} = -\frac{11.25}{18}$$

ゆえに，$U_{3\max}（圧縮力）= \left(-\dfrac{20.25}{18}\right) \times 60 + \left(-\dfrac{11.25}{18}\right) \times 30$

$$= \mathbf{-86.3\,kN}$$

問7 トラスの部材力が最大になる荷重位置の決め方を述べよ。

2 部材力の性質

　単純トラスに鉛直方向の荷重が作用する場合，トラス全体を一つ
の大きな梁と考えると，図9-40のように変形するが，部材力の圧
縮・引張の関係についてまとめると，次のようになる。

1 ● 上弦材は圧縮力が生じる。

2 ● 下弦材は引張力が生じる。

3 ● 腹材は力の位置によって交番応力が生じるが，一般的には，中
央に向かって下がっている斜材（プラットトラス）に引張力が，
中央に向かって上がっている斜材（ハウトラス）には圧縮力が生
じ，垂直材は斜材と反対の部材力が生じる。

―――― 引張材
―――― 圧縮材

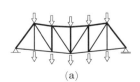
(a)

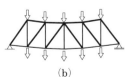
(b)

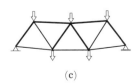
(c)

図9-40　トラスの部材力

鉄道橋に多いトラス橋

　日本の鉄道は 1872 年（明治 5 年）に，現在の新橋－横浜間で開通した。このころから，路線は徐々に延ばされ，川幅の広い河川を渡る必要がある場合は，トラス橋が使用されていた。図 9-41 は，1886 年（明治 19 年）に，はじめて日本につくられたといわれるトラス橋であるが，今もなお鉄道橋として活躍している。このように，鉄道橋にトラス橋が使われているのを今でもよくみかけることが多いが，これはなぜだろう。

　一般に，河川に橋を架ける場合，川の流れをさまたげないように橋脚の数を少なくするなど，設置に制限がある。

　鉄道橋にトラス橋を用いた場合，図 9-42 のように，音や振動をやわらげる砕石（バラスト）を必要としない軌道（無道床軌道）にすることができるため，橋の自重を軽くすることができる。さらに，トラス橋の構造的な特性からほかの橋と比べたわみが少なく，適用できる支間距離は 50〜600 m 程度と幅広い。このようなことから，鉄道橋にとってトラス橋は，ほかの橋よりも橋脚を少なくできるなどの設置制限を満足しやすい。

　また，コンクリート製の鉄道橋は 1945 年（昭和 20 年）にイギリスで初めて実用化され，日本では 1954 年（昭和 29 年）に初めて実用化されたといわれているように，トラス橋に比べ，コンクリート橋の技術の発展は近年になってからである。

　このように，設置制限や構造の特性，さらには技術の発展した時期などが，鉄道橋にトラス橋が多いおもな理由である。近年では，技術が発展したため，コンクリート製の鉄道橋も増えてきている。

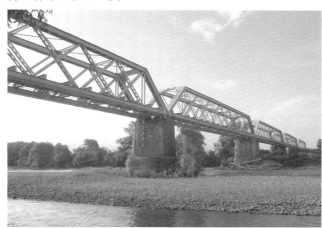

図 9-41　日本初といわれるトラス橋　荒砥鉄道橋

図 9-42　無道床軌道

1. 代表的なトラスを三つあげて図示し，その名称をいえ。

2. 図9-43のトラスの部材力を求めよ。

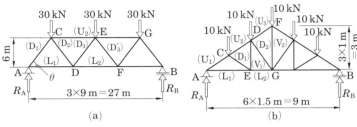

(a)   (b)

図9-43

3. 図9-44のトラスの種類を答え，U_2，D_2，L_2を求めよ。

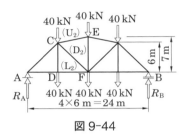

図9-44

4. 図9-45のトラスの種類を答え，U_3，D_3，L_3，V_3の最大値の影響線を用いて求めよ。

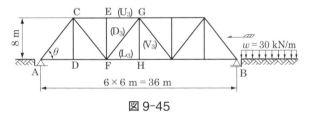

図9-45

第 **10** 章

梁のたわみ

列車試験走行によるたわみ（南備讃瀬戸大橋）

　梁は部材の軸に対して，主として鉛直方向の荷重を受け，まっすぐであった梁は変形して曲がる。構造上安全な梁であっても，変形する量が大きいと移動荷重によって振動を起こすなど好ましくない。そのため，梁の変形量は規制されている。

　上の写真は，南備讃瀬戸大橋での列車試験走行によるたわみのようすである。

　ここでは，このような梁の変形について学ぶ。

●荷重によって，梁はどのように変形するのだろうか。

●梁の変形量は，どのように表すのだろうか。

●梁の変形量の計算は，どのように行うのだろうか。

1 たわみ

1 梁のたわみ

　図 10-1 のように，部材 N-N のまっすぐな梁に，荷重 P が作用すると，梁は N'-N' のように変形して曲がる。この現象を梁がたわむといい，変形後の部材軸 N'-N' を**たわみ曲線**[1]または**弾性曲線**[2]という。

❶deflection curve

❷elastic curve

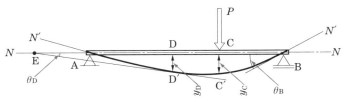

図 10-1　梁のたわみとたわみ角

　また，荷重が作用するまえの点 C が，変形後 C′ に移ったとするとき，CC′ の鉛直距離 y_C を点 C の**たわみ**[3]といい，長さの単位 m，mm で示される。

❸deflection

　さらに，たわみ曲線上の点 D′ の接線と，もとの部材軸 N-N との交点を E とするとき，この接線 ED′ と N-N 軸のなす角 $\overset{シータ}{\theta}_D$ を，点 D の**たわみ角**[4]といい，単位はラジアン［rad］で表す[5]。図 10-1 からわかるように，最大のたわみを生じる点のたわみ角は 0 rad となる。

❹deflection angle

❺$\pi\ \text{rad} = 180°$ であるので，
$$1\ \text{rad} = \frac{180°}{\pi}$$
である。したがって，α［rad］は，
$$\alpha\ [\text{rad}] = \alpha\,\frac{180°}{\pi}\ [°]$$
となる。

　梁のたわみを考える場合は，次のように取り扱う。

1 ● 梁のたわみには，曲げモーメントの影響によるものとせん断力の影響によるものとがあるが，一般に，せん断力によるたわみは微小なので，**曲げモーメントによるたわみだけを取り扱う。**

2 ● 単純梁がたわむと可動支点は少し内側に移動するが，一般に，その量は微小なので無視する。

3 ● たわみは下に向かうものを正（＋），たわみ角は変形まえの N-N 軸を基準として時計まわりの方向を正（＋）とする。

問 1　最大のたわみを生じる点のたわみ角はなぜ 0 になるか。

　梁がたわむ場合，その変形量の大きさが問題になる。たわむ原因としては，曲げモーメント M の影響が大きいので，M の値が小さくなるよう，必要以上に支間を大きくしないなどの構造を考えればよい。次に M の値が同じ場合にたわみを小さくするには，断面の形や材質がどのようなものであればよいか考えてみよう。

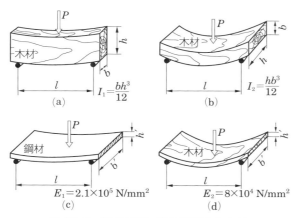

図10-2　梁の材質・断面形状とたわみ

　図 10-2 のように，M が等しくなるように，荷重 P，梁の支間 l を同じにする。同質材料，同一面積，同一断面形状 ($b < h$) の木材を，図(a)，(b)のように支持した場合は，断面を縦長にした，図(a)のほうのたわみが小さい。図(a)と図(b)の違いは断面二次モーメント I の値で($I_1 > I_2$)，I が大きければ，たわみが小さいことを示している。

　また，図(c)，(d)のように，同一断面形状で材質を鋼材と木材のように変えた場合は，図(c)の鋼材を用いたほうのたわみが小さい。これは，弾性係数 E の大きさに関係があり，弾性係数 E は鋼材のほうが木材より大きいことから($E_1 > E_2$)，E が大きければ，たわみが小さいことを示している。以上のことから推察できるように，たわみ y は E や I が大きくなるほど小さくなる(図 10-3)。この E と I の積 EI は，梁の曲げ変形に対する強さを表すもの

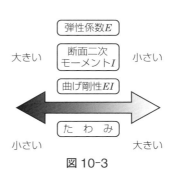

図 10-3

で，**曲げ剛性**[1]という。

❶flexural rigidity

次に，たわみ曲線の曲率半径 ρ と曲げモーメント M，曲げ剛性 EI との関係を考える。EI を大きくすると，梁のたわみが小さくなり，したがって，梁の曲がりが少なく，曲率半径が大きくなる。M が大きくなると，反対に，たわみが大きくなり，したがって，梁の曲がりが大きく，曲率半径が小さくなる。これらの関係をまとめると，第 6 章で学んだように，次の式がなりたつ。

弾性荷重
$$\frac{M}{EI} = \frac{1}{\rho}[2] \qquad (10\text{-}1)$$

❷曲率半径 ρ の逆数を曲率（curvature）という。

この $\frac{M}{EI}$ の値を**弾性荷重**[3]といい，この弾性荷重を用いて，梁がたわむときのたわみ角やたわみの大きさを求めることができる。

❸elastic load

例題 1
図 10-4 のように，幅 200 mm，高さ 300 mm の長方形断面の単純梁に，20 kN の集中荷重が作用するとき，点 C の曲率半径はいくらか。ただし，弾性係数 $E = 1.0 \times 10^4$ N/mm² とする。

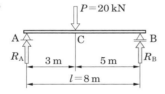

図 10-4 単純梁の曲率半径

解答
断面二次モーメント I は，長方形断面であるので，

$$I = \frac{bh^3}{12} = \frac{200 \times 300^3}{12} = 4.5 \times 10^8 \text{ mm}^4$$

曲率半径を求める点 C の曲げモーメント M_C は，

$$R_A = \frac{20 \times 5}{8} = 12.5 \text{ kN}$$

$$M_C = 12.5 \times 3 = 37.5 \text{ kN·m} = 3.75 \times 10^7 \text{ N·mm}$$

よって，式(10-1)から，

$$\rho = \frac{EI}{M_C} = \frac{1.0 \times 10^4 \times 4.5 \times 10^8}{3.75 \times 10^7} = 1.20 \times 10^5 \text{ mm}$$

問 2 梁のたわみの大小に関係する要素は何か。

問 3 曲げ剛性 EI は，どのような意味をもっているか調べよ。

3 モールの定理

ここでは弾性荷重を用いて，梁のたわみ・たわみ角を求める**モールの定理**[1]について学ぶ。

モールの定理は，梁に荷重が作用したときのせん断力と曲げモーメントを求める考え方を，たわみ角 θ，たわみ y の算出に適用したものである。**弾性荷重 $\dfrac{M}{EI}$ を求め，それを梁に作用する仮想の分布荷重と考えて梁の計算を行うと，求めたせん断力がたわみ角の値であり，曲げモーメントがたわみの値である**[2]というのがモールの定理である。

ここでの梁は，計算上まったく便宜的に考えられた仮想の梁で，**単純梁では，たわみ角・たわみを求める与えられた梁とまったく同じものでよく，片持梁では，固定端と自由端を入れ替えたものが仮想の梁となる。この仮想の梁を共役梁という**[3]。

モールの定理によって，単純梁と片持梁のたわみ角・たわみを求める順序は，次のようになる。

(a)単純梁 図 10-5 の単純梁 AB について，点 C のたわみ角 θ_C とたわみ y_C を求めよう。

1 ● 梁に作用する外力 P_1，P_2 による曲げモーメント M_C，M_D を求め，図(b)の曲げモーメント図を描く。

2 ● 曲げモーメント図の値に $\dfrac{1}{EI}$ をかけた弾性荷重を共役梁に作用する仮想の分布荷重と考えて，図(c)のように作用させ，もう一度梁の計算をする。

3 ● 再度求めたせん断力図(S' 図)・曲げモーメント図(M' 図)は図(d)，(e)のようになるが，それぞれの図の値が梁の各点のたわみ角とたわみを示す。

4 ● 求める点 C のたわみ角・たわみは，次のようになる。

$$\left.\begin{array}{l} \theta_C = S'_C \\ y_C = M'_C \end{array}\right\}[4] \qquad (10\text{-}2)$$

❶ Mohr's theorem
❷ M が正のときは下向きに，負のときは上向きに作用させる。
❸ 共役梁(conjugate beam)は，次の条件を満たすように支点の状態を決めている。
(ⅰ)与えられた梁のたわみ角が 0 の点で，仮想の梁のせん断力が 0 となり，最大たわみ角の生じる点で，仮想の梁のせん断力が最大となる。
(ⅱ)与えられた梁のたわみが 0 の点で，仮想の梁の曲げモーメントが 0 となり，最大たわみの生じる点で仮想の梁の曲げモーメントが最大となる。
❹ 共役梁に弾性荷重を載荷して再度求めたせん断力および曲げモーメントには，$'$ をつけて区別する。

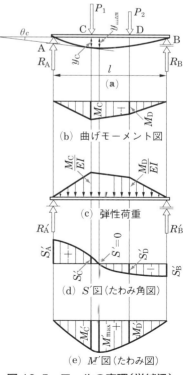

図 10-5 モールの定理(単純梁)

(b)片持梁　図 10-6 の片持梁 AB について，自由端 B のたわみ角 θ_B とたわみ y_B を求めてみよう。

1●図(b)のように曲げモーメント図を描く。

2●図(c)のように，固定端と自由端を入れ替えた共役梁に，弾性荷重が作用すると考え，もう一度梁の計算をする。負の曲げモーメントの場合，弾性荷重を上向きの荷重として作用させる。

3●再度求めたせん断力図(S' 図)・曲げモーメント図(M' 図)の値が，梁の各点のたわみ角とたわみを示す。

4●求める点のたわみ角とたわみは，次のようになる。

$$\left.\begin{array}{l} \theta_B = S'_B \\ y_B = M'_B \end{array}\right\} \quad (10\text{-}3)$$

上のような方法で，梁のたわみとたわみ角を求めるのがモールの定理である。

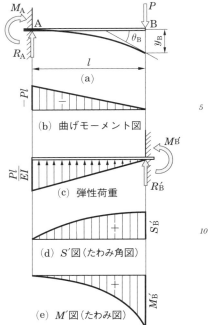

図 10-6　モールの定理(片持梁)

一般に必要な値は，その梁の最大たわみと最大たわみ角であるが，図 10-5 の単純梁の最大たわみ角は，支点 A または B で生じ，最大たわみは，図(d)の $S' = 0$ になる点で生じている。また，図 10-6 の片持梁では，自由端 B で最大のたわみ角とたわみが生じている。

たわみを考慮するキャンバー

　キャンバーとは，構造物の自重等により梁がたわむため，完成時の形状が計画時の形状と異ならないように，工場製作時あるいは架設時にあらかじめつける，たわみと同じ量の反りのことである。構造物を建設するまえに梁のたわみを計算する必要がある。

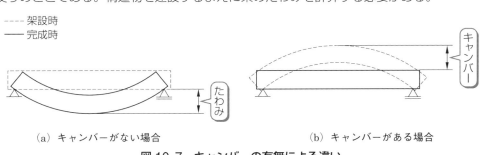

　- - - - 架設時
　──── 完成時

（a）キャンバーがない場合　　　（b）キャンバーがある場合

図 10-7　キャンバーの有無による違い

2 単純梁のたわみとたわみ角

1 集中荷重を受ける場合

　図 10-8(a)の単純梁 AB の点 C に，集中荷重 P が作用するとき，両支点のたわみ角 θ_A，θ_B および点 C のたわみ y_C を求めよう。

　モールの定理の順序に従って計算する。まず図(c)のように，弾性荷重を作用させ，反力 R'_A，R'_B を求める。

$\Sigma M_{(B)} = 0$ から，

$$R'_A l - \left(\frac{1}{2} \cdot \frac{M_C}{EI} a\right) \times \left(b + \frac{a}{3}\right) - \left(\frac{1}{2} \cdot \frac{M_C}{EI} b\right) \times \frac{2}{3} b = 0$$

ゆえに，
$$R'_A = \frac{1}{l}\left(\frac{M_C ab}{2EI} + \frac{M_C a^2}{6EI} + \frac{2M_C b^2}{6EI}\right)$$

$$= \frac{M_C}{6EIl}(a_2 + 3ab + 2b^2) = \frac{M_C}{6EIl}(a + b)(a + 2b)$$

$$= \frac{M_C}{6EIl} l(a + 2b) = \frac{M_C}{6EI}(l + b)$$

　上式に $M_C = \dfrac{Pab}{l}$ ❶ を代入すると，

$$\left.\begin{array}{l} R'_A = \dfrac{Pab}{6EIl}(l + b) \\[4mm] R'_B = \dfrac{Pab}{6EIl}(l + a) \end{array}\right\} \qquad (10\text{-}4)$$

同様にして，

　弾性荷重による梁の点 A と点 B のせん断力は，$S'_A = R'_A$，$S'_B = -R'_B$ である。

　したがって，θ_A，θ_B は，式(10-2)から次のようになる。

集中荷重を受ける単純梁のたわみ角

$$\left.\begin{array}{l} \boldsymbol{\theta_A = S'_A = \dfrac{Pab(l + b)}{6EIl}} \\[5mm] \boldsymbol{\theta_B = S'_B = -\dfrac{Pab(l + a)}{6EIl}} \end{array}\right\} \qquad (10\text{-}5)$$

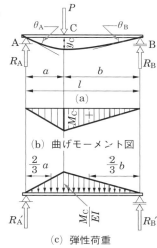

図 10-8　集中荷重を受ける単純梁のたわみ

❶ 支点 A の反力 R_A は，
$R_A = \dfrac{Pb}{l}$ である。
　したがって，
$M_C = R_A a = \dfrac{Pab}{l}$
となる。

また，y_C を求めるには，図(c)の弾性荷重が作用したときの点 C の曲げモーメント M_C' を計算する。

$$M_C' = R_A' a - \left(\frac{1}{2} \cdot \frac{M_C}{EI} a\right) \times \frac{a}{3}$$

$$= \frac{Pab}{6EIl}(l+b) \times a - \left(\frac{1}{2} \times \frac{Pab}{EIl} \times a\right) \times \frac{a}{3} = \frac{Pa^2b^2}{3EIl}$$

したがって，y_C は，式(10-2)から次のようになる。

集中荷重を受ける単純梁のたわみ	$$\boldsymbol{y_C = M_C' = \frac{Pa^2b^2}{3EIl}}$$	(10-6)

もし，集中荷重 P が支間の中央に作用するときは，$a = b = \dfrac{l}{2}$ であるから，たわみ角とたわみは，次のようになる。

集中荷重を支間中央に受ける単純梁のたわみ角とたわみ	$$\boldsymbol{\theta_A = \frac{Pl^2}{16EI} = -\theta_B}$$ $$\boldsymbol{y_C = \frac{Pl^3}{48EI}}$$	(10-7)

❶$1' = \left(\dfrac{1}{60}\right)^{\circ}$ である。

例題 2

図 10-9(a)のような単純梁の両支点のたわみ角 θ_A，θ_B および点 C のたわみ y_C と，この梁に生じる最大たわみ y_{max} を求めよ。ただし，梁の断面は，幅 200 mm，高さ 300 mm とし，$E = 1.0 \times 10^4$ N/mm^2 とする。

解答

断面二次モーメント I は，

$$I = \frac{bh^3}{12} = \frac{200 \times 300^3}{12}$$

$$= 4.5 \times 10^8 \text{ mm}^4$$

式(10-5)から，

$$\theta_A = \frac{Pab(l+b)}{6EIl}$$

$$= \frac{20\,000 \times 3\,000 \times 5\,000 \times (8\,000 + 5\,000)}{6 \times 1.0 \times 10^4 \times 4.5 \times 10^8 \times 8\,000}$$

$$= 0.0181 \text{ rad} = 1°\,02'\text{❶}$$

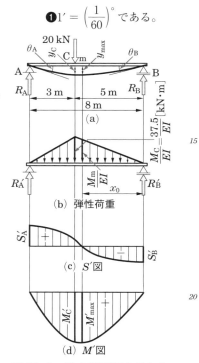

図 10-9　集中荷重によるたわみ角とたわみの計算

$$\theta_B = -\frac{Pab(l+a)}{6EIl}$$

$$= -\frac{20\,000 \times 3\,000 \times 5\,000 \times (8\,000 + 3\,000)}{6 \times 1.0 \times 10^4 \times 4.5 \times 10^8 \times 8\,000}$$

$$= -0.015\,3\,\mathrm{rad} = -53'$$

また，式(10-6)から，

$$y_C = \frac{Pa^2b^2}{3EIl} = \frac{20\,000 \times 3\,000^2 \times 5\,000^2}{3 \times 1.0 \times 10^4 \times 4.5 \times 10^8 \times 8\,000}$$

$$= 41.7\,\mathrm{mm}$$

次に，最大たわみ $y_{\max}$ を求める。これは，M' 図の $M'_{\max}$ を求めればよく，せん断力と曲げモーメントの関係から $M'_{\max}$ は S' が 0 になる点 m で生じていることになる。Bm 間の長さを x_0 とすると，例題 1 から $M_C = 37.5\,\mathrm{kN \cdot m}$ なので，$\dfrac{M_m}{EI}$ は三角形の相似の関係から，

$$\frac{37.5}{EI} : \frac{M_m}{EI} = 5 : x_0$$

ゆえに，$\dfrac{M_m}{EI} = \dfrac{37.5\,x_0}{5EI} = \dfrac{7.5\,x_0}{EI}$

式(10-4)から，弾性荷重による点 B の反力 R'_B と点 m のせん断力 S'_m は，

$$R'_B = \frac{Pab}{6EIl}(l+a) = \frac{20 \times 3 \times 5}{6EI \times 8} \times (8+3) = \frac{68.75}{EI}\,[\mathrm{kN \cdot m^2}]$$

$$S'_m = -R'_B + \frac{1}{2} \cdot \frac{M_m}{EI}\,x_0 = -\frac{68.75}{EI} + \frac{7.5\,x_0 \times x_0}{2EI} = 0$$

ゆえに，$x_0 = \sqrt{\dfrac{68.75}{3.75}} = 4.282\,\mathrm{m}$

図(b)の弾性荷重において，点 m で $S' = 0$ から，$M'_{\max}(=M'_m)$ を求める。Bm 間の三角形の面積は R'_B に等しいので，

$$M'_{\max} = \frac{68.75}{EI} \times 4.282 - \frac{68.75}{EI} \times \frac{4.282}{3}$$

$$= \frac{196.3}{EI}\,[\mathrm{kN \cdot m^3}] = \frac{1.963 \times 10^{14}}{EI}\,[\mathrm{N \cdot mm^3}]$$

$$y_{\max} = M'_{\max} = \frac{1.963 \times 10^{14}}{1.0 \times 10^4 \times 4.5 \times 10^8}$$

$$= 43.6\,\mathrm{mm}$$

2　等分布荷重を受ける場合

図 10-10(a)の単純梁に，等分布荷重 w が作用する場合，両支点のたわみ角 θ_A，θ_B および中央点 C のたわみ y_C を求めよう。

まず，弾性荷重の反力 R'_A，R'_B を求める。

図(c)のような放物線に囲まれた面積 A は $\dfrac{2}{3} \cdot \dfrac{M_C}{EI} l$ になることがわかっているので，R'_A，R'_B は，

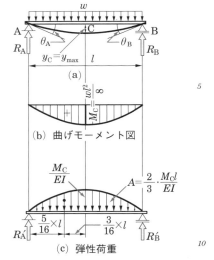

$$R'_A = R'_B = \frac{1}{2} \times \frac{2}{3} \cdot \frac{M_C}{EI} l$$
$$= \frac{1}{2} \times \left(\frac{2}{3} \times \frac{wl^2}{8EI} \times l \right) = \frac{wl^3}{24EI} \quad (10\text{-}8)$$

$$S'_A = R'_A, \quad S'_B = -R'_B$$

したがって，θ_A，θ_B は，

| 等分布荷重を受ける 単純梁のたわみ角 | $\theta_A = S'_A = \dfrac{wl^3}{24EI} = -\theta_B$ | (10-9) |

次に，y_C を求める。図(c)の AC 間の面積の図心の位置は点 C から $\dfrac{3}{16} l$ のところにあることがわかっているので，M'_C は次式のようになり，y_C は式(10-10)となる。

$$M'_C = \frac{wl^3}{24EI} \times \frac{l}{2} - \frac{wl^3}{24EI} \times \frac{3l}{16} = \frac{5wl^4}{384EI}$$

| 等分布荷重を受ける 単純梁のたわみ | $y_C = y_{max} = M'_C = \dfrac{5wl^4}{384EI}$ | (10-10) |

図 10-11(a)のように，支間 8 m の単純梁に，等分布荷重 $w = 4000$ N/m が作用するとき，両支点のたわみ角 θ_A，θ_B，および中央点のたわみ y_C を計算せよ。ただし，梁は直径 400 mm の円形断面とし，$E = 1.0 \times 10^4$ N/mm^2 とする。

断面二次モーメント I および点 C の曲げモーメント M_C は，

$$I = \frac{\pi d^4}{64} = \frac{3.14 \times 400^4}{64} = 1.256 \times 10^9 \text{ mm}^4$$

$$M_{\mathrm{C}} = \frac{wl^2}{8} = \frac{4\,000 \times 8^2}{8} = 32\,000 \ \mathrm{N \cdot m}$$

図 10-11(b)の弾性荷重の面積を A とすると,

$$A = \frac{2}{3} \cdot \frac{M_{\mathrm{C}}}{EI} \, l = \frac{2}{3} \times \frac{32\,000}{EI} \times 8$$

$$= \frac{1.707 \times 10^5}{EI} \ [\mathrm{N \cdot m^2}]$$

ゆえに, $\quad R'_{\mathrm{A}} = \frac{1}{2} \times A = \frac{8.533 \times 10^4}{EI} \ [\mathrm{N \cdot m^2}]$

$$= \frac{8.533 \times 10^{10}}{EI} \ [\mathrm{N \cdot mm^2}] = R'_{\mathrm{B}}$$

$S'_{\mathrm{A}} = R'_{\mathrm{A}}$ より, 点 A のたわみ角 θ_{A} は,

$$\theta_{\mathrm{A}} = S'_{\mathrm{A}} = \frac{8.533 \times 10^{10}}{1.0 \times 10^4 \times 1.256 \times 10^9}$$

$$= 0.006\,79 \ \mathrm{rad} = 23' = -\theta_{\mathrm{B}}$$

次に, 点 C の曲げモーメント M'_{C} を計算し, y_{C} を求める.

$$M'_{\mathrm{C}} = M'_{\mathrm{max}} = \frac{8.533 \times 10^4}{EI} \times 4$$

$$- \frac{8.533 \times 10^4}{EI} \times \frac{3 \times 8}{16}$$

$$= \frac{8.533 \times 10^4}{EI} \times (4 - 1.5) = \frac{2.133 \times 10^5}{EI} \ [\mathrm{N \cdot m^3}]$$

$$= \frac{2.133 \times 10^{14}}{EI} \ [\mathrm{N \cdot mm^3}]$$

ゆえに, $y_{\mathrm{C}} = y_{\mathrm{max}} = M'_{\mathrm{C}} = \dfrac{2.133 \times 10^{14}}{1.0 \times 10^4 \times 1.256 \times 10^9}$

$$= 17.0 \ \mathrm{mm}$$

問 4 例題 3 の y_{max} を式(10-10)を用いて求めよ.

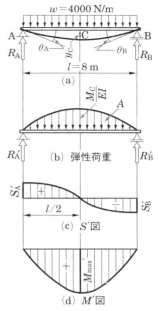

図 10-11　等分布荷重によるたわみ角とたわみの計算

3 支点にモーメントの荷重を受ける場合

図 10-12(a)のように, 単純梁の支点 B に, 反時計まわりのモーメントの荷重 M_{B} が作用する場合, 両支点のたわみ角 θ_{A}, θ_{B} および中央点 C のたわみ y_{C}, 最大たわみ y_{max} を求める.

釣合いの条件式から反力 R_{A}, R_{B} は, $\Sigma M_{(\mathrm{B})} = 0$ より,

$$R_{\mathrm{A}} l - M_{\mathrm{B}} = 0$$

よって, $R_{\mathrm{A}} = \dfrac{M_{\mathrm{B}}}{l}$

$\Sigma V = 0$ から,

$$R_{\mathrm{A}} + R_{\mathrm{B}} = \frac{M_{\mathrm{B}}}{l} + R_{\mathrm{B}} = 0$$

よって, $R_{\mathrm{B}} = -\dfrac{M_{\mathrm{B}}}{l}$

となり，R_A は正（＋），R_B は負（－）で下向きとなる。

　次に，点 A の曲げモーメントは $M_A = 0$，点 B の曲げモーメントは，

$$M_B = R_A l = \frac{M_B}{l} \times l = M_B$$

となり，これを図示すると図 10-12(b)のようになる。これを，図(c)のように，弾性荷重として載荷し，再度計算する。

$\Sigma M_{(B)} = 0$ から，

$$R'_A l - \left(\frac{1}{2} \cdot \frac{M_B}{EI} \times l \right) \times \frac{1}{3} \times l = 0$$

よって，$R'_A = \dfrac{1}{l} \times \left(\dfrac{1}{2} \cdot \dfrac{M_B}{EI} l \right) \times \dfrac{1}{3} \times l = \dfrac{M_B l}{6EI}$

$$R'_B = \frac{1}{l} \times \left(\frac{1}{2} \cdot \frac{M_B}{EI} l \right) \times \frac{2}{3} \times l = \frac{M_B l}{3EI}$$

$$S'_A = R'_A, \quad S'_B = -R'_B$$

したがって，θ_A，θ_B は，次のようになる。

支点にモーメントの荷重を受ける単純梁のたわみ角	$\theta_A = S'_A = \dfrac{M_B l}{6EI}$ $\theta_B = S'_B = -\dfrac{M_B l}{3EI}$	(10-11)

また，y_C は，図(e)の M'_C を求めればよいので，

$$M'_C = R'_A \times \frac{l}{2} - \frac{1}{2} \times \frac{M_C}{EI} \times \frac{l}{2} \times \frac{l}{6}$$

$$= \frac{M_B l}{6EI} \times \frac{l}{2} - \frac{1}{2} \times \frac{M_B}{2EI} \times \frac{l}{2} \times \frac{l}{6} = \frac{M_B l^2}{16EI}$$

支点にモーメントの荷重を受ける単純梁のたわみ	$y_C = \dfrac{M_B l^2}{16EI}$	(10-12)

　図(d)，(e)のように，最大曲げモーメント M'_{max} は $S' = 0$ の位置 m で生じる。支点 A から点 m までの距離 x_0 と，その位置の M_m は，$x_0 = \dfrac{\sqrt{3}}{3} l$❶，$M_m = \dfrac{M_B x_0}{l}$ であるので，

$$M'_{max} = R'_A \times x_0 - \frac{1}{2} \cdot \frac{M_m}{EI} x_0 \times \frac{x_0}{3}$$

$$= \frac{M_B l x_0}{6EI} - \frac{M_B x_0^3}{6EIl}$$

$$= \frac{\sqrt{3} \, M_B l^2}{18EI} - \frac{\sqrt{3} \, M_B l^2}{54EI} = \frac{\sqrt{3} \, M_B l^2}{27EI}$$

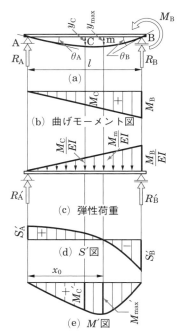

図 10-12　支点にモーメントの荷重を受ける単純梁のたわみ

❶せん断力 $S' = 0$

$$S'_{x_0} = R'_A - \frac{1}{2} \cdot \frac{M_m}{EI} x_0$$

$$= \frac{M_B l}{6EI} - \frac{M_B x_0^2}{2EIl}$$

$$= 0$$

よって，$x_0^2 = \dfrac{l^2}{3}$

$$x_0 = \frac{\sqrt{3}}{3} l$$

したがって，$y_{\max}$ は次のようになる。

支点にモーメント
の荷重を受ける単
純梁の最大たわみ

$$y_{\max} = \frac{\sqrt{3}\,M_B l^2}{27EI} \qquad (10\text{-}13)$$

例題4

図 10-12(a) において，支点 B に反時計まわりのモーメントの荷重 $M_B = 30\,\mathrm{kN\cdot m}$ が作用したとき，θ_A，θ_B，y_C および $y_{\max}$ を求めよ。ただし，$l = 6\,\mathrm{m}$，$EI = 3.6 \times 10^{12}\,\mathrm{N\cdot mm^2}$ とする。

解答

$M_B = 30\,\mathrm{kN\cdot m} = 3.0 \times 10^7\,\mathrm{N\cdot mm}$ であるので，

式(10-11)，式(10-12)から，両支点のたわみ角 θ_A，θ_B，中央点 C のたわみ y_C は，

$$\theta_A = \frac{M_B l}{6EI} = \frac{3.0 \times 10^7 \times 6000}{6 \times 3.6 \times 10^{12}} = \mathbf{0.00833\ rad = 29'}$$

$$\theta_B = -\frac{M_B l}{3EI} = -\frac{3.0 \times 10^7 \times 6000}{3 \times 3.6 \times 10^{12}} = \mathbf{-0.0167\ rad = -57'}$$

$$y_C = \frac{M_B l^2}{16EI} = \frac{3.0 \times 10^7 \times 6000^2}{16 \times 3.6 \times 10^{12}} = \mathbf{18.8\ mm}$$

次に，$y_{\max}$ の生じる点 m の位置 x_0 を求める。

この点 m で，せん断力 $S'_m = 0$ となるので，

$$S'_m = R'_A - \frac{1}{2} \cdot \frac{M_m}{EI} x_0 = 0$$

図(c)の三角形の相似の関係から，$\dfrac{M_m}{EI} : \dfrac{M_B}{EI} = x_0 : l$

$$\frac{M_m}{EI} : \frac{30}{EI} = x_0 : 6 \quad \text{ゆえに，} \quad \frac{M_m}{EI} = \frac{5x_0}{EI}$$

$$R'_A = \frac{M_B l}{6EI} = \frac{30 \times 6}{6EI} = \frac{30}{EI}\ [\mathrm{kN\cdot m^2}]$$

$$S'_m = R'_A - \frac{1}{2} \cdot \frac{M_m}{EI} x_0 = \frac{30}{EI} - \frac{1}{2} \times \frac{5x_0}{EI} \times x_0 = 0$$

$$x_0{}^2 = 12$$

ゆえに，$x_0 = \sqrt{12} = 2\sqrt{3}\ \mathrm{m}$

したがって，点 m の曲げモーメント M'_m は次のようになる。

$$M'_m = M'_{\max} = R'_A \times x_0 - \frac{1}{2} \cdot \frac{M_m}{EI} x_0 \times \frac{x_0}{3}$$

$$= \frac{30}{EI} \times 2\sqrt{3} - \frac{1}{2} \times \frac{5}{EI} \times 12 \times \frac{2\sqrt{3}}{3}$$

$$= \frac{40\sqrt{3}}{EI}\ [\mathrm{kN\cdot m^3}] = \frac{4\sqrt{3} \times 10^{13}}{EI}\ [\mathrm{N\cdot mm^3}]$$

ゆえに，$y_{\max} = M'_{\max} = \dfrac{4\sqrt{3} \times 10^{13}}{3.6 \times 10^{12}} = \mathbf{19.2\ mm}$

例題
5

図 10-13 の単純梁において，支点 A に時計ま
わりのモーメントの荷重 $M_A = 20\,\mathrm{kN \cdot m}$ が，支
点 B に反時計まわりのモーメントの荷重 $M_B = 40\,\mathrm{kN \cdot m}$ が同時に作用する場合，θ_A，θ_B，中央点
の y_C および $y_{\max}$ を求めよ。ただし，$l = 6\,\mathrm{m}$，
$EI = 4.5 \times 10^{12}\,\mathrm{N \cdot mm^2}$ とする。

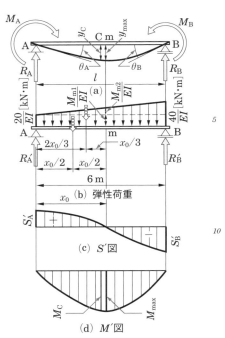

図 10-13　たわみの計算

解答

図(b)のように，弾性荷重を長方形と三角形に分け
て計算する。

反力 R'_A，R'_B および両支点のせん断力 S'_A，S'_B は，

$$R'_A = \frac{1}{6}\left\{\left(\frac{20}{EI} \times 6\right) \times 3 + \left(\frac{1}{2} \times \frac{20}{EI} \times 6\right) \times 2\right\}$$
$$= \frac{80}{EI}\,[\mathrm{kN \cdot m^2}] = \frac{8 \times 10^{10}}{EI}\,[\mathrm{N \cdot mm^2}]$$

$$R'_B = \frac{180 - 80}{EI} = \frac{100}{EI}[\mathrm{kN \cdot m^2}] = \frac{10 \times 10^{10}}{EI}[\mathrm{N \cdot mm^2}]$$

$S'_A = R'_A$，$S'_B = -R'_B$，したがって，

$$\theta_A = S'_A = \frac{8 \times 10^{10}}{4.5 \times 10^{12}} = 0.0178\,\mathrm{rad} = 1°1'$$

$$\theta_B = S'_B = -\frac{10 \times 10^{10}}{4.5 \times 10^{12}} = -0.0222\,\mathrm{rad} = -1°16'$$

中央点のたわみ y_C は，

$$M'_C = \frac{80}{EI} \times 3 - \left(\frac{20}{EI} \times 3\right) \times 1.5 - \left(\frac{1}{2} \times \frac{10}{EI} \times 3\right) \times 1$$
$$= \frac{135}{EI}\,[\mathrm{kN \cdot m^3}] = \frac{1.35 \times 10^{14}}{EI}\,[\mathrm{N \cdot mm^3}]$$

$$y_C = M'_C = \frac{1.35 \times 10^{14}}{4.5 \times 10^{12}} = 30\,\mathrm{mm}$$

次に，$y_{\max}$ を生じる点 m までの距離 x_0 は，

$$S'_m = R'_A - \frac{20}{EI} \times x_0 - \frac{1}{2} \times \frac{M_m}{EI} \times x_0 = 0$$

ここで，$\dfrac{M_m}{EI} : \dfrac{20}{EI} = x_0 : 6$ から，$\dfrac{M_m}{EI} = \dfrac{10x_0}{3EI}$

ゆえに，$S'_m = \dfrac{80}{EI} - \dfrac{20x_0}{EI} - \dfrac{1}{2} \times \dfrac{10x_0}{3EI} \times x_0 = 0$

$$x_0^2 + 12x_0 - 48 = 0, \quad \text{よって，} \quad x_0 = 3.17\,\mathrm{m}$$

したがって，点 m の曲げモーメント M'_m は，

$$M'_m = M'_{\max} = \frac{80}{EI} \times 3.17 - \left(\frac{20}{EI} \times 3.17\right) \times \frac{3.17}{2}$$
$$- \frac{1}{2} \times \left\{\left(\frac{10}{3EI} \times 3.17\right) \times 3.17\right\} \times \frac{3.17}{3}$$
$$= \frac{135.4}{EI}\,[\mathrm{kN \cdot m^3}] = \frac{1.354 \times 10^{14}}{EI}\,[\mathrm{N \cdot mm^3}]$$

ゆえに，$y_{\max} = M'_{\max} = \dfrac{1.354 \times 10^{14}}{4.5 \times 10^{12}} = 30.1\,\mathrm{mm}$

問5

支点にモーメントの荷重が作用する構造物とは，どのような
ものか調べよ。

3 片持梁のたわみとたわみ角

1 集中荷重を受ける場合

図 10-14(a)の片持梁 AB の点 C に集中荷重 P が作用するとき, 自由端のたわみ角 θ_B, たわみ y_B を求めよう。

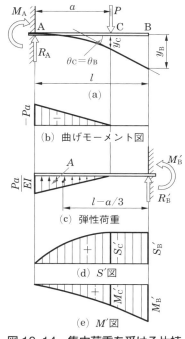

曲げモーメント図は図(b)のようになるので, 図(c)のように, 自由端と固定端を入れ替えた共役梁に弾性荷重を載荷し, せん断力 S', 曲げモーメント M' を計算する。

$$S'_B = \frac{1}{2} \times \frac{Pa}{EI} \times a$$

$$M'_B = \frac{1}{2} \times \frac{Pa}{EI} \times a \times \left(l - \frac{a}{3}\right)$$

したがって, 点 B のたわみ角 θ_B, たわみ y_B は次のようになる。

図 10-14　集中荷重を受ける片持梁のたわみ

集中荷重を受ける片持梁のたわみ角とたわみ

$$\theta_B = S'_B = \frac{Pa^2}{2EI}$$

$$y_B = M'_B = \frac{Pa^2}{6EI}(3l - a)$$

$$(10\text{-}14)$$

荷重 P が自由端 B に作用するときは, 式(10-14)の a に l を代入して,

集中荷重を自由端に受ける片持梁のたわみ角とたわみ
$$\theta_B = \frac{Pl^2}{2EI}, \quad y_B = \frac{Pl^3}{3EI} \qquad (10\text{-}15)$$

例題 6 図 10-15(a)のように, $P = 40$ kN の集中荷重が作用するとき, θ_B および y_B を求めよ。ただし, AB 間の断面二次モーメントを $I = 3.6 \times 10^9$ mm^4 とし, 弾性係数は $E = 1.0 \times 10^4$ N/mm^2 とする。

解答 $P = 40\,000$ N, $l = 6\,000$ mm を式(10-15)に代入すると, 点 B のたわみ角 θ_B, たわみ y_B は次のようになる。

$$\theta_B = \frac{Pl^2}{2EI}$$

$$= \frac{40\,000 \times 6\,000^2}{2 \times 1.0 \times 10^4 \times 3.6 \times 10^9}$$

$$= 0.02 \text{ rad} = 1° 9'$$

$$y_B = \frac{Pl^3}{3EI}$$

$$= \frac{40\,000 \times 6\,000^3}{3 \times 1.0 \times 10^4 \times 3.6 \times 10^9}$$

$$= 80 \text{ mm}$$

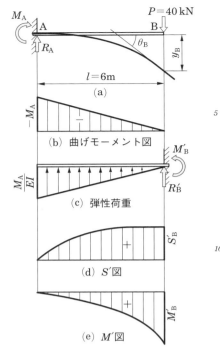

図 10-15　たわみ角とたわみの計算

2　等分布荷重を受ける場合

図 10-16(a)の片持梁に, 等分布荷重が作用するとき, 自由端のたわみ角 θ_A とたわみ y_A を求めよう。

曲げモーメント図は図(b)のようになるので, 図(c)のように, 自由端と固定端を入れ替えた共役梁に弾性荷重を載荷して計算する。図(c)のような放物線の図形の面積 A は $\left(\dfrac{wl^2}{2EI}\right) \times l \times \left(\dfrac{1}{3}\right)$ で求められ, 図心は点 A から $\dfrac{3}{4} l$ のところにある。点 A のせん断力 S'_A と曲げモーメント M'_A は, 次のようになり, たわみ角とたわみが求められる。

$$S'_A = -\frac{wl^3}{6EI}$$

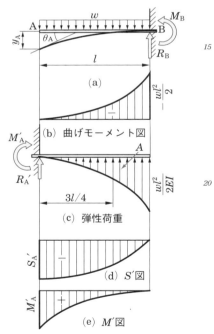

図 10-16　等分布荷重を受ける片持梁のたわみ

したがって，θ_A は次のようになる。

| 等分布荷重を受ける
片持梁のたわみ角 | $\theta_A = S'_A = -\dfrac{wl^3}{6EI}$ | (10-16) |

$$M'_A = \frac{wl^3}{6EI} \times \frac{3}{4}\, l = \frac{wl^4}{8EI}$$

したがって，y_A は次のようになる。

| 等分布荷重を受ける
片持梁のたわみ | $y_A = M'_A = \dfrac{wl^4}{8EI}$ | (10-17) |

図 10-16(a) において，$l = 6\,\mathrm{m}$ の片持梁に，$w = 10$ kN/m の等分布荷重が作用するとき，θ_A および y_A を求めよ。ただし，$EI = 9 \times 10^{13}\,\mathrm{N \cdot mm^2}$ とする。

解答　$w = 10\,\mathrm{N/mm}$，$l = 6\,000\,\mathrm{mm}$，$EI = 9 \times 10^{13}\,\mathrm{N \cdot mm^2}$ を式 (10-16)，式 (10-17) に代入すると，点 A のたわみ角 θ_A とたわみ y_A は，

$$\theta_A = -\frac{wl^3}{6EI} = -\frac{10 \times 6\,000^3}{6 \times 9 \times 10^{13}}$$

$$= -0.004\,\mathrm{rad} = -14'$$

$$y_A = \frac{wl^4}{8EI} = \frac{10 \times 6\,000^4}{8 \times 9 \times 10^{13}} = 18\,\mathrm{mm}$$

となる。

1. 図 10-17 のような単純梁の点 C に，$P = 200\,\text{kN}$ の集中荷重が作用するとき，両支点のたわみ角 θ_A と θ_B および y_C と y_max を求めよ。

ただし，梁は H 形鋼（H-600 × 200 × 11 × 17）で，$E = 2.1 \times 10^5\,\text{N/mm}^2$ とする。

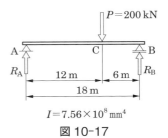

図 10-17

2. 図 10-8 において，y_max を求める一般式をつくれ。また，問題 1 の y_max を一般式を用いて求めよ。

3. 図 10-18 の単純梁の点 B に，反時計まわりのモーメント荷重 $M = 30\,\text{kN·m}$ が作用するとき，θ_A と θ_B および y_C と y_max を求めよ。

ただし，$E = 1.5 \times 10^4\,\text{N/mm}^2$，断面は幅 200 mm，高さ 300 mm の長方形とする。

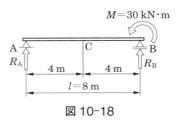

図 10-18

4. 問題 3 において，支点 A にも時計まわりのモーメントの荷重 $M = 30\,\text{kN·m}$ が作用するとき，θ_A，θ_B，y_max を求めよ。

5. 図 10-19 の片持梁において，点 B のたわみ角 θ_B と最大たわみ y_max を求めよ。

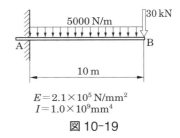

$E = 2.1 \times 10^5\,\text{N/mm}^2$
$I = 1.0 \times 10^9\,\text{mm}^4$

図 10-19

6. 図 10-20 の片持梁において，点 A のたわみ角 θ_A と最大たわみ y_max を求めよ。また，この梁のように断面二次モーメントが途中から変わる構造物には，どのようなものがあるか調べよ。

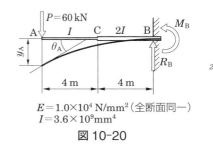

$E = 1.0 \times 10^4\,\text{N/mm}^2$（全断面同一）
$I = 3.6 \times 10^9\,\text{mm}^4$

図 10-20

第11章

連続梁とラーメン

ラーメン構造

　この章では，梁のたわみやたわみ角を応用して簡単な連続梁の解き方を学ぶとともに，力の釣合いの3条件だけで解くことのできる静定ラーメン構造について学ぶ。

● 連続梁の利点は，どこにあるのだろうか。
● 連続梁は，どのようにして解くのだろうか。
● 静定ラーメンには，どのような種類があるのだろうか。

1 連続梁

1 集中荷重が作用する場合

図 11-1(a)の梁は，二径間連続梁^❶であり，反力数は，支点 A では R_A，H_A の二つ，支点 B では R_B，支点 C では R_C の合計四つとなる。そのため，力の釣合いの 3 条件($\Sigma H = 0$，$\Sigma V = 0$，$\Sigma M = 0$)だけで解くことができなくなる。このような梁を**不静定梁**という。したがってこの不静定梁を解くためには，釣合いの 3 条件以外に，たわみ角やたわみに関する条件式をもう一つ用意しなければならない。

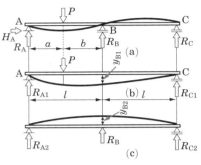

図 11-1　集中荷重が作用する連続梁

支点のたわみ角やたわみなどの状態を**境界条件^❷**といい，そのうち適当なものを拘束条件として用いる。図(a)の梁の支点 A は回転支点，支点 B，C は可動支点であるので，$y_A = 0$，$y_B = 0$，$y_C = 0$ が拘束条件となる。このうちの適当な一つを釣合いの 3 条件に加えれば，四つの反力を求めることができる。

図(b)は支点 B を取りはずしたもので，静定構造物である単純梁 AC となっている。この単純梁に荷重 P が作用したときの B 点のたわみ y_{B1} を求める。このときの静定構造物を**静定基本系^❸**といい，取りはずした支点 B の未知反力 R_B を**不静定力^❹**という。

図(c)は静定基本系に未知反力 R_B のみを作用させたもので，点 B のたわみ y_{B2} を求める。

図(b)と図(c)を合成させると，もとの図(a)の外力の作用状態になる。実際の梁は点 B が支点なのでその境界条件を適用し，たわみ $y_B = y_{B1} + y_{B2} = 0$ となるように未知反力 R_B を求める。

R_B の値が既知となったので，支点 A の反力 R_A，H_A，支点 C の反力 R_C は，釣合いの 3 条件から簡単に求められ，これらの反力と荷重から，不静定梁のせん断力・曲げモーメントが求められ，せん断力図・曲げモーメント図を描くことができる。

❶径間とは，橋脚相互または橋台と橋脚の前面間の距離のことであるが，ここでいう径間は，支点で支えられた梁の一区分をいう。
❷boundary condition

❸statically determinate fundamental system
❹indeterminacy force

例題
1

図 11-2 のように，曲げ剛性 EI が全径間一定である連続梁において，点 D に $P = 80\,\mathrm{kN}$ の集中荷重が作用するとき，この連続梁のせん断力図と，曲げモーメント図を描け。

解答

不静定力を R_B とし，AC を単純梁と考える。

図(b)のように，単純梁 AC に 80 kN の集中荷重が作用したとすると，

$$R_\mathrm{A1} = \frac{80 \times 12}{16} = 60\ \mathrm{kN}$$

$$R_\mathrm{C1} = \frac{80 \times 4}{16} = 20\ \mathrm{kN}$$

$$M_\mathrm{D1} = 60 \times 4 = 240\ \mathrm{kN \cdot m}$$

$$M_\mathrm{B1} = 20 \times 8 = 160\ \mathrm{kN \cdot m}$$

次に，図(c)のように，弾性荷重を作用させる。ここで AD 間の荷重を A_1，DC 間の荷重を A_2，BC 間の荷重を A_3 とすると，

$$A_1 = \frac{240}{EI} \times 4 \times \frac{1}{2} = \frac{480}{EI} \quad [\mathrm{kN \cdot m^2}]$$

$$A_2 = \frac{240}{EI} \times 12 \times \frac{1}{2} = \frac{1440}{EI} \quad [\mathrm{kN \cdot m^2}]$$

$$A_1 + A_2 = \frac{1920}{EI} \quad [\mathrm{kN \cdot m^2}]$$

$$A_3 = \frac{160}{EI} \times 8 \times \frac{1}{2} = \frac{640}{EI} \quad [\mathrm{kN \cdot m^2}]$$

この弾性荷重による点 A，C の反力 R'_A1，R'_C1 は，

$$R'_\mathrm{A1} = \frac{1}{16}\left\{ \frac{480}{EI} \times \left(12 + \frac{4}{3}\right) + \frac{1440}{EI} \times 12 \times \frac{2}{3} \right\}$$

$$= \frac{1120}{EI} \quad [\mathrm{kN \cdot m^2}]$$

$$R'_\mathrm{C1} = \frac{1}{16}\left\{ \frac{480}{EI} \times 4 \times \frac{2}{3} + \frac{1440}{EI} \times \left(4 + \frac{12}{3}\right) \right\}$$

$$= \frac{800}{EI} \quad [\mathrm{kN \cdot m^2}]$$

となり，$R'_\mathrm{A1} + R'_\mathrm{C1} = \dfrac{1920}{EI}\,[\mathrm{kN \cdot m^2}] = A_1 + A_2$ であるから，計算は正しい。

図(c)の点 B の曲げモーメント M'_B1 を求めて，y_B1 とする。

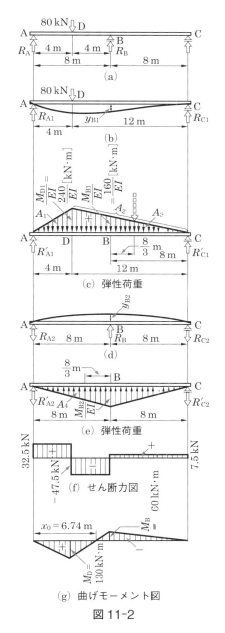

(a)

(b)

(c) 弾性荷重

(d)

(e) 弾性荷重

(f) せん断力図

(g) 曲げモーメント図

図 11-2

$$M'_{B1} = R'_{C1} \times 8 - A_3 \times \frac{8}{3}$$

$$= \frac{800}{EI} \times 8 - \frac{640}{EI} \times \frac{8}{3} = \frac{14\,080}{3EI}\ [\text{kN·m}^2]$$

ゆえに，$y_{B1} = M'_{B1} = \dfrac{14\,080}{3EI}$

　次に，図 11-2(d) のように，不静定力 R_B が作用する単純梁 AC の計算をする。このときの反力 R_{A2}，R_{C2} は，図のように下向きである。R_B は AC の中央に作用するから，

$$R_{A2} = \frac{R_B}{2}, \quad M_{B2} = -\frac{R_B}{2} \times 8 = -4R_B$$

　次に，図 (e) のように，弾性荷重を作用させる。M_{B2} の値が負であるので，荷重の向きは上向きである。AB 間の弾性荷重の面積を A_4 とすると，

$$A_4 = \frac{4R_B}{EI} \times 8 \times \frac{1}{2} = \frac{16R_B}{EI}$$

ゆえに，$R'_{A2} = \dfrac{16R_B}{EI}$

　図 (e) の点 B の曲げモーメント M'_{B2} を求めて，y_{B2} とする。

$$M'_{B2} = -R'_{A2} \times 8 + A_4 \times \frac{8}{3} = -\frac{16R_B}{EI} \times 8 + \frac{16R_B}{EI} \times \frac{8}{3}$$

$$= -\frac{256}{3EI} R_B$$

ゆえに，$y_{B2} = M'_{B2} = -\dfrac{256}{3EI} R_B$

　また，拘束条件 $y_B = y_{B1} + y_{B2} = 0$ より，

$$y_B = y_{B1} + y_{B2} = \frac{14\,080}{3EI} - \frac{256}{3EI} R_B = 0$$

ゆえに，$R_B = \dfrac{14\,080}{256} = 55\ \text{kN}$

　与えられた梁，図 (a) において，$R_B = 55\ \text{kN}$ として，ほかの反力を求める。$\Sigma M_{(C)} = 0$ から，

$$R_A \times 16 - 80 \times 12 + 55 \times 8 = 0$$

ゆえに，$R_A = \dfrac{520}{16} = 32.5\ \text{kN}$

$$\Sigma M_{(A)} = 0\ \text{から，}$$

$$-R_C \times 16 - 55 \times 8 + 80 \times 4 = 0$$

ゆえに，$R_C = -\dfrac{120}{16} = -7.5\ \text{kN}$

したがって，R_C は下向きの反力である。

ここで $R_A + R_B + R_C = 32.5 + 55 - 7.5 = 80\,\mathrm{kN} = P$ となり，計算は正しい。

曲げモーメントの0の点，すなわち反曲点の位置 x_0 は，次のようにして求められる。

$$M_0 = R_A \times x_0 - P \times (x_0 - 4) = 32.5x_0 - 80 \times (x_0 - 4) = 0$$

ゆえに，$47.5x_0 = 320$

ゆえに，$x_0 = \dfrac{320}{47.5} = 6.74\,\mathrm{m}$

以上をまとめると，図 11-2(f)，(g)が，せん断力図と曲げモーメント図になる。

2 　等分布荷重が作用する場合

図 11-3(a)の EI が一定の連続梁に，等分布荷重 w が作用する場合について考える。集中荷重が作用する場合と同様に，図(b)のように，静定基本系は単純梁 AC とし，不静定力を R_B，拘束条件は $y_B = 0$ とする。すなわち，図(b)のように，等分布荷重 w による点Bのたわみ y_{B1} を求め，図(c)のように不静定力 R_B による点Bのたわみ y_{B2} を求めて，

$$y_B = y_{B1} + y_{B2} = 0$$

として解いていけばよい。

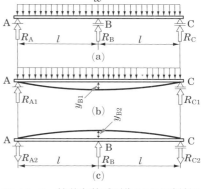

図 11-3　等分布荷重が作用する連続梁

図 11-4(a)のように，曲げ剛性 EI が全径間一定である連続梁に，$w = 5\,\mathrm{kN/m}$ の等分布荷重が作用するとき，この連続梁のせん断力図と曲げモーメント図を描け。

図(b)の単純梁を静定基本系として，

$$M_{B1} = \frac{wl^2}{8} = \frac{5 \times 16^2}{8} = 160\,\mathrm{kN \cdot m}$$

図(c)において，弾性荷重の 1/2 の面積を A_1 とすると，

$$A_1 = \frac{M_{B1}}{EI} \times \frac{l}{2} \times \frac{2}{3} = \frac{160}{EI} \times 8 \times \frac{2}{3} = \frac{2560}{3EI}\ [\mathrm{kN \cdot m^2}]$$

ゆえに，$R'_{A1} = A_1 = \dfrac{2560}{3EI}\ [\mathrm{kN \cdot m^2}]$

図(c)において点Bの曲げモーメント M'_{B1} を求めて，y_{B1} とする。A_1 の図心の位置は，点A から $\dfrac{5}{16}l$ の位置にあり，図のように5mとなるので，

$$M'_{B1} = R'_{A1} \times 8 - A_1 \times 3$$

$$= \frac{2560}{3EI} \times 8 - \frac{2560}{3EI} \times 3 = \frac{12800}{3EI} \, [\text{kN} \cdot \text{m}^3]$$

ゆえに，$y_{B1} = \dfrac{12800}{3EI}$

　次に，図 11-4(d) のように，点 B の反力を荷重と
考えて，y_{B2} を求める。弾性荷重は図(e)のようにな
り，例題 1 と同じであるので，

$$y_{B2} = -\frac{256}{3EI} R_B$$

　したがって，$y_B = y_{B1} + y_{B2} = 0$ から，

$$y_{B1} = - y_{B2}$$

ゆえに，$\dfrac{256}{3EI} R_B = \dfrac{12800}{3EI}$

ゆえに，$R_B = \dfrac{12800}{256} = 50 \text{kN}$

　図(a)の $R_B = 50 \, \text{kN}$ として，R_A，R_C を求める。
$\Sigma M_{(C)} = 0$ から，

$$R_A \times 16 - (5 \times 16) \times 8 + 50 \times 8 = 0$$

ゆえに，$R_A = \dfrac{240}{16} = 15 \, \text{kN}$

　同様にして，$R_C = 15 \, \text{kN}$ となる。

　ここで $R_A + R_B + R_C = 80 \, \text{kN}$（全等分布荷重）と
なり，この計算は正しい。

　以下，せん断力と曲げモーメントを計算して，図
(f)，(g)のようにせん断力図と曲げモーメント図を
描く。

問 1　図 11-5 のように，曲げ剛性 EI が全径間一定で
ある連続梁に $w = 10 \, \text{kN/m}$ の等分布荷重が作用
するとき，この連続梁のせん断力図と曲げモーメ
ント図を描け。

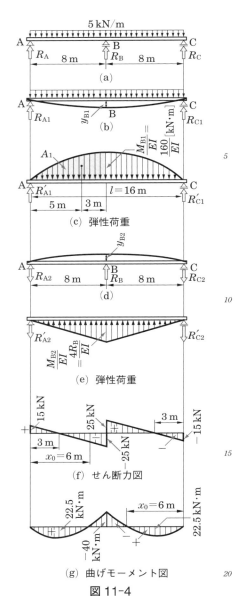

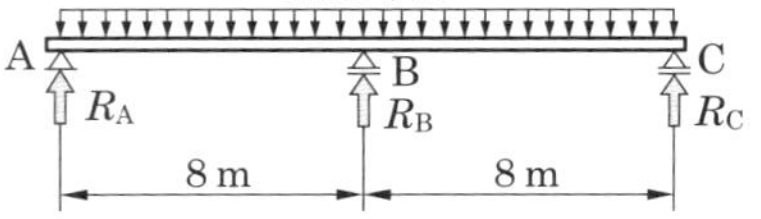

(a)

(b)

(c)　弾性荷重

(d)

(e)　弾性荷重

(f)　せん断力図

(g)　曲げモーメント図

図 11-4

図 11-5

2 ラーメン

1 ラーメン

　第1章で学んだように，部材相互
の接合点である**節点**が，溶接などで
部材どうしを一体に接合した**剛節**と
なっている構造を**ラーメン**という。
図11-6はその例である。

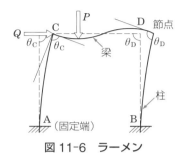

図11-6　ラーメン

　この場合，点C，Dは剛節である
ので，部材相互の交角 θ の値は，荷
重の作用したまえとあとにおいて変わらない。

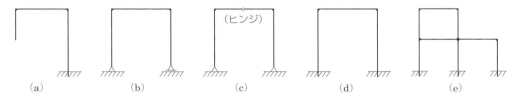

図11-7　ラーメンの種類

　図11-7(a)，(b)，(c)の各ラーメンは，いずれも釣合いの3条件
で反力が求められる構造で，これらを**静定ラーメン**という。また，
図(d)，(e)に示すラーメンは，釣合いの3条件だけでは反力を求
められない構造で，これを**不静定ラーメン**という。

2 静定ラーメンの計算

　静定ラーメンの解き方は，静定梁と同じように釣合いの3条件か
ら反力を求めたのち，各部材のせん断力・曲げモーメントおよび軸
方向力を計算する。

　図11-7(a)のラーメンは片持梁と同様に，図(b)のラーメンは単
純梁と同様に解くことができる。図(c)のラーメンは両支点とも回
転支点であるので，それぞれ鉛直反力と水平反力が生じて未知反力
が四つとなるが，ゲルバー梁と同様に，水平部材のヒンジで曲げモ
ーメントが0になるという釣合いを考えることにより，解くことが
できる。

例題 **3**

解答

図 11-8(a)のラーメンを解きなさい。

反力は，H_B，R_B，M_B の三つでもあるので静定ラーメンであり，釣合いの 3 条件で解くことができる。

1 ● 反力の計算

点 B で釣合いの 3 条件を立てると次のようになる。

$$\Sigma M_{(B)} = Q \times 3 - M_B = 10 \times 3 - M_B = 0$$

ゆえに，$M_B = 30\,\text{kN·m}$　**（反時計まわり）**

$$\Sigma V = R_B = 0$$

ゆえに，$R_B = 0\,\text{kN}$

$$\Sigma H = Q - H_B = 10 - H_B = 0$$

ゆえに，$H_B = 10\,\text{kN}$

2 ● せん断力の計算

部材 AC，CD，DB についてせん断力を計算すると，次のようになる。

$$S_{AC} = -Q = -10\,\text{kN}$$

$$S_{CD} = 0\,\text{kN}$$

$$S_{DB} = Q = 10\,\text{kN}$$

図(b)にせん断力図を示す。❶

3 ● 曲げモーメントの計算

各点の曲げモーメントを計算すると，次のようになる。

$$M_A = 0\,\text{kN·m}$$

$$M_C = -Q \times 2 = -10 \times 2 = -20\,\text{kN·m}$$

$$M_D = -Q \times 2 = -10 \times 2 = -20\,\text{kN·m}$$

$$M_B = Q \times 3 = 10 \times 3 = 30\,\text{kN·m}$$

図(c)に曲げモーメント図を示す。

4 ● 軸方向力の計算

部材 AC，CD，DB について軸方向力を計算すると，次のようになる。

$$N_{AC} = 0\,\text{kN}$$

$$N_{CD} = -Q = -10\,\text{kN}$$

$$N_{DB} = 0\,\text{kN}$$

図(d)に軸方向力図を示す。

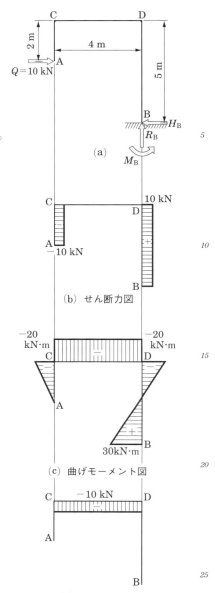

(a)

(b) せん断力図

(c) 曲げモーメント図

(d) 軸方向力図

図 11-8

❶せん断力図，曲げモーメント図は，ラーメンの内側から各部材をみて，単純梁と同様に描くものとする。

問2　図11-9のラーメンの点 A，B，C の曲げモーメントを求めよ。

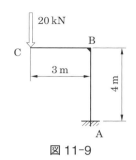

図 11-9

例題 4

解答

図 11-10(a)のラーメンを解け。

反力は，R_A，R_B，H_A の三つであるので静定ラーメンであり，釣合いの3条件で解くことができる。

1 ● 反力の計算

点 B で釣合いの3条件をたてると次のようになる。

$$\Sigma M_{(B)} = R_A \times 6 + Q \times 6 - P \times 3$$
$$= R_A \times 6 + 10 \times 6 - 40 \times 3 = 0$$

ゆえに，$R_A = 10\,\text{kN}$

$$\Sigma V = R_A - P + R_B = 10 - 40 + R_B = 0$$

ゆえに，$R_B = 30\,\text{kN}$

$$\Sigma H = H_A + Q = H_A + 10 = 0$$

ゆえに，$H_A = -10\,\text{kN}$　（左向き）

2 ● せん断力の計算

部材 AC，CE，EB についてせん断力を計算すると，次のようになる。

$$S_{AC} = -H_A = 10\,\text{kN}$$
$$S_{CD} = R_A = 10\,\text{kN}$$
$$S_{DE} = R_A - P = 10 - 40 = -30\,\text{kN}$$
$$S_{EB} = H_A + Q = -10 + 10 = 0\,\text{kN}$$

図(b)にせん断力図を示す。

3 ● 曲げモーメントの計算

各点の曲げモーメントを計算すると，次のようになる。

$$M_A = M_B = 0\,\text{kN·m}$$
$$M_C = -H_A \times 6 = -(-10) \times 6 = 60\,\text{kN·m}$$
$$M_D = R_A \times 3 - H_A \times 6 = 10 \times 3 - (-10) \times 6$$
$$= 90\,\text{kN·m}$$
$$M_E = R_A \times 6 - H_A \times 6 - P \times 3$$
$$= 10 \times 6 - (-10) \times 6 - 40 \times 3$$
$$= 0\,\text{kN·m}$$

図(c)に曲げモーメント図を示す。

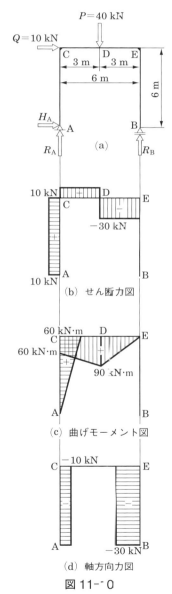

(a)

(b) せん断力図

(c) 曲げモーメント図

(d) 軸方向力図

図 11-10

4 ● 軸方向力の計算

部材 AC，CE，EB について軸方向力を計算すると，次のようになる。

$$N_{AC} = -R_A = -10\,\text{kN}$$

$$N_{CE} = -H_A - Q = -(-10) - 10 = 0\,\text{kN}$$

$$N_{EB} = R_A - P = 10 - 40 = -30\,\text{kN}$$

図 11-10(d)に軸方向力図を示す。

例題 5

図 11-11(a)のラーメンを解け。

解答

未知反力は，H_A，H_B，R_A，R_B の四つであるが，点 E はヒンジであり，点 E の曲げモーメント $M_E = 0$ の関係式が使用できるので，釣合いの 3 条件と合わせて四つの未知数を求めることができる。

1 ● 反力の計算

$\Sigma M_{(B)} = 0$ より，

$$R_A \times 4 - P \times 3 = R_A \times 4 - 40 \times 3 = 0$$

ゆえに，$R_A = 30\,\text{kN}$

$\Sigma V = 0$ より，

$$R_A - P + R_B = 30 - 40 + R_B = 0$$

ゆえに，$R_B = 10\,\text{kN}$

点 E の曲げモーメント $M_E = 0$ であるので，

$$M_E = R_A \times 2 - H_A \times 4 - P \times 1$$
$$= 30 \times 2 - H_A \times 4 - 40 \times 1 = 0$$

ゆえに，$H_A = 5\,\text{kN}$

$$\Sigma H = H_A - H_B = 5 - H_B = 0$$

ゆえに，$H_B = 5\,\text{kN}$

2 ● せん断力の計算

部材 AC，DB についてせん断力を計算すると，次のようになる。

$$S_{AC} = -H_A = -5\,\text{kN}$$

$$S_{DB} = H_B = 5\,\text{kN}$$

同様に，部材 CE，ED についてせん断力を計算すると，次のようになる。

$$S_{CF} = R_A = 30\,\text{kN}$$

$$S_{FE} = R_A - P = 30 - 40 = -10\,\text{kN}$$

$$S_{ED} = R_A - P = 30 - 40 = -10\,\text{kN}$$

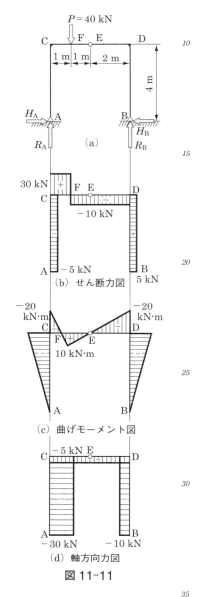

図 11-11

図 11-11 (b) にせん断力図を示す。

3 ● 曲げモーメントの計算

各点の曲げモーメントを計算すると，次のようになる。

$M_A = M_E = M_B = 0 \text{ kN·m}$

$M_C = -H_A \times 4 = -5 \times 4 = -20 \text{ kN·m}$

$M_F = -H_A \times 4 + R_A \times 1 = -5 \times 4 + 30 \times 1 = 10 \text{ kN·m}$

M_D はラーメンの右側から求める。

$M_D = -H_B \times 4 = -5 \times 4 = -20 \text{ kN·m}$

図 (c) に曲げモーメント図を示す。

4 ● 軸方向力の計算

部材 AC，CE，ED，BD には，それぞれ次のような軸方向力が生じる。

$N_{AC} = -R_A = -30 \text{ kN}$

$N_{CF} = N_{FE} = N_{ED} = -H_A = -5 \text{ kN}$

$N_{BD} = -R_B = -10 \text{ kN}$

図 (d) に軸方向力図を示す。

◆◆◆ 第11章 章末問題 ◆◆◆

1. 図 11-12 の EI が一定の連続梁に，$w = 4 \text{ kN/m}$ の等分布荷重が作用するとき，せん断力図と曲げモーメント図を描け。

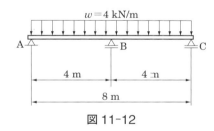

図 11-12

2. 図 11-13 のラーメンにおいて，図のように $w = 10 \text{ kN/m}$ の等分布荷重が作用するとき，曲げモーメント図を描け。

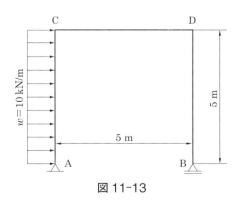

図 11-13

H 形鋼の標準断面寸法，断面積，単位質量および断面特性

$$断面二次モーメント \quad I = Ai^2$$

$$断面二次半径 \quad i = \sqrt{\dfrac{I}{A}}$$

$$断面係数 \quad Z = \dfrac{I}{e}$$

$$（A = 断面積）$$

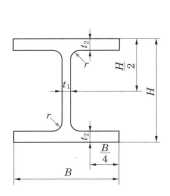

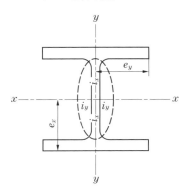

呼称寸法 (高さ×辺)	標準断面寸法 [mm]				断面積 [×10² mm²]	単位質量 [kg/m]	参考					
	$H \times B$	t_1	t_2	r			断面二次モーメント [×10⁴ mm⁴]		断面二次半径 [×10 mm]		断面係数 [×10³ mm³]	
							I_x	I_y	i_x	i_y	Z_x	Z_y
350×350	350×350	12	19	13	171.9	135	39 800	13 600	15.2	8.89	2 280	776
400×200	400×200	8	13	13	83.37	65.4	23 500	1 740	16.8	4.56	1 170	174
400×300	390×300	10	16	13	133.2	105	37 900	7 200	16.9	7.35	1 940	480
400×400	400×400	13	21	22	218.7	172	66 600	22 400	17.5	10.1	3 330	1 120
450×200	450×200	9	14	13	95.43	74.9	32 900	1 870	18.6	4.43	1 460	187
450×300	440×300	11	18	13	153.9	121	54 700	8 110	18.9	7.26	2 490	540
500×200	500×200	10	16	13	112.2	88.2	46 800	2 140	20.4	4.36	1 870	214
500×300	488×300	11	18	13	159.2	125	68 900	8 110	20.8	7.14	2 820	540
600×200	600×200	11	17	13	131.7	103	75 600	2 270	24.0	4.16	2 520	227
600×300	588×300	12	20	13	187.2	147	114 000	9 010	24.7	6.94	3 890	601
700×300	700×300	13	24	18	231.5	182	197 000	10 800	29.2	6.83	5 640	721
800×300	800×300	14	26	18	263.5	207	286 000	11 700	33.0	6.67	7 160	781
900×300	900×300	16	28	18	305.8	240	404 000	12 600	36.4	6.43	8 990	842

単位換算率表

1 長さ

mm	cm	m
1	1×10^{-1}	1×10^{-3}
1×10	1	1×10^{-2}
1×10^3	1×10^2	1

2 面積

mm^2	cm^2	m^2
1	1×10^{-2}	1×10^{-6}
1×10^2	1	1×10^{-4}
1×10^6	1×10^4	1

3 体積

mm^3	cm^3	m^3
1	1×10^{-3}	1×10^{-9}
1×10^3	1	1×10^{-6}
1×10^9	1×10^6	1

4 力

N	kgf
1	1.01972×10^{-1}
9.80665	1

例) $200\,N = 200 \times 1.01972 \times 10^{-1}\,kgf ≒ 20.4\,kgf$
$50\,kgf = 50 \times 9.80665\,N ≒ 490\,N$

5 応力

N/m² または Pa	N/cm²	N/mm² または MPa	kgf/mm²	kgf/cm²
1	1×10^{-4}	1×10^{-6}	1.01972×10^{-7}	1.01972×10^{-5}
1×10^4	1	1×10^{-2}	1.01972×10^{-3}	1.01972×10^{-1}
1×10^6	1×10^2	1	1.01972×10^{-1}	1.01972×10
9.80665×10^6	9.80665×10^2	9.80665	1	1×10^2
9.80665×10^4	9.80665	9.80665×10^{-2}	1×10^{-2}	1

例) $500\,N/m^2 = 500 \times 1 \times 10^{-4}\,N/cm^2 = 5.0 \times 10^{-2}\,N/cm^2 = 5.0 \times 10^{-4}\,N/mm^2$
$= 500 \times 1.01972 \times 10^{-7}\,kgf/mm^2 = 5.10 \times 10^{-5}\,kgf/mm^2$
$150\,kgf/mm^2 = 150 \times 9.80665 \times 10^6\,N/m^2 = 1.47 \times 10^9\,N/m^2$

6 力のモーメント，曲げモーメント

N·m	N·mm	kgf·m
1	1×10^3	1.01972×10^{-1}
1×10^{-3}	1	1.01972×10^{-4}
9.80665	9.80665×10^3	1

例) $360\,N·m = 360 \times 1 \times 10^3\,N·mm = 3.60 \times 10^5\,N·mm$
$= 360 \times 1.01972 \times 10^{-1}\,kgf·m ≒ 36.7\,kgf·m$
$60\,kgf·m = 60 \times 9.80665\,N·m ≒ 588\,N·m$

本書で使用するおもな重要公式

1 応力 σ とひずみ ε

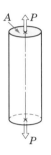
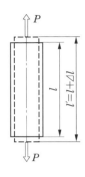

$$\sigma = E\varepsilon$$

$$\left(\sigma = \frac{P}{A}, \quad \varepsilon = \frac{\varDelta l}{l}, \quad \varDelta l = \frac{Pl}{AE} \right)$$

A：断面積

l：部材の長さ

$\varDelta l$：変形量

E：弾性係数

P：軸方向力

2 釣合いの 3 条件（単純梁の反力 R，H）

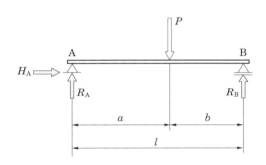

$$\Sigma V = 0, \quad \Sigma H = 0, \quad \Sigma M_{(i)} = 0$$

$$\left(R_A = \frac{Pb}{l}, \quad R_B = \frac{Pa}{l} \right)$$

V：鉛直力

H：水平力

$M_{(i)}$：任意の点 i に対する力のモーメント

l：支間

a, b：荷重から各支点までの距離

3 単純梁の点 i のせん断力 S_i と曲げモーメント M_i（等分布荷重 w が作用する場合）

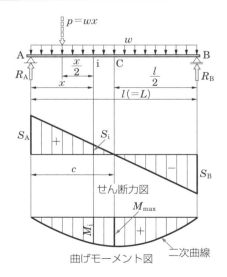

せん断力図

曲げモーメント図

二次曲線

$$S_i = R_A - p = R_A - wx$$

$$M_i = R_A x - p\frac{x}{2} = R_A x - wx \cdot \frac{x}{2}$$

$$\left(c = \frac{S_A}{w} \right)$$

p：等分布荷重 w を集中荷重に換算した荷重

c：点 A からせん断力が 0 となる点 C までの距離

L：等分布荷重の作用範囲

x：点 A から点 i までの距離

4 断面一次モーメント Q と断面二次モーメント I

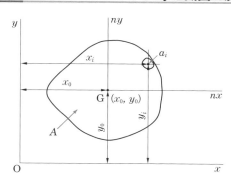

$$Q_x = \sum a_i y_i, \quad Q_y = \sum a_i x_i$$

$$A = \sum a_i$$

$$\left(x_0 = \frac{\sum a_i x_i}{A}, \quad y_0 = \frac{\sum a_i y_i}{A} \right)$$

$$I_x = \sum a_i y_i^2, \quad I_y = \sum a_i x_i^2$$

$$\begin{pmatrix} I_{nx} = I_x - A y_0^2 \\ I_{ny} = I_y - A x_0^2 \end{pmatrix}$$

$G(x_0, y_0)$：図心軸 nx，ny の交点の座標

A：断面積

a_i：座標 (x_i, y_i) 位置の微小面積

5 曲げ応力 σ とせん断応力 τ

変形状態

曲げ応力分布

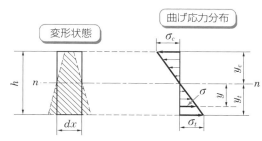

断面の中立軸 $n-n$ から上下縁までの距離 y_c, y_t
梁の軸方向の微小区間 dx

$$\sigma = \frac{M}{I} y \left(= \frac{M}{Z} \right)$$

$$\begin{pmatrix} \sigma_c = -\dfrac{M}{I} y_c = -\dfrac{M}{Z_c} \\[2mm] \sigma_t = \dfrac{M}{I} y_t = \dfrac{M}{Z_t} \end{pmatrix}$$

σ_c, σ_t：上下縁の応力

M：曲げモーメント

I：断面二次モーメント

Z, Z_c, Z_t：断面係数

せん断応力分布

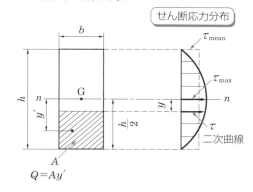

$Q = A y'$

$$\tau = \frac{SQ}{Ib}$$

$$\left(\tau_{\text{mean}} = \frac{S}{A}, \quad \tau_{\text{max}} = \frac{3S}{2A} \right)$$

τ_{mean}：平均せん断応力

τ_{max}：最大せん断応力

S：せん断力

Q：断面一次モーメント

b：断面の幅

h：断面の高さ

断面の性質

断面 [寸法単位 mm]	断面積 A [mm^2]	x 軸から縁端までの距離 y [mm]	断面二次モーメント I_x [mm^4]	断面係数 $Z_x = I_x/y$ [mm^3]	断面二次半径 $i_x = \sqrt{I_x/A}$ [mm]
	bh	$\dfrac{h}{2}$	$\dfrac{bh^3}{12}$	$\dfrac{bh^2}{6}$	$\dfrac{h}{\sqrt{12}}$
	$b_1 h_1 - b_2 h_2$	$\dfrac{h_1}{2}$	$\dfrac{b_1 h_1^3 - b_2 h_2^3}{12}$	$\dfrac{b_1 h_1^3 - b_2 h_2^3}{6h_1}$	$\sqrt{\dfrac{b_1 h_1^3 - b_2 h_2^3}{12(b_1 h_1 - b_2 h_2)}}$
	$\dfrac{\pi d^2}{4}$	$\dfrac{d}{2}$	$\dfrac{\pi d^4}{64}$	$\dfrac{\pi d^3}{32}$	$\dfrac{d}{4}$
	$\dfrac{\pi}{4}(d_1^2 - d_2^2)$	$\dfrac{d_1}{2}$	$\dfrac{\pi}{64}(d_1^4 - d_2^4)$	$\dfrac{\pi}{32}\left(\dfrac{d_1^4 - d_2^4}{d_1}\right)$	$\dfrac{\sqrt{d_1^2 + d_2^2}}{4}$

断面 [寸法単位 mm]	断面積 A [mm²]	x 軸から縁端までの距離 y [mm]	断面二次モーメント I_x [mm⁴]	断面係数 $Zx = I_x/y$ [mm³]	断面二次半径 $i_x = \sqrt{I_x/A}$ [mm]
	$\dfrac{bh}{2}$	$y_1 = \dfrac{2}{3}\,h$ $y_2 = \dfrac{1}{3}\,h$	$\dfrac{bh^3}{36}$	$Z_1 = \dfrac{bh^2}{24}$ $Z_2 = \dfrac{bh^2}{12}$	$\dfrac{\sqrt{2}}{6}\,h$
	$\dfrac{1}{2}(a+b)\,h$	$y_1 = \dfrac{h}{3}\cdot\dfrac{a+2b}{a+b}$ $y_2 = \dfrac{h}{3}\cdot\dfrac{2a+b}{a+b}$	$h^3\,\dfrac{a^2+4ab+b^2}{36(a+b)}$	$Z_{x1} = h^2\,\dfrac{a^2+4ab+b^2}{12(a+2b)}$ $Z_{x2} = h^2\,\dfrac{a^2+4ab+b^2}{12(2a+b)}$	$\dfrac{h\sqrt{2(a^2+4ab+b^2)}}{6(a+b)}$
	$b_1h_1 - b_2h_2$	$\dfrac{h_1}{2}$	$\dfrac{b_1h_1^3 - b_2h_2^3}{12}$	$\dfrac{b_1h_1^3 - b_2h_2^3}{6h_1}$	$\sqrt{\dfrac{b_1h_1^3 - b_2h_2^3}{12(b_1h_1 - b_2h_2)}}$
	$b_1h_1 + b_2h_2$	$\dfrac{h_1}{2}$	$\dfrac{b_1h_1^3 + b_2h_2^3}{12}$	$\dfrac{b_1h_1^3 + b_2h_2^3}{6h_1}$	$\sqrt{\dfrac{b_1h_1^3 + b_2h_2^3}{12(b_1h_1 + b_2h_2)}}$

問題解答

■問3.　(p. 12)　588N

■問4.　(p. 13)　$P = 98\,000$ N,
$P_A = P_B = 49\,000$ N

■問5.　(p. 15)　$1\,568$ N/m

■問6.　(p. 16)　(a)水平分力 $P_x = 5$ kN
鉛直分力 $P_y = 8.66$ kN
(b)水平分力 $P_x = 3.54$ kN
鉛直分力 $P_y = -3.54$ kN
(c)水平分力 $P_x = -17.3$ kN
鉛直分力 $P_y = -10$ kN

■問7.　(p. 17)　(a)20 N·m　(b)-12 N·m
(c)45 kN·m　(d)-12 kN·m

■問9.　(p. 18)　90 N·m

■問10.　(p. 20)　$R = 10$ kN(上向き),点 O の右側
$l = 39$ m

■問11.　(p. 23)　$l_1 = 0.727$ m, $R = 710$ N

◆章末問題 (p. 23)

1. (a)$P_x = 70.7$ kN, $P_y = 70.7$ kN　(b)$P_x =$
-25 kN, $P_y = 43.3$ kN　(c)$P_x = 34.6$ kN, $P_y =$
-20 kN

2. (a)$M_{(O)} = 10$ kN·m　(b)$M_{(O)} = 15$ kN·m
(c)$M_{(O)} = -98$ kN·m

3. (a)$R = 1$ N(上向き)，点 O から左側 29 m に
作用　(b)$R = 20$ kN(下向き)，点 O から右側 2 m
に作用

4. (a)$F_3 = 8$ kN，左向き　(b)$F_3 = 4$ kN，左向き

5. (a)力点で必要な力　33.3 N，支点で支える力
133.3 N　(b)力点で必要な力　25 N，支点で支え
る力　75 N　(c)力点で必要な力　300 N，支点で
支える力　400 N

■問2.　(p. 33)　(a)$R_A = 30$ kN, $R_B = 90$ kN
(b)$R_A = \dfrac{P}{2}$, $R_B = \dfrac{P}{2}$
(c)$R_A = 80$ kN, $R_B = 70$ kN

(d)$R_A = 80$ kN, $R_B = 100$ kN
(e)$R_A = 90$ kN, $R_B = 110$ kN

■問3.　(p. 34)　(a)$H_A = 6.93$ kN(右向き)
$R_A = 2.4$ kN, $R_B = 1.6$ kN
(b)$H_A = -7.9$ kN(左向き)
$R_A = 24.5$ kN, $R_B = 35.9$ kN

■問4.　(p. 35)　$R_A = 120$ kN, $R_B = 180$ kN

■問5.　(p. 36)　(a)$R_A = 67.5$ kN, $R_B = 22.5$ kN
(b)$R_A = 210$ kN, $R_B = 330$ kN

■問6.　(p. 37)　(a)$R_A = 330$ kN, $R_B = 570$ kN
(b)$R_A = 500$ kN, $R_B = 200$ kN

■問8.　(p. 39)　$R_A = 120$ kN, $R_B = 240$ kN

■問9.　(p. 41)　$R_A = 30$ kN, $R_B = 110$ kN,
$R_E = 60$ kN, $R_F = -20$ kN

■問10.　(p. 43)　(a)$R_B = 220$ kN, $M_B = -1\,220$
kN·m　(b)$R_A = 28$ kN, $M_A = -88$ kN·m

■問11.　(p. 43)　$R_A = 170$ kN, $M_A = -1760$ kN·m

■問12.　(p. 45)　(a)$R_B = 150$ kN　(b)$R_B = 5$ kN,
$H_B = -2$ kN, $M_B = -6$ kN·m　(c)$R_B = 100$ kN,
$H_B = 18$ kN, $M_B = 54$ kN·m

■問13.　(p. 46)　(a)$H_A = 0$ kN, $R_A = 5$ kN,
$M_A = -15$ kN·m　(b)$H_B = -4$ kN, $R_A = 3$ kN,
$R_B = -3$ kN

■問14.　(p. 47)　(a)$R_A = 12.5$ kN, $R_B = 12.5$
kN　(b)$R_A = 75$ kN, $R_B = 95$ kN

◆章末問題 (p. 48)

1. (a)$R_A = 3.5$ kN, $R_B = 5.5$ kN　(b)$R_A = -2.7$
kN, $R_B = 10.7$ kN　(c)$R_B = 66$ kN, $M_B = -472$
kN·m　(d)$R_A = 26.7$ kN, $R_B = 9.3$ kN
(e)$R_A = 20$ kN, $R_B = 60$ kN, $M_B = -160$ kN·m

2. (a)$H_A = P\cos\theta$, $R_A = \dfrac{Pb\sin\theta}{l}$,
$R_B = \dfrac{Pa\sin\theta}{l}$　(b)$H_A = P\cos\theta$, $R_A = P\sin\theta$,
$M_A = -Pa\sin\theta$　(c)$H_B = 4.33$ kN,
$R_B = 2.50$ kN, $M_B = -25.0$ kN

3. (a)$H_B = 45$ kN, $R_B = 0$ kN, $M_B = 210$ kN·m
(b)$H_A = -15$ kN, $R_A = 12$ kN, $M_A = -61.5$
kN·m
(c)$H_B = -6$ kN, $R_A = 7.33$ kN, $R_B = 4.67$ kN
(d)$R_A = 11.25$ kN, $R_B = 3.75$ kN

第3章　梁の内力　　　　p. 49

■問1.　（p. 52）　$\sigma_t = 500\ \mathrm{N/m^2}$

■問2.　（p. 52）　(a)$-500\ \mathrm{N/m^2}$　(b)$-637\ \mathrm{N/m^2}$
(c)$-250\ \mathrm{N/m^2}$　(d)$-125\ \mathrm{N/m^2}$

　よって，部材 B，A，C，D の順

■問3.　（p. 53）　$S = 30\ \mathrm{N}$，$\tau = 2.65 \times 10^5\ \mathrm{N/m^2}$

■問4.　（p. 54）　$S_D = 3125\ \mathrm{N}$，$S_E = -1875\ \mathrm{N}$，
$\tau_D = 2500\ \mathrm{N/m^2}$，$\tau_E = -1500\ \mathrm{N/m^2}$

■問5.　（p. 57）　$H_B = 4\ \mathrm{N}$，$R_B = 3\ \mathrm{N}$，$M_B =$
$-60\ \mathrm{N \cdot m}$，$N_C = -4\ \mathrm{N}$，$S_C = -3\ \mathrm{N}$，$M_C =$
$-24\ \mathrm{N \cdot m}$

■問7.　（p. 60）　(a)$R_A = R_B = 200\ \mathrm{kN}$，$S_i =$
$200 - 40x\ [\mathrm{kN}]$

(b)$R_A = R_B = \dfrac{wl}{2}$，$S_i = \dfrac{wl}{2} - wx$

■問9.　（p. 63）　$M_0 = 0\ \mathrm{kN \cdot m}$，$M_1 = 35\ \mathrm{kN \cdot m}$，
$M_2 = 70\ \mathrm{kN \cdot m}$，$M_3 = 105\ \mathrm{kN \cdot m}$，$M_4 = 110\ \mathrm{kN \cdot m}$，
$M_5 = 115\ \mathrm{kN \cdot m}$，$M_6 = 120\ \mathrm{kN \cdot m}$，$M_7 = 80\ \mathrm{kN \cdot m}$，
$M_8 = 40\ \mathrm{kN \cdot m}$，$M_9 = 0\ \mathrm{kN \cdot m}$

■問10.　（p. 63）　$M_A = 0\ \mathrm{kN \cdot m}$，$M_C = 90\ \mathrm{kN \cdot m}$，
$M_D = 170\ \mathrm{kN \cdot m}$，$M_E = 110\ \mathrm{kN \cdot m}$，$M_B = 0\ \mathrm{kN \cdot m}$

◆章末問題 (p. 68)

1.　(a)$\sigma = 0.556\ \mathrm{N/mm^2}$　(b)$\sigma = 4.31\ \mathrm{N/mm^2}$
(c)$\sigma = 5.68\ \mathrm{N/mm^2}$　(d)$\sigma = 5.49\ \mathrm{N/mm^2}$

2.　(a)$N_i = N_j = 0\ \mathrm{kN}$，$S_i = S_j = -4\ \mathrm{kN}$，$M_i = 36$
$\mathrm{kN \cdot m}$，$M_j = 12\ \mathrm{kN \cdot m}$　(b)$N_i = N_j = 0\ \mathrm{kN}$，$S_i$
$= 2\ \mathrm{kN}$，$S_j = -13\ \mathrm{kN}$，$M_i = 48\ \mathrm{kN \cdot m}$，$M_j = 26$
$\mathrm{kN \cdot m}$　(c)$N_i = 5\ \mathrm{kN}$，$N_j = 15\ \mathrm{kN}$，$S_i = 1.5\ \mathrm{kN}$，
$S_j = -4.5\ \mathrm{kN}$，$M_i = 30\ \mathrm{kN \cdot m}$，$M_j = 9\ \mathrm{kN \cdot m}$
(d)$N_i = 0\ \mathrm{kN}$，$N_j = 4\ \mathrm{kN}$，$S_i = -10\ \mathrm{kN}$，$S_j = -12$
kN，$M_i = -30\ \mathrm{kN \cdot m}$，$M_j = -132\ \mathrm{kN \cdot m}$

第4章　梁を解く　　　　p. 69

■問1.　（p. 71）　(a)$R_A = 3\ \mathrm{kN}$，$R_B = 6\ \mathrm{kN}$，
$S_{AC} = 3\ \mathrm{kN}$，$S_{CB} = -6\ \mathrm{kN}$，$M_A = 0\ \mathrm{kN \cdot m}$，$M_C$
$= 12\ \mathrm{kN \cdot m}$，$M_B = 0\ \mathrm{kN \cdot m}$

(b)$R_A = R_B = \dfrac{P}{2}$，$S_{AC} = \dfrac{P}{2}$，$S_{CB} = -\dfrac{P}{2}$，$M_A =$
0，$M_C = \dfrac{Pl}{4}$，$M_B = 0$

(c)$R_A = \dfrac{Pb}{l}$，$R_B = \dfrac{Pa}{l}$，$S_{AC} = \dfrac{Pb}{l}$，$S_{CB} =$
$-\dfrac{Pa}{l}$，$M_A = 0$，$M_C = \dfrac{Pab}{l}$，$M_B = 0$

■問2.　（p. 73）　(a)$R_A = 4\ \mathrm{kN}$，$R_B = 5\ \mathrm{kN}$，
$S_{AC} = 4\ \mathrm{kN}$，$S_{CD} = 1\ \mathrm{kN}$，$S_{DB} = -5\ \mathrm{kN}$，$M_A =$
$0\ \mathrm{kN \cdot m}$，$M_C = 8\ \mathrm{kN \cdot m}$，$M_D = 10\ \mathrm{kN \cdot m}$，$M_B =$
$0\ \mathrm{kN \cdot m}$

(b)$R_A = 4.33\ \mathrm{kN}$，$R_B = 4.67\ \mathrm{kN}$，$H_A = -2\ \mathrm{kN}$，
$N_{AC} = 2\ \mathrm{kN}$，$N_{CD} = -1\ \mathrm{kN}$，$N_{DB} = 0\ \mathrm{kN}$，$S_{AC} =$
$4.33\ \mathrm{kN}$，$S_{CD} = 0.33\ \mathrm{kN}$，$S_{DB} = -4.67\ \mathrm{kN}$，
$M_A = 0\ \mathrm{kN \cdot m}$，$M_C = 8.66\ \mathrm{kN \cdot m}$，$M_D = 9.32$
$\mathrm{kN \cdot m}$，$M_B = 0\ \mathrm{kN \cdot m}$

■問3.　（p. 75）　$R_A = 26\ \mathrm{kN}$，$R_B = 68\ \mathrm{kN}$，
$S_{AC} = 26\ \mathrm{kN}$，$S_{CD} = 16\ \mathrm{kN}$，$S_{DE} = 12\ \mathrm{kN}$，$c =$
$0.6\ \mathrm{m}$，$M_A = 0\ \mathrm{kN \cdot m}$，$M_C = 52\ \mathrm{kN \cdot m}$，$M_D =$
$100\ \mathrm{kN \cdot m}$，$M_E = 112\ \mathrm{kN \cdot m}$，$M_B = 0\ \mathrm{kN \cdot m}$，
$M_{max} = 115.6\ \mathrm{kN \cdot m}$

■問4.　（p. 77）　$R_A = 40\ \mathrm{kN}$，$R_B = 80\ \mathrm{kN}$，
$S_{AC} = 40\ \mathrm{kN}$，$S_{DB} = -80\ \mathrm{kN}$，$c = 3.46\ \mathrm{m}$，$M_A$
$= 0\ \mathrm{kN \cdot m}$，$M_C = 160\ \mathrm{kN \cdot m}$，$M_D = 130\ \mathrm{kN \cdot m}$，
$M_B = 0\ \mathrm{kN \cdot m}$，$M_{max} = 252\ \mathrm{kN \cdot m}$

■問5.　（p. 79）　$R_A = 5\ \mathrm{kN}$，$R_B = 1\ \mathrm{kN}$，S_{AC}
$= 5\ \mathrm{kN}$，$S_{CB} = -1\ \mathrm{kN}$，$M_A = 0\ \mathrm{kN \cdot m}$，$M_{C左}$
$15\ \mathrm{kN}$，$M_{C右} = 3\ \mathrm{kN}$，$M_B = 0\ \mathrm{kN \cdot m}$

■問6.　（p. 81）　点 C，E ともに反曲点ではない。

■問7.　（p. 81）　$R_A = R_B = 120\ \mathrm{kN}$，$S_{CA} =$
$-60\ \mathrm{kN}$，$S_{AD} = 60\ \mathrm{kN}$，$S_{DE} = 0\ \mathrm{kN}$，$S_{EB} = -60$
kN，$S_{BF} = 60\ \mathrm{kN}$，$M_C = 0\ \mathrm{kN \cdot m}$，$M_A = -120$
$\mathrm{kN \cdot m}$，$M_D = 0\ \mathrm{kN \cdot m}$，$M_E = 0\ \mathrm{kN \cdot m}$，$M_B =$
$-120\ \mathrm{kN \cdot m}$，$M_F = 0\ \mathrm{kN \cdot m}$

■問8.　（p. 83）　(a)$R_A = R_B = 120\ \mathrm{kN}$，$S_C =$
$0\ \mathrm{kN}$，$S_{A左} = -40\ \mathrm{kN}$，$S_{A右} = 80\ \mathrm{kN}$，$S_E = 0\ \mathrm{kN}$，
$S_{B左} = -80\ \mathrm{kN}$，$S_{B右} = 40\ \mathrm{kN}$，$S_D = 0\ \mathrm{kN}$，$M_C$
$= 0\ \mathrm{kN \cdot m}$，$M_A = -40\ \mathrm{kN \cdot m}$，$M_E = 120\ \mathrm{kN \cdot m}$，
$M_B = -40\ \mathrm{kN \cdot m}$，$M_D = 0\ \mathrm{kN \cdot m}$，$h_1 = 0.54\ \mathrm{m}$，
$h_2 = 7.46\ \mathrm{m}$　(b)$R_A = 135\ \mathrm{kN}$，$R_B = 45\ \mathrm{kN}$，S_C
$= 0\ \mathrm{kN}$，$S_{A左} = -60\ \mathrm{kN}$，$S_{A右} = 75\ \mathrm{kN}$，$S_B = -45$
kN，$c = 3.75\ \mathrm{m}$，$M_C = 0\ \mathrm{kN \cdot m}$，$M_A = -90\ \mathrm{kN \cdot m}$，
$M_B = 0\ \mathrm{kN \cdot m}$，$M_{max} = 50.6\ \mathrm{kN \cdot m}$，$a = 1.5\ \mathrm{m}$

■問9.　（p. 85）　(a) 主桁について，$R_A = R_B$
$= \dfrac{wl}{2}$，$S_{AC} = \dfrac{3}{8}wl$，$S_{CD} = \dfrac{wl}{8}$，$S_{DE} = -\dfrac{wl}{8}$，
$S_{EB} = -\dfrac{3}{8}wl$，$M_A = 0$，$M_C = \dfrac{3}{32}wl^2$，$M_D =$

$\dfrac{wl^2}{8}$, $M_E = \dfrac{3}{32}\,wl^2$, $M_B = 0$ (b) 主桁について，

$R_A = 120\ \text{kN}$, $R_B = 140\ \text{kN}$, $S_{AC} = 100\ \text{kN}$, S_{CD}
$= 0\ \text{kN}$, $S_{DB} = -100\ \text{kN}$, $M_A = 0\ \text{kN·m}$, M_C
$= 600\ \text{kN·m}$, $M_D = 600\ \text{kN·m}$, $M_B = 0\ \text{kN·m}$

■問 10. (p. 86) (a)$R_B = P$, $M_B = -Pl$(時計
まわり), $S_{AB} = -P$, $M_A = 0$, $M_B = -Pl$
(b)$R_B = 10\ \text{kN}$, $M_B = -30\ \text{kN·m}$(時計まわり),
$S_{AC} = 0\ \text{kN}$, $S_{CB} = -10\ \text{kN}$, $M_A = 0\ \text{kN·m}$, M_C
$= 0\ \text{kN·m}$, $M_B = -30\ \text{kN·m}$ (c)$R_A = 10\ \text{kN}$,
$M_A = -50\ \text{kN·m}$(反時計まわり), $S_{AB} = 10\ \text{kN}$,
$M_B = 0\ \text{kN·m}$, $M_A = -50\ \text{kN·m}$

■問 11. (p. 88) $H_A = 7\ \text{kN}$, $R_A = 9\ \text{kN}$, M_A
$= -96\ \text{kN·m}$, $N_{AC} = -7\ \text{kN}$, $N_{CD} = -2\ \text{kN}$,
$N_{DB} = -2\ \text{kN}$, $S_{AC} = 9\ \text{kN}$, $S_{CD} = 9\ \text{kN}$, $S_{DB} =$
$6\ \text{kN}$, $M_B = 0\ \text{kN·m}$, $M_D = -24\ \text{kN·m}$, $M_C =$
$-60\ \text{kN·m}$, $M_{max} = M_A = -96\ \text{kN·m}$

■問 12. (p. 89) (a)$R_B = 220\ \text{kN}$, $M_B = -640$
kN·m, $S_{AC} = -20\ \text{kN}$, $S_B = -220\ \text{kN}$, $M_A =$
$0\ \text{kN·m}$, $M_C = -40\ \text{kN·m}$, $M_B = -640\ \text{kN·m}$
(b)$R_B = 80\ \text{kN}$, $M_B = -340\ \text{kN·m}$, $S_{AC} = -20$
kN, $S_{DB} = -80\ \text{kN}$, $M_A = 0\ \text{kN·m}$, $M_C = -60$
kN·m, $M_D = -180\ \text{kN·m}$, $M_B = -340\ \text{kN·m}$

■問 13. (p. 90) (a)$H_B = 100\ \text{N}$, $R_B = 0\ \text{N}$,
$M_B = -50\ \text{N·m}$(時計まわり), $N_{AB} = -100\ \text{N}$,
$S_{AB} = 0\ \text{N}$, $M_{AB} = -50\ \text{N·m}$ (b)$R_B = 2\ \text{kN}$, M_B
$= -14\ \text{kN·m}$(時計まわり), $S_{AC} = 0\ \text{kN}$, $S_{CB} =$
$-2\ \text{kN}$, $M_A = 0\ \text{kN·m}$, $M_{C左} = 0\ \text{kN·m}$, $M_{C右}$
$= -6\ \text{kN·m}$, $M_B = -14\ \text{kN·m}$

◆章末問題 (p. 94)

1. (a)$R_A = R_B = \dfrac{wl}{2}$, $S_A = \dfrac{wl}{2}$, $S_B = -\dfrac{wl}{2}$,
$S_C = 0$, $M_A = 0$, $M_C = \dfrac{wl^2}{8}$, $M_B = 0$

(b)$R_A = R_B = 140\ \text{kN}$, $S_A = 0\ \text{kN}$, $S_{C左} = 80\ \text{kN}$,
$S_{C右} = 30\ \text{kN}$, $S_{D左} = -30\ \text{kN}$, $S_{D右} = -80\ \text{kN}$, S_B
$= -140\ \text{kN}$, $S_E = 0\ \text{kN}$, $M_A = 0\ \text{kN·m}$, $M_C =$
$330\ \text{kN·m}$, $M_E = 352.5\ \text{kN·m}$, $M_D = 330\ \text{kN·m}$,
$M_B = 0\ \text{kN·m}$

(c)$H_A = 5\ \text{kN}$, $R_A = -1.67\ \text{kN}$, $R_B = 1.67\ \text{kN}$,
$N_{AB} = -5\ \text{kN}$, $S_{AB} = -1.67\ \text{kN}$, $M_A = 10\ \text{kN·m}$,

$M_B = 0\ \text{kN·m}$

2. (a)$R_A = 175\ \text{kN}$, $R_B = 75\ \text{kN}$, $S_C = 0\ \text{kN}$,
$S_{A左} = -80\ \text{kN}$, $S_{A右} = 95\ \text{kN}$, $S_{B左} = -65\ \text{kN}$,
$S_{BD} = 10\ \text{kN}$, $c = 8.75\ \text{m}$, $M_C = 0\ \text{kN·m}$, M_A
$= -160\ \text{kN·m}$, $M_B = -40\ \text{kN·m}$, $M_D = 0$
kN·m, $M_{max} = 65.6\ \text{kN·m}$

(b)主桁について，$R_A = 4.7\ \text{kN}$, $R_B = 13.3\ \text{kN}$,
$S_{AC} = 4.7\ \text{kN}$, $S_{CD} = 2.7\ \text{kN}$, $S_{DB} = -7.3\ \text{kN}$,
$M_A = 0\ \text{kN·m}$, $M_C = 14.1\ \text{kN·m}$, $M_D = 22.2$
kN·m, $M_B = 0\ \text{kN·m}$

(c)$R_C = R_D = 60\ \text{kN}$, $R_A = -20\ \text{kN}$, $R_B = 80$
kN, $R_E = 90\ \text{kN}$, $R_F = -10\ \text{kN}$, $S_{AB} = -20$
kN, $S_{BC} = 60\ \text{kN}$, $S_{DE} = -60\ \text{kN}$, $S_{EG} = 30\ \text{kN}$,
$S_{GF} = 10\ \text{kN}$, $S_H = 0\ \text{kN}$, $M_A = 0\ \text{kN·m}$, $M_B =$
$-120\ \text{kN·m}$, $M_C = 0\ \text{kN·m}$, $M_H = 90\ \text{kN·m}$,
$M_D = 0\ \text{kN·m}$, $M_E = -120\ \text{kN·m}$, $M_G = -30$
kN·m, $M_F = 0\ \text{kN·m}$(ただし，CD の中央点を
H とする)

(d)$R_B = wl$, $M_B = -\dfrac{wl^2}{2}$, $S_A = 0$, $S_B = -wl$,
$M_A = 0$, $M_B = -\dfrac{wl^2}{2}$

(e)$H_B = 13\ \text{kN}$, $R_B = 7\ \text{kN}$, $M_B = -20\ \text{kN·m}$,
$N_{AC} = -5\ \text{kN}$, $N_{CB} = -13\ \text{kN}$, $S_{AC} = -3\ \text{kN}$,
$S_{CB} = -7\ \text{kN}$, $M_A = 0\ \text{kN·m}$, $M_C = -6\ \text{kN·m}$,
$M_B = -20\ \text{kN·m}$

(f)$H_A = 0\ \text{kN}$, $R_A = 8\ \text{kN}$, $M_A = -13\ \text{kN·m}$,
$S_{AC} = 8\ \text{kN}$, $S_{CB} = -2\ \text{kN}$, $M_B = 5\ \text{kN·m}$, M_C
$= 11\ \text{kN·m}$, $M_A = -13\ \text{kN·m}$

第5章 梁の影響線　p. 95

■問 2. (p. 100) $R_A = 50\ \text{kN}$
■問 4. (p. 102) $S_i = 24\ \text{kN}$
■問 5. (p. 104) $S_{imax} = 23.34\ \text{kN}$
■問 6. (p. 106) (a)$M_i = 528\ \text{kN·m}$
　　　　　　　(b)$M_i = 406\ \text{kN·m}$
■問 7. (p. 108) $M_{imax} = 364\ \text{kN·m}$
■問 8. (p. 111) $R_A = 125\ \text{kN}$, $R_B = 75\ \text{kN}$
■問 10. (p. 114) $S_i = 32\ \text{kN}$, $M_i = 488\ \text{kN·m}$,
　　　　　　　$R_A = 392\ \text{kN}$, $R_B = 528\ \text{kN}$
■問 11. (p. 116) $S_i' = 160\ \text{kN}$, $M_i' = -160\ \text{kN·m}$

◆章末問題 (p. 118)

1. (a)$R_A = 50$ kN, $R_B = 20$ kN, $S_i = -10$ kN,
$M_i = 60$ kN・m
(b)$R_A = 88$ kN, $R_B = 112$ kN, $S_i = 28$ kN,
$M_i = 232$ kN・m

2. $S_i = -119$ kN, $M_i = -12.7$ kN・m

3. (a)$S_i = 80$ kN, $M_i = -240$ kN・m
(b)$S_i = 67$ kN, $M_i = 14$ kN・m
(c)$S_i = -10$ kN, $M_i = 20$ kN・m

4. $S_{imax} = 84$ kN, $M_{imax} = 376$ kN・m
$S_{abmax} = 176$ kN, $M_{abmax} = 387$ kN・m

第6章 梁に生じる応力 　p. 119

■問2. (p. 124) (a)G(0, 55.5)
(b)G(0, 53.6)
(c)G(0, 93.3)

■問3. (p. 128) (a)$I_{nx} = 5.76 \times 10^6$ mm⁴
(b)$I_{nx} = 4.17 \times 10^6$ mm⁴

■問4. (p. 129) $I_x = 6.048 \times 10^7$ mm⁴

■問5. (p. 130) $I_{nx} = 4.11 \times 10^7$ mm⁴

■問6. (p. 134) (a)$Z_c = Z_t = 5.40 \times 10^4$ mm³
(b)$Z_c = Z_t = 6.28 \times 10^3$ mm³
(c)$Z_c = 8.00 \times 10^3$ mm³
$Z_t = 1.60 \times 10^4$ mm³

■問7. (p. 135) $Z_c = Z_t = 3.68 \times 10^5$ mm³

■問8. (p. 138) (a)$\sigma = 5.3$ N/mm²
(b)$\sigma = 20$ N/mm²

■問9. (p.139) $\sigma_c = 10$ N/mm², $\sigma_t = 14$ N/mm², $\sigma_c' = 2$ N/mm²

■問12. (p. 149) $\sigma = 9.23$ N/mm² $< \sigma_a (= 10$ N/mm²$)$

■問13. (p. 149) $b = 193$ mm, $h = 273$ mm

◆章末問題 (p. 151)

1. (a)G(56.4, 27.3) (b)G(55, 78.3)
(c)G(60, 98.6)

2. (a)G(32.2, 32.2), $I_{nx} = 3.15 \times 10^6$ mm⁴,
$Z_c = 4.65 \times 10^4$ mm³, $Z_t = 9.78 \times 10^4$ mm³
(b)G(50, 40.8), $I_{nx} = 4.83 \times 10^6$ mm⁴,
$Z_c = 8.16 \times 10^4$ mm³, $Z_t = 1.18 \times 10^5$ mm³

3. $\sigma_c = 17.76$ N/mm², $\sigma_t = 10.45$ N/mm²
$\sigma_c' = 9.30$ N/mm², $\sigma_t' = 1.98$ N/mm²

5. $M_r = 3.5 \times 10^8$ N・mm

6. $b = 220$ mm, $h = 310$ mm

7. $\sigma_c = -9.17$ N/mm², $\sigma_t = 9.17$ N/mm²
$\sigma_1 = 6.11$ N/mm², $\sigma_2 = -6.11$ N/mm²,
$\tau_1 = 0.92$ N/mm², $\tau_2 = 5.53$ N/mm²,
$\tau_{max} = 6.27$ N/mm²

第7章 応力と材料の強さ 　p. 153

■問1. (p. 154) $\varepsilon = 0.02$

■問2. (p. 155) $E = 1.2 \times 10^5$ N/mm²

■問3. (p. 156) $\varDelta b = -0.027$ mm

■問4. (p. 161) 2.14 mm 以上

■問5. (p. 161) $S = 2.48$

◆章末問題 (p. 162)

1. 0.005 mm 　2. 53.2 kN 　3. 1070 kN

4. 283 mm 以上 　5. 320 mm 以上

6. 安全である, 0.1 mm 　7. 357 mm

第8章 柱 　p. 163

■問1. (p. 165) $i = \dfrac{d}{4}$

■問2. (p. 166) nx-nx に関する核点
$K_c = 8.79$ mm,
$K_t = 12.33$ mm
ny-ny に関する核点
$K_c = K_t = 6.25$ mm

■問3. (p. 167) 圧縮応力 $\sigma_c = 34.0$ N/mm²

■問4. (p. 170) 偏心距離 e が 66.7 mm 以内

◆章末問題 (p. 177)

1. (a)$Z = \dfrac{\pi(D^4 - d^4)}{32D}$,
$i = \dfrac{\sqrt{D^2 + d^2}}{4}$, $K = \dfrac{D^2 + d^2}{8D}$
(b)$Z = \dfrac{BH^3 - bh^3}{6H}$, $i = \sqrt{\dfrac{BH^3 - bh^3}{12(BH - bh)}}$,
$K = \dfrac{BH^3 - bh^3}{6H(BH - bh)}$

2. (a)$Z_c = Z_t = 2.39 \times 10^6$ mm³, $i = 223$ mm,
$K = 184$ mm

(b)$Z_c = 1.78 \times 10^7$ mm³, $Z_t = 3.22 \times 10^7$ mm³

$i = 768$ mm, $K_c = 805$ mm, $K_t = 445$ mm

3. $\sigma_A = -3.82$ N/mm²(圧縮応力), $\sigma_B = 1.28$ N/mm²(引張応力), $\sigma_C = -2.54$ N/mm²(圧縮応力), $\sigma_D = 0$ N/mm²

4. $\sigma_{AD} = -0.79$ N/mm²(圧縮応力), $\sigma_{BC} = 0.29$ N/mm²(引張応力), 短柱の幅 4.32 m

5. $H \times B = 500 \times 200$

第9章　トラス　　　　　　　　p. 179

■問1.　(p. 184)　$R_A = R_B = 150$ kN

■問2.　(p. 188)　$D_1 = 12.45$ kN(引張力)

$L_1 = -9.54$ kN(圧縮力)

■問3.　(p. 189)　A → D → C → E → F → H → G → B

◆章末問題 (p. 204)

2. (a)$U_2 = -45$ kN, $L_1 = 33.75$ kN, $L_2 = 56.25$ kN, $D_1 = -56.25$ kN, $D_2 = 18.75$ kN, $D_3 = -18.75$ kN

(b)$U_1 = -45.1$ kN, $U_2 = -36.1$ kN, $U_3 = -27$ kN, $L_1 = 37.5$ kN, $L_2 = 30$ kN, $D_1 = -9.1$ kN, $D_2 = -12.5$ kN, $V_1 = 5$ kN, $V_2 = 20$ kN

3. 垂直材のある曲弦ワーレントラス, $U_2 = -139$ kN, $L_2 = 120$ kN, $D_2 = 24.2$ kN

4. 垂直材のあるワーレントラス, $U_{3max} = -540$ kN, D_{3max}(引張力) $= 90.1$ kN, D_{3max}(圧縮力) $= -202.5$ kN, $L_{3max} = 607.5$ kN, $V_{3max} = 180$ kN

第10章　梁のたわみ　　　　　　p. 205

■問4.　(p. 215)　$y_{max} = 17.0$ mm

◆章末問題 (p. 222)

1. $\theta_A = 0.0202$ rad, $\theta_B = -0.0252$ rad, $y_C = 121$ mm, $y_{max} = 132$ mm

2. $a > b$ の場合　$y_{max} = \dfrac{Pb}{3EIl}\sqrt{\left\{\dfrac{a(l+b)}{3}\right\}^3}$

$a < b$ の場合　$y_{max} = \dfrac{Pa}{3EIl}\sqrt{\left\{\dfrac{b(l+a)}{3}\right\}^3}$

$a = b$ の場合　$y_{max} = \dfrac{Pl^3}{48EI}$

3. $\theta_A = 0.0059$ rad, $\theta_B = -0.0119$ rad, $y_C = 17.8$ mm, $y_{max} = 18.2$ mm

4. $\theta_A = 0.0178$ rad, $\theta_B = -0.0178$ rad, $y_{max} = y_C = 35.6$ mm

5. $\theta_B = 0.0111$ rad, $y_{max} = 77.4$ mm

6. $\theta_A = -0.0333$ rad, $y_{max} = 160$ mm

第11章　連続梁とラーメン　　　p. 223

■問1.　(p. 228)　$R_B = 100$ kN, $R_A = R_C = 30$ kN, 点 A から 3 m の点の $S = 0$ kN, $M = 45$ kN·m, $S_A = 30$ kN, $S_{B左} = -50$ kN, $S_{B右} = 50$ kN, $S_C = -30$ kN, $M_B = -80$ kN·m, 反曲点は A, C の各点から 6 m の位置

■問2.　(p. 231)　$M_A = M_B = -60$ kN·m, $M_C = 0$ kN·m

◆章末問題 (p. 233)

1. $R_B = 20$ kN, $R_A = R_C = 6$ kN, 点 A から 1.5 m の点の $S = 0$ kN, $M = 4.5$ kN·m, $S_A = 6$ kN, $S_{B左} = -10$ kN, $S_{B右} = 10$ kN, $S_C = -6$ kN, $M_B = -8$ kN·m, 反曲点は A, C の各点から 3 m の位置

2. $R_A = 25$ kN(下向き), $R_B = 25$ kN(上向き), $H_A = 50$ kN(左向き), $M_A = M_{BD} = 0$ kN·m, $M_C = 125$ kN·m

索引

■監修

京都大学名誉教授
岡二三生

元京都大学教授
白土博通

京都大学教授
細田　尚

■編修

垣谷敦美　　　　　　　　橋本基宏

神谷政人　　　　　　　　福山和夫

川窪秀樹　　　　　　　　桝見　謙

竹内一生　　　　　　　　森本浩行

田中良典　　　　　　　　山本竜哉

中野　毅　　　　　　　　実教出版株式会社

西田秀行

写真提供・協力──一般社団法人日本橋梁建設協会，八野吉彦，技報堂出版株式会社，九州電力株式会社，公益社団法人土木学会，国土交通省北陸地方整備局，小柳洽，清水建設株式会社，東京都水道局，永藤壽宮，本州四国連絡高速道路株式会社，横浜市水道局

表紙デザイン──エッジ・デザインオフィス
本文基本デザイン──田内　秀

First Stageシリーズ

2016年9月30日　初版第1刷発行
2023年2月28日　　　第2刷発行

土木構造力学概論

©著作者　岡二三生　白土博通
　　　　　細田　尚
　　　　　ほか13名（別記）

●発行者　実教出版株式会社
　　　　　代表者　小田良次
　　　　　東京都千代田区五番町5

●印刷者　大日本法令印刷株式会社
　　　　　代表者　山上哲生
　　　　　長野市中御所3丁目6番地25号

●発行所　実教出版株式会社
　　　　　〒102-8377 東京都千代田区五番町5
　　　　　電話〈営　　業〉(03)3238-7765
　　　　　　　〈企画開発〉(03)3238-7751
　　　　　　　〈総　　務〉(03)3238-7700
　　　　　https://www.jikkyo.co.jp/

ISBN978-4-407-33928-4

国際単位系 ［SI］

■ SIの構成

SI	SI単位	7個の基本単位
		多数の組立単位（固有の名称をもつものも含む）
	SI単位の10の整数乗倍(注)	

(注) SI単位の10の整数乗倍を構成するための倍数および接頭語の名称・記号が定められている。

■ SI基本単位

基本量	単位の名称	単位の記号
長さ	メートル	m
質量	キログラム	kg
時間	秒	s
電流	アンペア	A
熱力学温度	ケルビン	K
物質量	モル	mol
光度	カンデラ	cd

■ 固有の名称をもつSI組立単位の例

組立量	固有の名称	単位の記号	SI基本単位および組立単位による表し方
平面角	ラジアン	rad	$1\,\mathrm{rad} = 1\,\mathrm{m/m} = 1$
立体角	ステラジアン	sr	$1\,\mathrm{sr} = 1\,\mathrm{m^2/m^2} = 1$
周波数	ヘルツ	Hz	$1\,\mathrm{Hz} = 1\,\mathrm{s^{-1}}$
力	ニュートン	N	$1\,\mathrm{N} = 1\,\mathrm{kg \cdot m/s^2}$
圧力, 応力	パスカル	Pa	$1\,\mathrm{Pa} = 1\,\mathrm{N/m^2}$
エネルギー, 仕事, 熱量	ジュール	J	$1\,\mathrm{J} = 1\,\mathrm{N \cdot m}$
仕事率, 工率, 電力	ワット	W	$1\,\mathrm{W} = 1\,\mathrm{J/s}$

■ SI接頭語の例

乗数（単位に乗ぜられる倍数）	接頭語の名称	接頭語の記号
10^{18}	エクサ	E
10^{15}	ペタ	P
10^{12}	テラ	T
10^{9}	ギガ	G
10^{6}	メガ	M
10^{3}	キロ	k
10^{2}	ヘクト	h
10	デカ	da
10^{-1}	デシ	d
10^{-2}	センチ	c
10^{-3}	ミリ	m
10^{-6}	マイクロ	μ
10^{-9}	ナノ	n
10^{-12}	ピコ	p
10^{-15}	フェムト	f
10^{-18}	アト	a

■ その他のSI組立単位の例

組立量	組立単位の名称	単位の記号
面積	平方メートル	$\mathrm{m^2}$
体積	立方メートル	$\mathrm{m^3}$
加速度	メートル毎秒毎秒	$\mathrm{m/s^2}$
密度	キログラム毎立方メートル	$\mathrm{kg/m^3}$
粘度	パスカル秒	$\mathrm{Pa \cdot s}$
力のモーメント	ニュートンメートル	$\mathrm{N \cdot m}$

■ SI単位とともに用いることのできる単位

量	単位の名称	単位の記号	定義
時間	分	min	$1\,\mathrm{min} = 60\,\mathrm{s}$
	時	h	$1\,\mathrm{h} = 60\,\mathrm{min}$
	日	d	$1\,\mathrm{d} = 24\,\mathrm{h}$
平面角	度	°	$1° = (\pi/180)\,\mathrm{rad}$
	分	′	$1′ = (1/60)°$
	秒	″	$1″ = (1/60)′$
体積	リットル	L	$1\,\mathrm{L} = 1\,\mathrm{dm^3}$
質量	トン	t	$1\,\mathrm{t} = 10^3\,\mathrm{kg}$